污泥无害化能源化热处置技术

严建华　王　飞　池　涌
蒋旭光　李晓东　黄群星　著

中国电力出版社
CHINA ELECTRIC POWER PRESS

内 容 提 要

本书为国家科学技术学术著作出版基金项目。书中系统介绍污泥无害化、能源化热处置技术的学术专著。书中详细介绍了污泥无害化处置的意义，国内外污泥无害化处置技术现状，污泥的基本性质，污泥水分分布及分析方法，污泥干化技术、焚烧技术和其他热处置技术，污泥干化焚烧系统优化计算，污泥干化焚烧过程中污染物排放特性，以及污泥热处置技术的设计和应用实例等。

本书内容结合研究成果和工程应用，尽可能做到理论联系实际，解决目前污泥热处置面临的实际问题，适合从事污水处理、固体废弃物处置和能源与环境领域研究、设计、运行、检修的科研人员及工程技术人员使用，也可供高等院校相关专业教师及研究生阅读。

图书在版编目（CIP）数据

污泥无害化能源化热处置技术 / 严建华等著. —北京：中国电力出版社，2016.11

ISBN 978-7-5123-7023-4

Ⅰ. ①污… Ⅱ. ①严… Ⅲ. ①污泥处理－无污染技术 Ⅳ. ①X703

中国版本图书馆 CIP 数据核字（2015）第 000735 号

中国电力出版社出版、发行

（北京市东城区北京站西街 19 号 100005 http://www.cepp.sgcc.com.cn）

三河市万龙印刷有限公司印刷

各地新华书店经售

*

2016 年 11 月第一版 2016 年 11 月北京第一次印刷

787 毫米×1092 毫米 16 开本 15.75 印张 303 千字

印数 0001—1500 册 定价 **68.00** 元

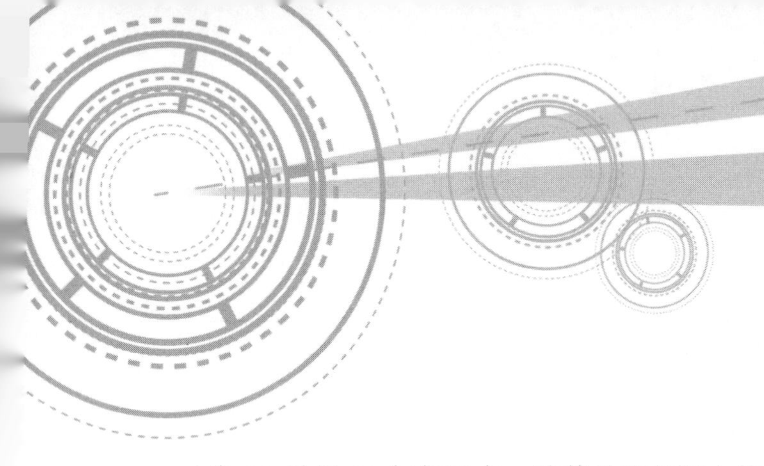

前 言

自 20 世纪 80 年代以来，随着世界范围内能源紧缺、生物质资源的缺乏、CO_2 减排需求的不断增强，发达国家日益意识到仍将污泥视为一种污染物进行处理，并作为废弃物最终处置已经不符合发展趋势，相反目前已通过政府补贴的形式使污泥能源化与资源化。美国、澳大利亚、加拿大等发达国家的污泥资源化率均已超过 50%。近年来，欧盟发达国家，如德国的污泥处理已经实现 100%稳定化处理；规划至 2020 年，欧盟的可再生能源将占总能源供给的 20%，其中由市政污泥回收的生物质能源要占到可再生能源的 25%。

在我国，随着城镇化水平不断提高，污水处理设施建设高速发展，城市污水处理能力已达到 1.22 亿 m^3，投运城镇污水处理厂 2500 多座，城市污水处理率超过 70%，为实现国家减排目标做出了巨大贡献。但是，污水处理厂的建设伴随产生大量的剩余污泥，以含水率 80%计，全国年污泥总产量将很快突破 3000 万 t。污水排放量会随着人口总量的增加而增加。按照一般预测，中国人口要在 2020～2025 年间达到顶峰，污水排放量也将在 2020 年左右达到最高峰，届时污水处理量和污泥产量也将达到最大。

我国污水处理厂建设存在严重的“重水轻泥”现象，导致大量污泥积压，未得到合理的安全处置，形成全国关注的“污泥问题”，存在二次污染的隐患。近年来，国家对于污泥的处置日益重视，相关部门已就污泥无害化处置制定了一系列规章制度和政策。2009 年，住房和城乡建设部、环境保护部、科学技术部三部委联合颁发《城镇污水处理厂污泥处理处置及污染防治技术政策》，为实施污泥无害化处置提出了明确的要求。但是，目前我国正在运行的市政污泥无害化处置系统存在能耗高、核心装置故障多、工艺运行不稳定的问题，导致我国市政污泥的能源化与资源化利用水平较低。因此，最大限度地回收生物质能源与资源，发展适合于我国的市政污泥能源化与资源化技术，具有重大的现实意义与紧迫性。

本书是一本系统介绍以减量化、无害化、能源化为目的的污泥热处置技术的学术专著。书中全面阐述了国内外污泥干化焚烧技术的进展和政策、各种污泥的特性、污泥干化技术、污泥焚烧技术及污泥干化焚烧过程中污染物控制技术，并联系应用实例介绍了污泥热处置系统的设计方法和原理，对于各地建设污泥干化焚烧工程具有很强的指导性。

自 20 世纪 80 年代开始，我们就开展了对洗煤泥（洗煤过程中产生的煤水混合物，与污泥类似）燃烧的研究。在对洗煤泥的物化特性、成灰特性、结团特性和燃烧特性进行深入的机理研究的基础上，首创了结团燃烧、异重流化床运行、大粒度高位给料、运行中不排渣、结团燃烧脱硫、新型挤压泵等关键技术，从而形成了原创性的研究成果——煤水混合物异重床结团燃烧技术，获得国家技术发明二等奖。从 1996 年出口到韩国的第一台污泥焚烧锅炉开始，我们开发了污泥输送、污泥干化、污泥焚烧、污染物控制等污泥焚烧处置的集成技术，形成了完善的技术体系，技术成果已经获得 12 项发明专利，应用到国内近 15 个工程项目，并为深圳上洋污泥干化焚烧工程和上海竹园污泥干化焚烧工程提供了技术服务，获得 2012 年华夏建设科学技术奖一等奖和 2014 年国家科技进步二等奖。

近年来，我们承担了国家水体污染控制与治理重大科技专项课题“城市污水污泥减量、无害化和综合利用关键技术研究与工程示范”、国家高技术研究发展计划（863 计划）课题“国产化污泥干化与焚烧成套装备研制及应用”、教育部重大研究项目“污泥燃料化焚烧集成系统的关键技术研究”、住房和城乡建设部科学研究项目“污泥干化和焚烧集成技术的研究”、浙江省重大科技专项“污泥无害化能源化利用技术研究及示范”，以及浙江省重大科技专项“污水污泥焚烧利用关键技术研究与装备开发及工程示范”等课题。本书的主要内容是这些课题研究成果的凝练和系统总结，目的是建立比较完整的污泥热处置技术的评定、设计、运行方法和体系。

本书由严建华教授、王飞教授、池涌教授、蒋旭光教授、李晓东教授和黄群星教授著。同时，在编写过程中得到了浙江大学热能工程研究所同事和研究生的帮助，在此特别要感谢陆胜勇教授、马增益教授、金余其研究员、杨家林研究员，以及研究生邓文义、李博、陈少卿、陈文迪、唐晓明等。

由于编写时间仓促，对于书中不足之处，敬请广大读者批评指正。

作　者

2016 年 10 月

主要符号说明

符号	名称	单位
a	热扩散率	m^2/s
a_w	水活度	
A	传热面积	m^2
c	比热容	J/(kg·℃)
COD	化学需氧量	mg/L
d	粒径	m
DSC	差示扫描量热法	
DTA	差示热分析法	
e	样品高度	m
Fr	弗劳德数	
g	自由落体加速度	m/s^2
h_0	纯水蒸发比焓	kJ/kg
h_B	水分结合能	kJ/kg
h_s	污泥水分蒸发比焓	kJ/kg
Δh_T	污泥水分蒸发焓	kJ/kg
Δh_V	纯水水分蒸发潜热	kJ/kg
h	换热系数	$W/(m^2 \cdot K)$
H	坩埚高度	m
m	样品质量	kg
$\dot{m}_s$	污泥干燥速率	kg/s
$\dot{m}_w$	纯水干燥速率	kg/s
M	摩尔质量	kg/mol
N_{mix}	混合数	

符号	名称	单位
n	搅动速率	r/min
PAHs	多环芳烃	
PCBs	多氯联苯	
PCDD/Fs	多氯代二苯并二噁英/呋喃	
p	全压	Pa
p_{v}	水蒸气分压	Pa
p_{sat}	水的饱和蒸汽压	Pa
Q_{s}	污泥干燥热流量	W
Q_{w}	纯水蒸发热流量	W
R	气体常数	J/(mol·℃)
TG	热重分析	
t_{ref}	参照温度	℃
t_{cell}	样品室温度	℃
t_{R}	接触时间	s
U_{s}	表面换热系数	W/K
VFAs	挥发性脂肪酸	
δ	污泥附着壁厚度	m
λ	热导率	W/(m·℃)
ρ	密度	kg/m^3
X	干基含水率	kg/kg

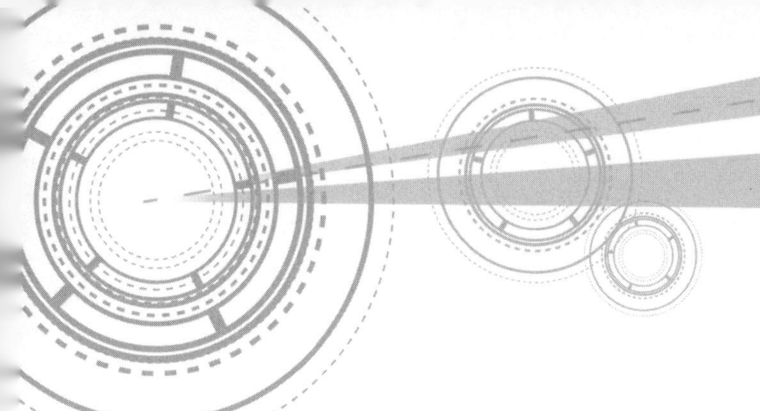

目　录

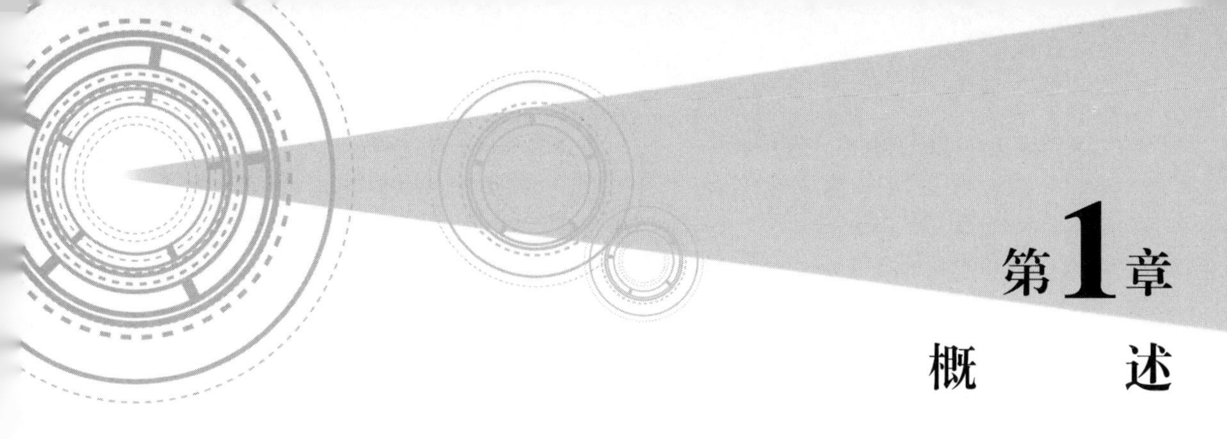

第1章 概述

1.1 污泥无害化处置的意义

随着我国社会经济和城市化的发展，工业和城市污水的产生及其数量在不断增长。近年来污水排放量逐年提高。根据有关预测，我国污水排放量在未来的20年还会有较大的增长，2020年将达到$5.36\times10^{10}m^3/d$。污水处理率的逐步提高，伴随产生了大量剩余污泥。随着污水处理厂运行效率逐渐提高和新的污水处理厂逐步建成，我国城市干污泥的年排放量估计将达到840万t左右(折合含水率80%的湿污泥4200万t)，占我国年总固体废弃物排放量的3.2%。

目前，我国污水处理率仅达到污水排放总量的32%。由此可见，我国污水处理量和污泥处理量将大大增加。此外，在水环境治理过程中，江河湖泊疏浚等也会产生大量的污泥。

污泥含水率高、易腐败、有恶臭，含有重金属、“三致”（致癌、致畸、致突变）有机污染物等有毒化学物质和病原微生物，随意堆放存在较高的二次污染风险。我国污泥处理起步较晚，早期建设的污水处理厂存在“重水轻泥”的现象，往往尽可能地简化，甚至忽略污泥处置单元，污泥的处理方式为外运、简单填埋或堆放。

污泥的简单填埋很容易造成二次污染。露天堆放的污泥经风吹雨淋，产生高温或其他化学反应，能杀灭土壤微生物，破坏土壤结构，使土壤丧失腐解能力。污泥有机质被微生物分解释放出有害气体、尘埃，将加重大气污染。污泥含有大量的病原菌，主要为肠道细菌、蠕虫寄生虫及病毒三大类，它们中大部分在污泥颗粒物上浓缩，其数量比污水中的要大得多。更严重的是，如果里面的重金属被吸食，如铅、镉等过量，还可能通过鱼、虾等食物链重新回到人们的餐桌上，极大危害人体健康。

目前，污泥减量化、无害化处置已经成为我国在水污染控制与治理过程中非解决不可、刻不容缓的重大共性问题，引起了国家相关部委和地方政府的高度重视，迫切需要寻找能够稳定、清洁、大规模处理污泥的技术手段，以有效处理我国面临的大量污泥减量化、无害化处置难题。

1.2 污泥的基本性质

1.2.1 污泥的定义

污泥通常是指由各种微生物以及有机、无机颗粒组成的絮状物。1995 年，世界水环境组织为了准确地反映绝大多数污水污泥具有重新利用的价值，将污泥更名为生物固体，其确切含义是：一种能够有效利用的富含有机质的城市污染产生物。但这种定义在其准确性和安全性上还有一些争议。为了进一步提高污泥利用的科学性和安全性，美国国家研究委员会将“生物固体”的定义重新修订为：经过处理的、符合美国环境保护署（EPA）颁布的《美国污水污泥利用与处置标准》中土地利用标准或其他类似标准的污泥[1]。

1.2.2 污泥的分类

1. 按污泥的来源分

从广义上讲，污泥按来源可以分为：

（1）给水厂污泥：给水水源在净化过程中产生的污泥。

（2）生活污水污泥：城镇污水处理厂处理生活污水过程中排放的污泥。

（3）工业污泥：污水处理厂处理工业生产加工过程中排放的废水时所产生的污泥。典型的工业污泥包括造纸工业污泥、印染工业污泥、制革工业污泥等。

（4）城市水体疏浚污泥：河道、湖泊、池塘等自然或人工水体疏浚过程中产生的污泥。

2. 按污水处理厂的处理工艺分

如果按照污水处理厂的处理工艺的不同，污泥则可以分为：

（1）初沉污泥：污水一级处理过程中产生的沉淀物，其性质随污水的成分，特别是混入的工业废水的性质而发生变化。

（2）活性污泥：活性污泥法处理工艺中二次沉淀池产生的沉淀物，扣除回流到曝气池的那部分后，剩余的部分称为剩余活性污泥。

（3）腐殖污泥：生物膜法污水处理工艺中二次沉淀池产生的沉淀物。

（4）化学污泥：化学强化一级处理（或三级处理）后产生的污泥。

3. 按污泥的产生阶段分

按照污泥的不同产生阶段，分类如下：

（1）生污泥：从沉淀池（包括初沉池和二次沉淀池）排出来的沉淀物或悬浮物的总称。

（2）消化污泥：生污泥经厌气分解后得到的污泥。

（3）浓缩污泥：生污泥经浓缩处理后得到的污泥。

（4）机械脱水污泥：浓缩污泥经机械脱水后得到的污泥。

（5）干化污泥：经干化处理后得到的污泥。

1.2.3　污泥的危害

污泥是污水中污染物的浓缩。污泥含水率高、易腐败、有恶臭，含有重金属、“三致”有机污染物等有毒化学物质和病原微生物，随意堆放或简单处理存在较高的二次污染风险。主要表现在：

（1）简单填埋将占用大量的土地，散发恶臭，污染环境和地下水。

（2）污泥组成复杂，在土壤中经风吹雨淋，产生高温或其他化学反应，能杀灭土壤微生物，破坏土壤结构，使土壤丧失腐解能力。

（3）污泥中有机质被微生物分解释放出有害气体、尘埃，加重大气污染。

（4）污泥中含有比污水中数量高得多的病原物[2~4]，主要有细菌类、病毒和虫卵等。常见的细菌有沙门氏菌、志贺氏菌、致病性大肠杆菌、埃希氏杆菌、耶尔森氏菌和梭状芽包杆菌等，常见的病毒有肝类病毒、呼肠病毒、脊髓灰质炎病毒、柯萨奇病毒、轮状病毒等，常见的虫卵有蛔虫卵、绦虫卵等。

（5）重金属。重金属是污泥的主要污染物之一[5~7]，在污水处理过程中，70%～90%的重金属元素通过吸附或沉淀而转移到污泥中。部分污泥中重金属，如铅、镉等含量较高，渗入地下水后还可能通过鱼、虾等食物链重新回到人们的餐桌上，极大危害人体健康。

（6）持久性有机污染物，如多氯代二苯并二噁英/呋喃（PCDD/Fs）、多环芳烃（PAHs）和多氯联苯（PCBs）等[8~10]。持久性有机污染物对人体的危害很大，这些物质在污水污泥中都是能够检测出的，因此需要引起足够重视。

（7）更为严重的是，污泥中有害成分对环境的污染往往要很长时间以后才能表现出来，如果现在不进行科学的处理，将会对子孙后代造成无法弥补的影响。

我国早期建立污水处理厂时对污泥处置的认识不足，具有“重水轻泥”的思想。过去我国的污水处理率较低，污水处理厂产生的污泥量较少，污泥处理的问题不突出。随着许多大中型污水处理厂的建设，一个中等规模城市每天几百吨甚至上千吨的污泥，不论天气好坏随时需要清理和处置，再加上城市化进程的加快使原来消纳污泥的农田变成了城区，污泥处理的难题在一些大城市开始出现，并向中小城市蔓延。由于缺乏污泥无害化处置设施，在我国某些城市，每天需要跑上百公里将污水处理厂的污泥拉到郊区进行堆放，甚至还发生过污水处理厂将污泥偷偷倒进河系和水源的事件，在社会上造成了恶劣的影响。目前，污泥对环境的威胁丝毫不亚于几年前我国城市面临的“垃圾围城”局面，对污泥的减量化和无害化处置，已经成为各级政府面临的日益紧迫、非解决不可的重大环保问题。

1.3 国内外污泥无害化处置技术现状

1.3.1 污泥的相关政策法规

1993 年 2 月美国环境保护署颁布了《美国污水污泥利用与处置标准》，该标准是污泥土地利用方面的规范，受到广泛关注。它采用风险评价的方法，利用 14 种接触途径模式来确定污泥污染物标准。

为了保障污泥农用不会对植物、动物和人类健康产生危害，1986 年 6 月 12 日，欧洲议会通过了《欧洲议会环境保护、特别是污泥农用土地保护法令》，该法令对农用污泥的准入条件及污泥施用都作了明确的规定。

欧盟于 1991 年颁布了《城市污水处理法令》，该法令要求成员国于 2005 年 12 月 31 日前，对污水排放量超过 2000 人口当量的处理厂，必须按受纳尾水特定断面的水质保护敏感性要求对污水进行处理。该法令的实施将会导致污水处理厂污泥产量显著增加。法令还规定自 1999 年 1 月 1 日起，禁止成员国利用海洋处置污泥。

近年来，我国已就污泥无害化处置制定了一系列规章制度和政策，为污泥处置提供了政策依据和指导。2009 年 2 月，住房和城乡建设部、环境保护部、科学技术部三部委联合颁发《城镇污水处理厂污泥处理处置及污染防治技术政策》，明确了污泥处置的建设主体和政策路线。2010 年 2 月，环境保护部颁发《城镇污水处理厂污泥处理处置污染防治最佳可行技术指南》。2011 年 3 月，国家发展和改革委员会办公厅、住房和城乡建设部办公厅下发《关于进一步加强污泥处置工作组织实施示范项目的通知》，要求“各地要切实提高认识，高度重视污泥处置工作，将污泥处置工作列入重要议事日程，做出全面部署”。2011 年 4 月，住房和城乡建设部、国家发展和改革委员会联合颁布《城镇污水处理厂污泥处理处置技术指南》，对污泥处置提出了适宜的技术路线，要求各地结合本地区实际情况参照执行。

1.3.2 发达国家污泥无害化处置的发展趋势

污泥处理的总目标是确保污泥中的有毒有害物质，无论是现在还是将来都不致对人类及环境造成不可接受的危害。

目前欧洲国家污泥的主要处置方式为农用、填埋和焚烧。污泥填埋始于 20 世纪 60 年代，它曾是欧洲国家，特别是希腊、德国、法国应用最广的污泥处置工艺。填埋操作相对简单，但其侵占土地严重，如果防渗技术不够，将导致潜在的土壤和地下水污染。随着城市用地的减少，对污泥处理技术的标准要求越来越高（例如德国从 2000 年起，要求填埋污泥的有机质含量小于 5%），许多国家和地区甚至坚决反对新建填埋场。

在美国，污泥的主要处置方法是循环利用，而污泥填埋的比例正逐步下降，美国许多地区已经禁止污泥土地填埋。据美国环境保护署估计，今后几十年内美国 6500 多个填埋场中将有近 5000 个被关闭。

近年来，随着污泥农用标准（如合成有机质和重金属含量）越来越严格，许多国家，如德国、意大利、丹麦等污泥农用的比例不断降低。

表 1-1 给出了同一历史时期部分发达国家不同污泥处置技术所占的比例。

表 1-1　　同一历史时期部分发达国家不同污泥处置技术所占的比例

国家	年份	焚烧（%）	农用（%）	填埋和其他（%）
美国	1998	60	18	22
加拿大	2000	43	10	47
德国	2001	66	8	26
法国	2001	55	27	18
英国	2002	55	20	25
芬兰	2000	92	8	0
丹麦	1998	67	8	27
瑞典	2002	67	33	0
挪威	2002	55	45	0
西班牙	2000	53	39	8
日本	2003	55	9	36

从表 1-1 可以看出，对于污泥这种特殊的污染物，发达国家已逐渐转向采用焚烧的方法进行无害化处理。国外发达国家的污泥干化焚烧技术经过近百年的发展，目前基本上已经形成了成熟的工艺理论和先进的设备。

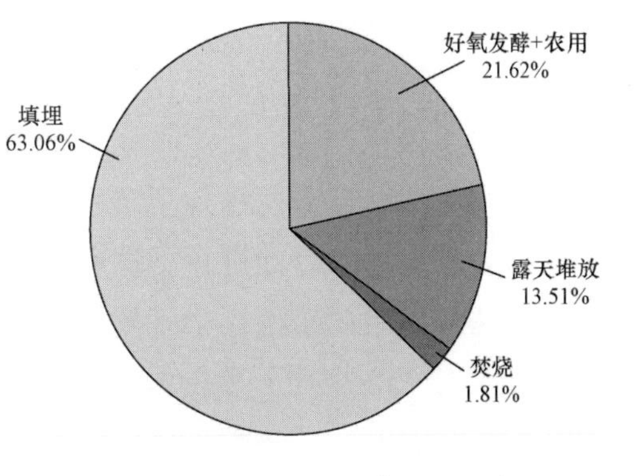

图 1-1　我国污泥处置现状（2010 年）

1.3.3　我国污泥无害化处置现状

图 1-1 所示为住房和城乡建设部 2010 年统计的我国污泥处置现状。实际上，目前我国市政污泥采用规范的无害化处置的

比例不超过16%。

在选择我国污泥处理的技术路线时，应借鉴西方发达国家的经验，首先强调对污泥稳定、安全和彻底的无害化处理，同时兼顾污泥的处置成本，使污泥中的能源和资源得到充分的利用。

由于我国目前存在大量的工业污水和生活污水混排的情况，加之我国的农用土地重金属污染已经十分严重，因此对污泥农用应慎之又慎。对于有机质含量高、重金属含量低，符合国家有机复合肥标准或污泥农用标准，能够保证出路的城市或地区，可以进行农用。污泥农用最重要的是如何保证使用的生态安全问题。由于污泥中含有大量致病细菌，富集了重金属和有机污染物，而且在脱水过程中又加入了化学药剂，因此污泥作为肥料或者土壤使用的功效性和无害性尚缺乏科学的保证。

对于填埋，由于污泥中含有大量有害物质，还具有水分含量高、含有大量微生物易发酵、放置地区的周边环境非常恶劣等特点，曾收纳污泥在填埋场填埋的杭州、深圳等地的垃圾填埋场由于发生填埋场渗滤管堵塞等事件，已经禁止接纳污水污泥。

《城镇污水处理厂污泥处理处置及污染防治技术政策》指出，“经济较为发达的大中城市，可采用污泥焚烧工艺。鼓励采用干化焚烧的联用方式，提高污泥的热能利用效率；鼓励污泥焚烧厂与垃圾焚烧厂合建；在有条件的地区，鼓励污泥作为低质燃料在火力发电厂焚烧炉、水泥窑或砖窑中混合焚烧。”干化焚烧是污泥无害化处置的一个重要方式，它具有以下优点：

（1）焚烧可以使污泥的体积最小化（减量90%），焚烧灰可以综合利用。

（2）与其他方法相比，焚烧处理占地面积小，处理速度快，不需要长期储存，也不会产生臭味。

（3）可以回收能量，用于污泥自身的干化和发电供热。

（4）能够使有机质全部碳化，杀死病原体，消除臭气，使污泥彻底无害化。

（5）采用严格的尾气处理措施，可以避免二次污染。

我国科研院所在污泥干化焚烧技术领域也进行了积极的探索，如浙江大学开发了具有自主知识产权的污泥干化焚烧系统，在污泥间接式干化机理、污泥焚烧过程中污染物生成机理方面进行了重点研究；中国科学院工程热物理研究所针对杭州七格污水处理厂脱水污泥进行了循环流化床污泥焚烧中试，完成了脱水污泥燃烧特性和排放特性试验；东南大学开发了流化床污泥干化设备；天华化工机械及自动化研究设计院对空心桨叶干化技术进行了深入的研究；浙江环兴机械有限公司和北京环境科学研究院开发了喷雾干化技术。由于我国开展污水污泥处置相对较晚，在干化焚烧技术和设备的发展方面还比较落后，目前的研究主要还停留在污泥干化焚烧原

理的探讨方面，对专用设备的开发、研制及应用等均还处于发展阶段。

我国许多城市都相继开展了污泥无害化处置的前期工作。但是，由于缺乏技术支撑，污泥无害化处置还没有进入大规模推广应用的阶段。要实现对污泥可靠、经济和环保的处理，目前还面临以下几个方面的问题：

（1）污泥无害化处置比例偏低。目前我国不具有污泥稳定处理能力的污水处理厂占 55.70%，大量未经过稳定处理的污水污泥将对环境产生严重的二次污染。不具有污泥干化脱水处理的污水处理厂约占 48.65%。污泥经浓缩、消化后，尚有 95%～97%的含水率，体积仍然很大。这样庞大的污泥如果不经过干化脱水处理，将为运输及后续处置带来许多不便。此外，由于污泥中含大量病原菌、寄生虫（卵），以及铜、铝、锌、铬、汞等重金属和多氯联苯、二噁英、放射性核元素等难降解的有毒有害物，按照发达国家的经验，污泥的农用和填埋还存在二次污染的风险，因此焚烧应作为主要的污泥处置方式。目前我国已经建成的污泥处置工程大都是污泥经过消化后进行堆肥或农用，污泥焚烧项目还很少。随着污泥处置要求的提高，这种状况应该加以改善，逐步提高污泥减量化、无害化处置的份额。

（2）污泥无害化处置技术的经济性还有待提高。我国污水处理厂出厂的污泥普遍采用传统的带式压滤机、板框压滤机或离心脱水机进行脱水，出厂的污泥含水率仍有 80%～85%，为后续的无害化处置带来困难，造成污泥处置运行费用居高不下。因此，研究经济、节能、环保的污泥干化技术，使污泥含水率进一步降低，再进行后续的干化焚烧或土地利用，是降低污泥无害化处置最终成本的必要环节。

我国污泥干化焚烧处置工艺设计还存在各工艺单元之间衔接与配合不尽合理的情况，造成污泥干化焚烧处置效率不高。例如，污泥干化到多少含水率时进行焚烧最为经济合理，哪些环节是影响整个干化焚烧系统能量利用效率的关键因素等。为了找出降低能耗和成本的最佳技术条件，需要建立整个干化焚烧系统的能量和物料平衡模型，对干化焚烧系统进行综合分析，而不仅仅是把干化和焚烧系统孤立地考虑。

（3）缺乏具有自主知识产权的污泥无害化处置技术。目前已经运行的污泥处理系统中，采用进口系统对污泥进行干化，设备投资大，运行成本在 300～400 元/t 湿污泥，这样的成本对于我国一些城市显得太高，而目前国内还缺乏系统成熟的污泥减量化和无害化处置技术及设备，未能形成标准化和系列化，因此限制了我国污泥无害化处置技术的提高和发展。

（4）污泥无害化处置设备和系统的设计水平低。目前，我国污泥干化设备制造厂商还存在小而散的情况，设备制造未能形成标准化和系列化。污泥干化对设备可靠性、材料耐高温和耐腐蚀性、机械自动化程度及结构优化设计要求很高，目前部分国产化设备在处理效果上已经可以达到国外的技术水平，但在处理能力等方面还有差距。

国产的污泥干化设备缺乏安全保护措施，对温度、粉尘浓度和氧含量等关键参数没有实时进行监测。目前，一些在国外已经证明难以保证安全性的污泥干化技术仍然在使用，一些存在二次污染的干化工艺还在市场上不规范地运行。此外，由于材料和制造工艺上的问题，目前许多国产设备使用寿命较短、稳定运行能力不高，管路接头还存在“跑、冒、滴、漏”等现象。同时，对于我国工业污水混排、含砂量高的污泥，材料的耐腐蚀和耐磨损能力不够。

（5）缺乏污泥无害化处置的技术评价标准。污泥处置技术种类繁多，有污泥浓缩、污泥调理、厌氧消化、脱水、堆肥、土地利用（绿地、林地利用）、焚烧等，国家对此出台了一系列针对不同污泥处置方法，如土地利用、焚烧等方面的环保标准、技术政策、技术规范等。这些标准、政策、规范、导则等对规范技术市场管理，提高污泥处置水平起到了技术支撑作用。但由于缺乏配套的技术评价体系，它们并没有起到全面、正确、系统评价污泥处置技术的作用，相反它们中一些不合理的规定阻碍了技术的发展和新技术的应用。因此，当前迫切需要建立污泥处置技术评价体系，既可对新技术的管理起到技术支撑作用，又可促进新技术的开发和应用。

（6）污泥减量化无害化处置投入低、缺口大。我国污泥处理投资仅占污水处理厂总投资的 20%～50%，存在“重水轻泥”的倾向，而发达国家污泥处理投资占总投资的 50%～70%。按我国目前已建、在建污水处理厂吨水能力投资 1500～2000 元、运行费用 0.8～1.4 元/t 测算，需投资 1000 亿元，每年还需运行费用补贴 300 亿元。

正是由于我国发展污泥减量化、无害化处置技术较晚，导致我国污泥减量化、无害化处置技术发展缓慢，与发达国家之间存在较大差距。

1.4 污泥干化技术

1.4.1 污泥干化技术的发展

污泥含水率高，不能简单作为燃料应用。污泥要作为燃料应用，必须开发出独特的干化技术和燃烧技术，使低热值的污泥转变成高热值的可用燃料，然后通过焚烧炉进行燃烧。

污泥干化的过程其实就是水分蒸发的过程，干化是为了去除水分。水分的去除

要经历两个主要过程：

（1）蒸发过程。物料表面的水分汽化。由于物料表面的水蒸气压低于介质（气体）中的水蒸气分压，水分从物料表面移入介质。

（2）扩散过程。与汽化密切相关的传质过程。当物料表面的水分被蒸发掉，物料表面的湿度低于物料内部湿度时，需要热量的推动力将水分从内部转移到表面。

上述两个过程的持续、交替进行，基本上反映了干化的机理。干化是由表面水汽化和内部水扩散这两个相辅相成、并行不悖的过程来完成的。

世界上最早将热干化技术用于污泥处理的是英国的 Bradford 公司。1910 年，该公司首次开发了转窑式污泥干化机并将其应用于污泥干化实践。几年后，美国也开发出类似的污泥干化机械。到了 20 世纪 30 年代，闪蒸式干化机、带式干化机分别在美、英两国污水处理行业出现。20 世纪 40 年代，日本、欧洲和美国就采用直接加热式转鼓干化机来干化污泥。目前主要有 4 家设备供应商，即澳大利亚的 Andritz、美国的 Bio Gro、瑞士的 Combi 和日本的 Okawara。除了 Okawara 工艺之外，其余各厂家的工艺在干化前，均需用干物料与污泥混合形成含固率达 60%～70%的小球状物，这样可产生在转鼓里随意转动的小球颗粒；Okawara 公司生产的干化机则用转鼓里的高速刮削刀刮泥饼，以形成随意移动的产物。到 20 世纪六七十年代，污泥热干化技术逐步得到完善，同时间接加热圆盘式干化机被应用于污泥干燥，主要设备供应商有 Stord International Buss AG，Bepex，Komline-Sanderson 和 Seghers 等公司。进入 20 世纪 80 年代末期，由于污泥在填埋、农用等方面的各种限制条件和不利因素的突显，以及该项技术在瑞典等国家一些污水处理厂的成功应用，污泥干化技术在西方工业发达国家很快推广开来。

经过长年的发展，污泥干化的优点正逐渐显现出来。干化后的污泥与湿污泥相比，体积大幅度减小，从而减少了储存空间。以含水率 85%的湿污泥为例，干化至含水率 40%时，体积可减小至原来的 1/4，污泥变成颗粒，有利于进一步的焚烧处理。在焚烧工艺前采用污泥干化工艺的目的是实现污泥的减量化，提高污泥热值，节省后续焚烧处理的费用，以及达到更优的焚烧效果。干化后的污泥经高温焚烧后产生的灰体积将缩小 90%以上，有毒有机质热分解彻底，焚烧产生的能源可回收利用，灰、渣可作为建筑材料使用。

1.4.2　污泥干化技术的分类和比较

干化通常需要热源才能实现污泥中水分的蒸发。按照干化热源来划分，污泥干化有热干化（热源为热风、导热油或蒸汽）、太阳能干化、微波干化和水热干化等。本书中的干化主要是指热干化。

污泥热干化根据热介质与污泥的接触方式，可分为以下三种工艺类型[14, 15]：

（1）直接干化[16~18]。又称对流热干化，在操作过程中，热介质（热空气、热烟气或热灰等）与污泥直接接触，热介质低速流过污泥层，在此过程中吸收污泥中的水分，处理后的干污泥需与热介质进行分离。排出的废气一部分通过热量回收系统回到原系统中再用，剩余的部分经无害化后排放。

（2）间接干化[19~21]。干化过程中热介质并不直接与污泥接触，而是通过热交换器将热量传递给污泥，使污泥中的水分得以蒸发，热介质一般为160～200℃的饱和水蒸气或导热油。过程中蒸发的水分到冷凝器中加以冷凝，热介质中的一部分回到原系统中再利用，以节约能源。

（3）直接-间接联合干化[22]。干化系统结合了对流和热传导技术。采用烟气进行直接干化的方法，如转鼓干化机，主要发源于日本和德国等国。但是，对于污泥处理量较大的应用场合，由于其安全性、经济性和设备庞大等问题，目前德国等国已经基本不再采用。

我国《城镇污水处理厂污泥处理处置技术指南》中指出：污泥干化推荐采用间接干化的方式。其主要原因是采用烟气进行直接干化的方式存在以下方面的问题：

（1）安全性问题。烟气直接干化的安全性取决于操作温度、氧气含量与粉尘含量三个因素。当烟气温度较高、粉尘含量或氧含量较大时，容易发生安全事故，特别是在开机和关机的边界条件下最为危险，对控制和操作的要求非常高。一度在德国很流行的转鼓（筒）干化机曾发生过频繁的自燃和爆炸事故，现在已淘汰。

（2）干化烟气温度问题。为防止污染物析出，干化烟气温度须低于 180℃。污泥同其他废弃物一样，在一定的温度条件下，污染物会大量析出。对于烟气直接干化这种方式，干化过程中产生的污染物将直接进入烟气。由于必须防止污泥在干化过程中析出污染物，因此污泥干化的温度必须有所限制，不能太高，否则烟气与污泥接触后带有污染物，再加上烟气量很大，必须进入炉膛进行二次焚烧，经济性较差。通常干化烟气的温度应低于 180℃。

（3）烟气量问题。干化需要的烟气量大。除了干化烟气受到污染物析出温度的限制外，干化烟气的最低温度还受到酸露点温度的限制。假设烟气的温度利用范围为 130～180℃，烟气的温度利用空间仅为 50℃，烟气的显热量较小。根据估算，1t 污泥焚烧产生的烟气量仅够干化 0.1t 污泥。

目前，全世界有 50 余家污泥干化公司，包括德国 Andritz，丹麦 Atlas-Stord，美国 Baker-Rullman、US Filter，加拿大 Berlie Technologies Inc，新西兰 Flo-Dry、Bio-Gro，日本大川原、奈良（Nara），比利时 Seghers 等。表 1-2 列出了主要的污泥热干化技术流派。

表 1-2　　主要的污泥干化技术流派[12,17,20~24]

<table>
<tr><td colspan="6">污泥直接干化技术流派</td></tr>
<tr><td>干化机名称</td><td>工艺原理</td><td colspan="4">典型装置结构</td></tr>
<tr><td rowspan="3">普通回转式污泥干化机</td><td rowspan="3">干化机的主体是略带倾斜并能回转的圆筒体。湿物料从左端上部加入，经过圆筒内部时，与通过筒内的热风或加热壁面进行有效的接触而被干化</td><td colspan="4"> 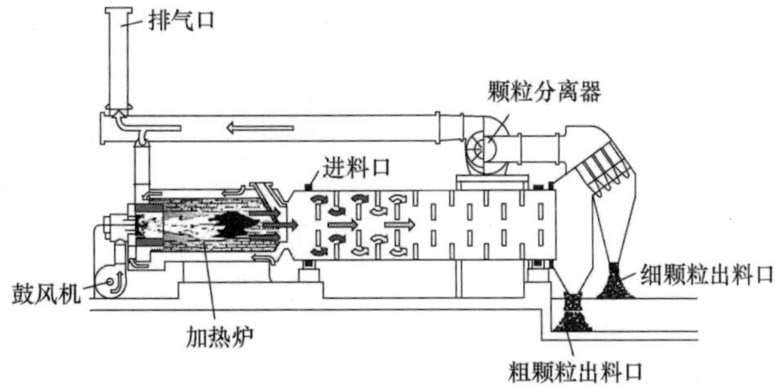</td></tr>
<tr><td>热载体类型</td><td>热载体温度</td><td>干化类型</td><td>著名生产厂商</td></tr>
<tr><td>热空气、热烟气或水蒸气等</td><td>600～1000℃</td><td>半干化或全干化</td><td>荷兰 Vandenbroek、新西兰 Flo-Dry、瑞士 Swiss Combi</td></tr>
<tr><td rowspan="3">三通回转式污泥干化机</td><td rowspan="3">干化机主体是 3 个同心而不同直径的筒体，物料在气流的带动下分别经过 3 个筒体而被干化</td><td colspan="4"> 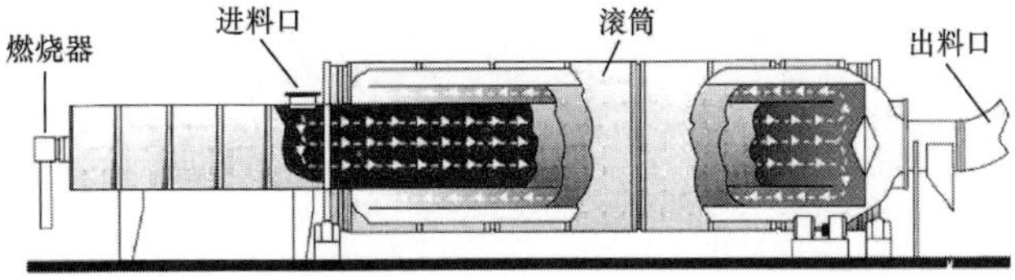</td></tr>
<tr><td>热载体类型</td><td>热载体温度</td><td>干化类型</td><td>著名生产厂商</td></tr>
<tr><td>热空气、热烟气或水蒸气等</td><td>600～1000℃</td><td>全干化</td><td>美国 Baker-Rullman、MEC，德国 Siemens</td></tr>
<tr><td rowspan="3">污泥喷雾干化机</td><td rowspan="3">采用雾化器将原料液分散为雾滴，并用热气体干燥雾滴而获得产品</td><td colspan="4"> 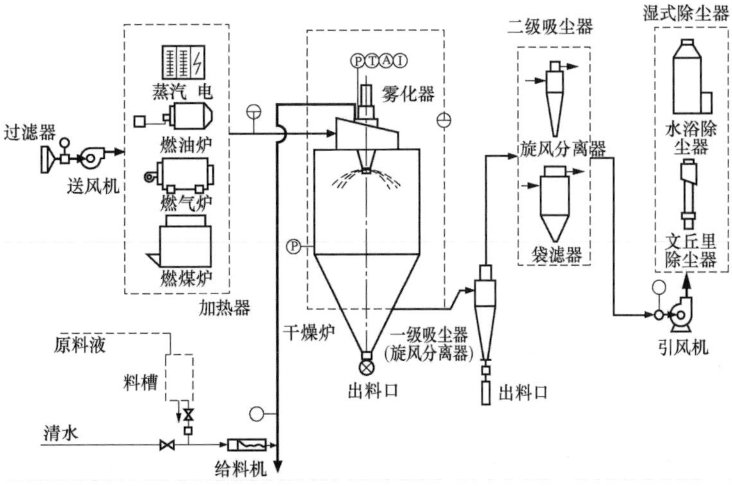</td></tr>
<tr><td>热载体类型</td><td>热载体温度</td><td>干化类型</td><td>著名生产厂商</td></tr>
<tr><td>热空气、烟气或过热水蒸气</td><td>400℃左右</td><td>全干化或半干化</td><td>日本大川原</td></tr>
</table>

续表

<table>
<tr><th>干化机名称</th><th>工艺原理</th><th colspan="4">典型装置结构</th></tr>
<tr><td rowspan="3">皮带式污泥干化机</td><td rowspan="3">干化机由若干个独立的单元段组成，每个单元段包括循环风机、加热装置、新鲜空气抽入系统和尾气排出系统。热气由下往上或由上往下穿过铺在网带上的物料，加热干燥并带走水分</td><td colspan="4">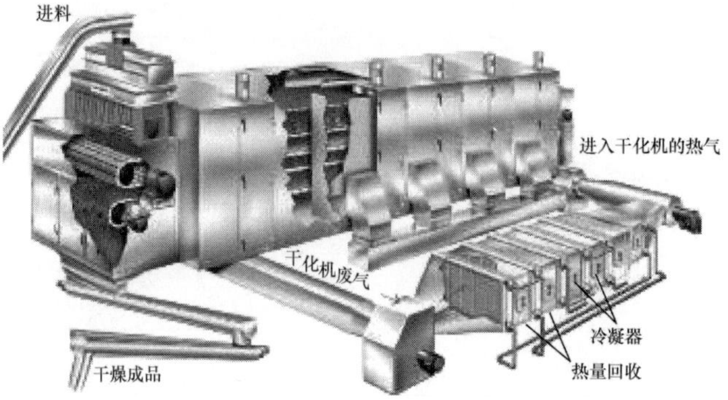
</td></tr>
<tr><td>热载体类型</td><td>热载体温度</td><td>干化类型</td><td>著名生产厂商</td></tr>
<tr><td>热烟气或热空气</td><td>250℃左右</td><td>半干化或全干化</td><td>德国 Sevar、Andritz、Siemens</td></tr>
<tr><td rowspan="3">旋流闪蒸污泥干化机</td><td rowspan="3">是固体流态化中稀相输送在干燥方面的应用。该法是使热介质和待干燥物料颗粒直接接触，并使物料颗粒悬浮于流体中，因而两相接触面积大，强化了传热传质过程</td><td colspan="4">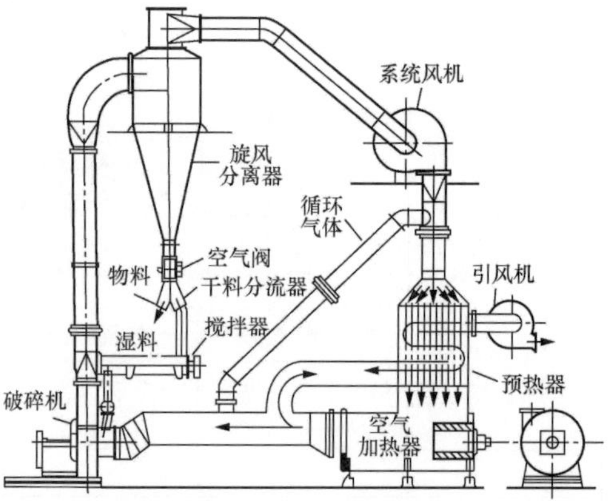
</td></tr>
<tr><td>热载体类型</td><td>热载体温度</td><td>干化类型</td><td>著名生产厂商</td></tr>
<tr><td>热空气或烟气</td><td>650℃左右</td><td>半干化或全干化</td><td>美国 ABB Raymond</td></tr>
<tr><td colspan="6">污泥间接干化技术流派</td></tr>
<tr><td>干化机名称</td><td>工艺原理</td><td colspan="4">典型装置结构</td></tr>
<tr><td>间接回转式污泥干化机</td><td>在干燥筒内以同心圆的方式排列 1～3 圈加热管，热介质通过集管箱分配给各加热管，物料受到加热管的升举和搅拌作用而被干燥</td><td colspan="4">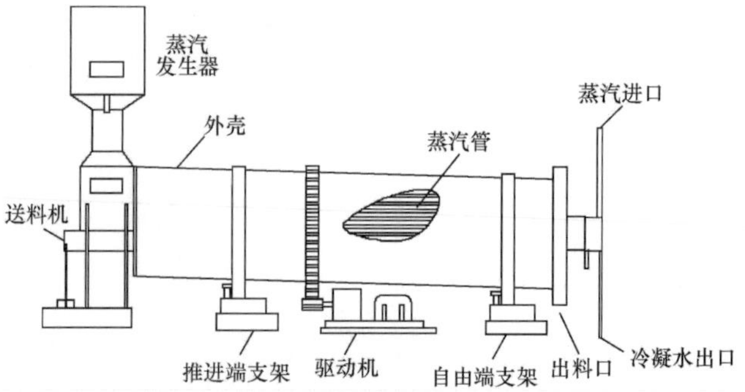
</td></tr>
</table>

续表

<table>
<tr><th>干化机名称</th><th>工艺原理</th><th colspan="4">典型装置结构</th></tr>
<tr><td rowspan="2"></td><td rowspan="2"></td><td>热载体类型</td><td>热载体温度</td><td>干化类型</td><td>著名生产厂商</td></tr>
<tr><td>导热油或饱和水蒸气等</td><td>180～220℃</td><td>半干化或全干化</td><td>荷兰 Vandenbroek</td></tr>
<tr><td rowspan="3">污泥薄膜干化机</td><td rowspan="3">干化机由固定外筒和高速转子组成，外筒含有夹套，夹套内走热介质。污泥通过高速转子的作用在外筒内壁形成污泥薄层，污泥薄层通过夹套的加热作用进行干燥</td><td colspan="4"> 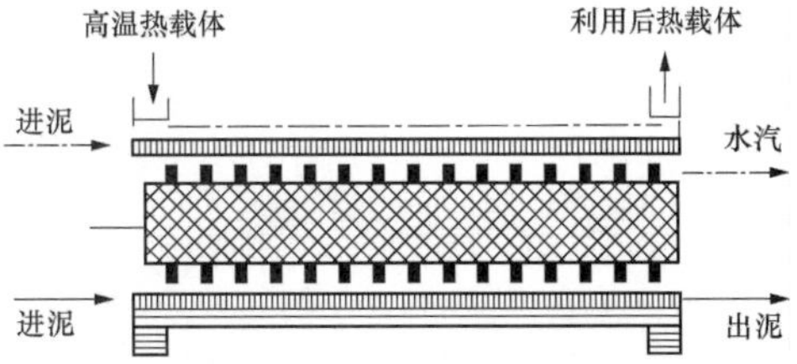</td></tr>
<tr><td>热载体类型</td><td>热载体温度</td><td>干化类型</td><td>著名生产厂商</td></tr>
<tr><td>导热油或饱和水蒸气</td><td>180～220℃</td><td>半干化或全干化</td><td>德国 Siemens</td></tr>
<tr><td rowspan="3">垂直多盘式污泥干化机</td><td rowspan="3">干化机最上面是一层小加热盘，第二层是大加热盘，而后大小盘依次交替排列。物料由加热介质经盘面传导的热量加热，由上一盘跌落到下一盘，由此自上而下干化物料</td><td colspan="4"> 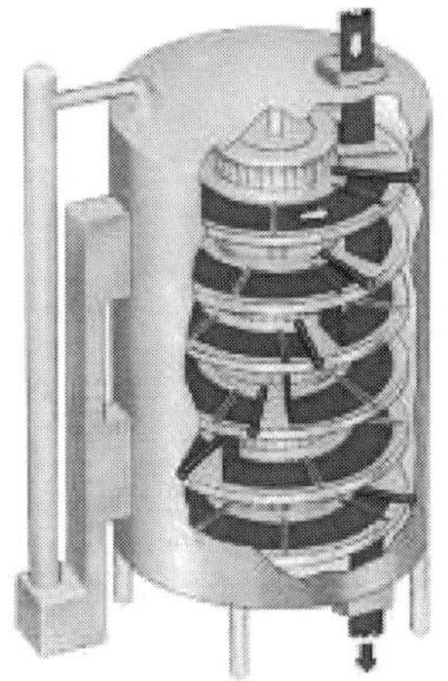 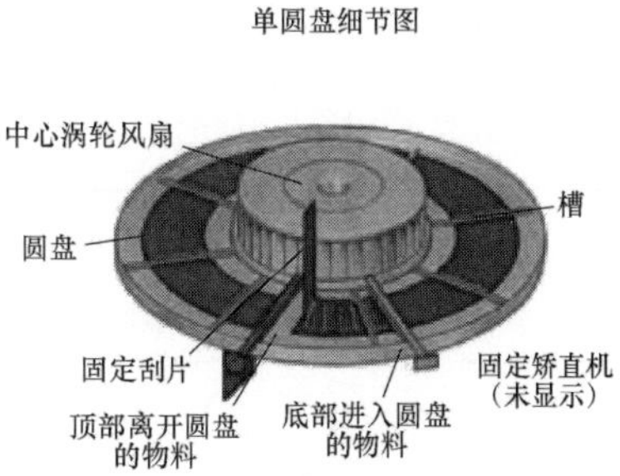</td></tr>
<tr><td>热载体类型</td><td>热载体温度</td><td>干化类型</td><td>著名生产厂商</td></tr>
<tr><td>导热油或饱和水蒸气</td><td>180～220℃</td><td>全干化</td><td>比利时 Seghers、美国 Wyssmont</td></tr>
<tr><td rowspan="3">卧式转盘污泥干化机</td><td rowspan="3">干化机主要由外壳、转子和驱动装置组成。通过转盘边缘的推进/搅拌器的作用，污泥被均匀、缓慢地输送通过整个干化机，并通过与转盘的热接触被干化</td><td colspan="4"> 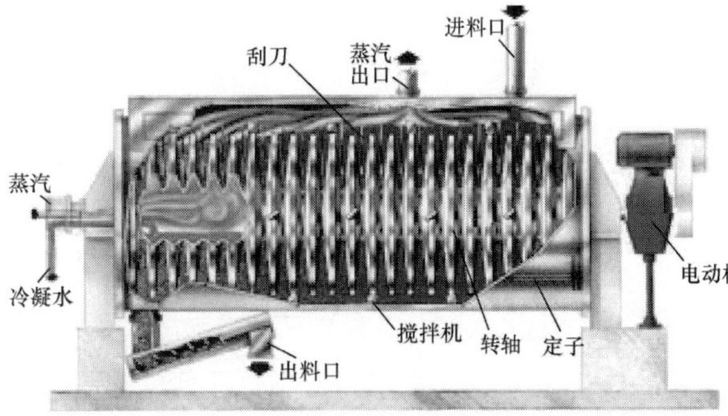</td></tr>
<tr><td>热载体类型</td><td>热载体温度</td><td>干化类型</td><td>著名生产厂商</td></tr>
<tr><td>导热油或饱和水蒸气</td><td>180～220℃</td><td>全干化或半干化</td><td>美国 US Filter、丹麦 Atlas-Stord</td></tr>
</table>

续表

<table>
<tr><th>干化机名称</th><th>工艺原理</th><th colspan="4">典型装置结构</th></tr>
<tr><td rowspan="3">楔形桨叶式污泥干化机</td><td rowspan="3">干化机主要由夹套、楔形叶片和传动装置组成。污泥通过夹套和叶片的热传导被加热干化，叶片同时对物料进行搅拌，不断更新干燥面，从而达到优化干燥的目的</td><td colspan="4"> 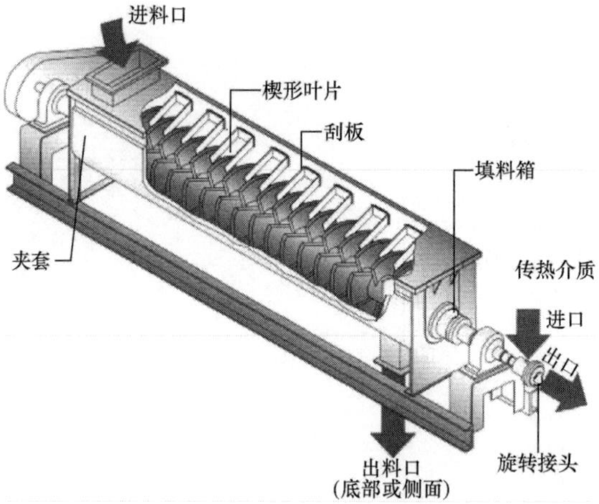进料口
楔形叶片
刮板
填料箱
夹套
传热介质
进口
出口
出料口
(底部或侧面)
旋转接头</td></tr>
<tr><td>热载体类型</td><td>热载体温度</td><td>干化类型</td><td>著名生产厂商</td></tr>
<tr><td>导热油或饱和水蒸气</td><td>180～220℃</td><td>半干化或全干化</td><td>美国 Komline-Sanderson、日本 Nara</td></tr>
<tr><td colspan="6">直接-间接联合干化技术流派</td></tr>
<tr><th>干化机名称</th><th>工艺原理</th><th colspan="4">典型装置结构</th></tr>
<tr><td rowspan="3">流化床污泥干化机</td><td rowspan="3">干化机主要由风箱、中间段加热管和抽吸罩组成。通过流化床下部风箱，将循环气体送入流化床，颗粒在流化气体的直接加热和加热管内热源的间接加热下达到干化的目的</td><td colspan="4"> 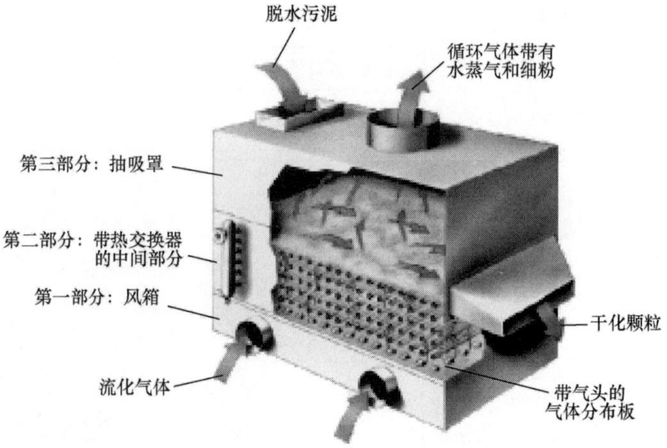脱水污泥
循环气体带有水蒸气和细粉
第三部分：抽吸罩
第二部分：带热交换器的中间部分
第一部分：风箱
干化颗粒
流化气体
带气头的气体分布板</td></tr>
<tr><td>热载体类型</td><td>热载体温度</td><td>干化类型</td><td>著名生产厂商</td></tr>
<tr><td>热空气或热烟气、导热油或水蒸气等</td><td>热空气温度85℃左右；导热油或饱和蒸汽温度180～220℃</td><td>半干化或全干化</td><td>德国 Wabag、Andritz</td></tr>
</table>

续表

<table>
<tr><th>干化机名称</th><th>工艺原理</th><th colspan="4">典型装置结构</th></tr>
<tr><td rowspan="3">混合带式污泥干化机</td><td rowspan="3">特点是不锈钢带在一不锈钢盘上移动，一方面热空气从污泥表面流过，并在封闭的炉膛内回转对流传热；另一方面通过加热不锈钢盘传导热能到不锈钢盘，达到干燥污泥的目的</td><td colspan="4"> 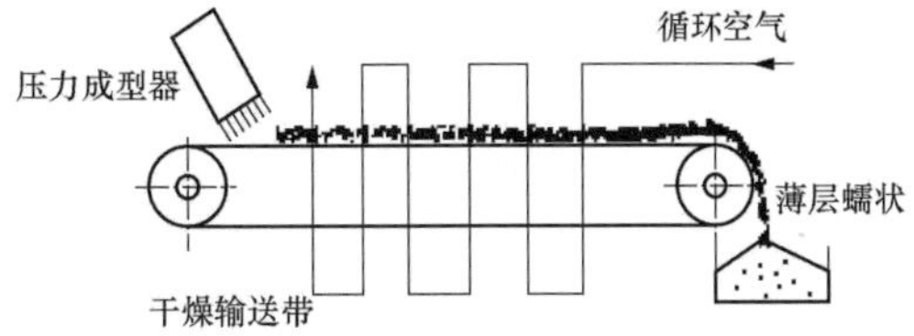 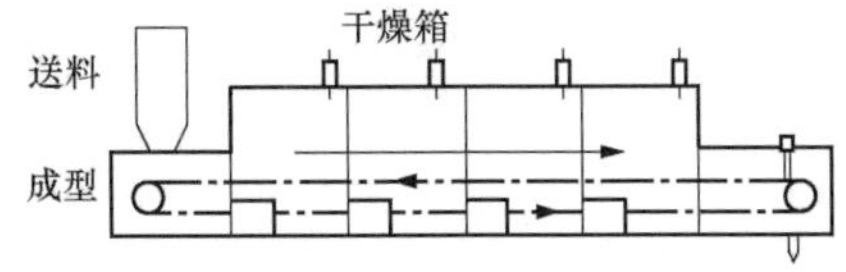 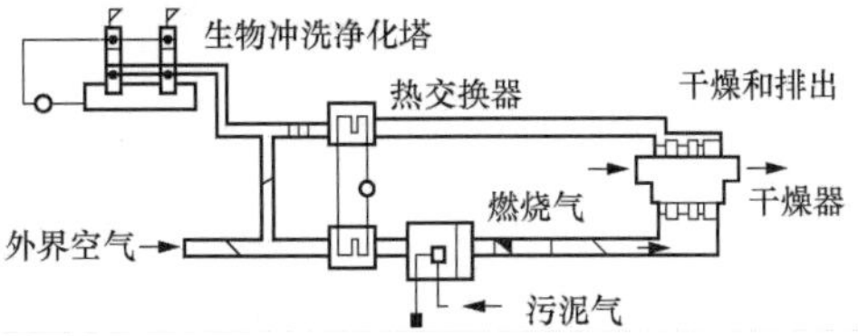</td></tr>
<tr><td>热载体类型</td><td>热载体温度</td><td>干化类型</td><td>著名生产厂商</td></tr>
<tr><td>热空气、导热油或饱和水蒸气</td><td>热空气 250℃左右；导热油或蒸汽 180～220℃</td><td>半干化或全干化</td><td>美国 Nugent</td></tr>
<tr><td colspan="6">其他新型污泥干化技术流派</td></tr>
<tr><th>干化技术</th><th>工艺原理</th><th colspan="4">典型装置结构</th></tr>
<tr><td rowspan="3">太阳能温室污泥干化</td><td rowspan="3">温室采用园艺上常用的标准形式，污泥采用三角堆放，关键设备是自动化翻泥系统，能够均化污泥，更新污泥干燥表面</td><td colspan="4"> 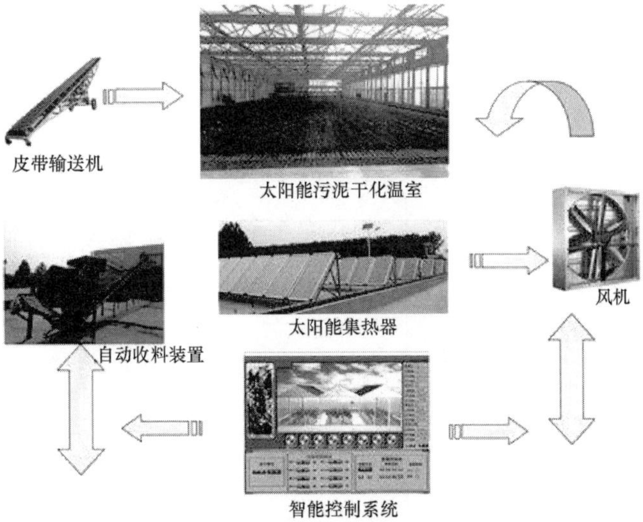</td></tr>
<tr><td>温室</td><td>工艺名称</td><td>干化类型</td><td>著名生产厂商</td></tr>
<tr><td>密闭式/开放式</td><td>Solia</td><td>半干化</td><td>法国 Violia、德国 Huber</td></tr>
</table>

续表

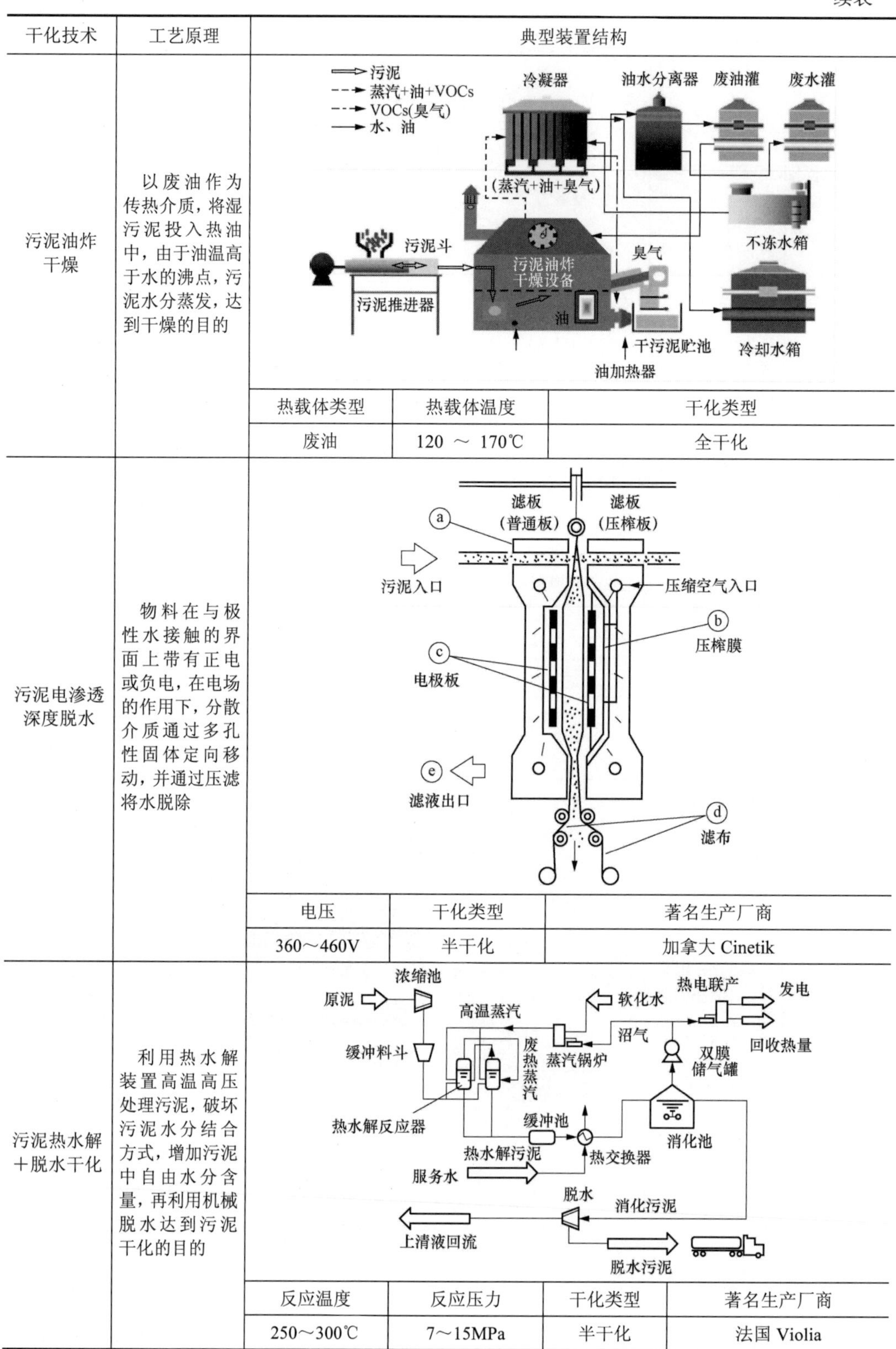

<table>
<tr><th>干化技术</th><th>工艺原理</th><th colspan="4">典型装置结构</th></tr>
<tr><td rowspan="3">污泥油炸干燥</td><td rowspan="3">以废油作为传热介质，将湿污泥投入热油中，由于油温高于水的沸点，污泥水分蒸发，达到干燥的目的</td><td colspan="4"></td></tr>
<tr><td>热载体类型</td><td>热载体温度</td><td colspan="2">干化类型</td></tr>
<tr><td>废油</td><td>120 ～ 170℃</td><td colspan="2">全干化</td></tr>
<tr><td rowspan="3">污泥电渗透深度脱水</td><td rowspan="3">物料在与极性水接触的界面上带有正电或负电，在电场的作用下，分散介质通过多孔性固体定向移动，并通过压滤将水脱除</td><td colspan="4"></td></tr>
<tr><td>电压</td><td>干化类型</td><td colspan="2">著名生产厂商</td></tr>
<tr><td>360～460V</td><td>半干化</td><td colspan="2">加拿大 Cinetik</td></tr>
<tr><td rowspan="3">污泥热水解+脱水干化</td><td rowspan="3">利用热水解装置高温高压处理污泥，破坏污泥水分结合方式，增加污泥中自由水分含量，再利用机械脱水达到污泥干化的目的</td><td colspan="4"></td></tr>
<tr><td>反应温度</td><td>反应压力</td><td>干化类型</td><td>著名生产厂商</td></tr>
<tr><td>250～300℃</td><td>7～15MPa</td><td>半干化</td><td>法国 Violia</td></tr>
</table>

综上所述，污泥干化技术流派众多，但目前主流的间接式热干化技术主要有带式干化、桨叶式干化、圆盘式干化和流化床干化。这几种干化技术的对比见表 1-3。

表 1-3　　主要的间接式热干化技术对比

对比项目	干化技术			
	带式干化	桨叶式干化	圆盘式干化	流化床干化
污泥黏结性	差	优	差	良
干污泥形态	不全是粒状	粒状	粒状	不全是粒状
粉尘量	中	极小	极小	中
臭气量	大	小	小	中
热源	热风	蒸汽	蒸汽	导热油
有机质有无恶化	有	无	无	有
热效率（%）	60～70	80～90	80～90	60～70
热量消耗（kcal/kg）*	760	688	688	720
占地面积	大	小	小	中
设备价格	中	中	高	中
其他	多级	半（全）干	半（全）干	只能全干

*　数据来源于《城镇污水处理厂污泥处理处置技术指南》，1kcal=4.186 8kJ。

在间接换热的干化方式中，采用蒸汽的桨叶式干化机具有独特的优点：

（1）利用电厂已有的蒸汽发生设备，采用低压（0.4～0.6MPa）蒸汽进行干化，蒸汽与污泥不接触，蒸汽冷凝后可回收利用，充分节约能源。

（2）设备结构紧凑，装置占地面积小。干化所需热量主要是由密集地排列在空心轴上的许多空心桨叶壁面提供，而夹套壁面的传热量只占少部分，所以单位体积设备的传热面大，可节省设备占地面积，减少基建投资。

（3）热量利用率高。污泥干化机采用传导加热方式进行加热，干化所需热量不是靠热气体提供，减少了热气体带走的热量损失；由于设备结构紧凑，且辅助装置少，散热损失也减少，热量利用率可达 80%～90%。

（4）楔形桨叶具有自净能力，可提高桨叶传热效率。旋转桨叶的倾斜面和污泥颗粒或粉末层的联合运动所产生的分散力，使附着于加热斜面上的污泥易于自动地清除，使桨叶保持着高效的传热功能。另外，由于两轴桨叶反向旋转，交替地分段压缩（在两轴桨叶斜面相距最近时）和膨胀（在两轴桨叶斜面相距最远时）斜面上的污泥，使传热面附近的污泥被激烈搅动，提高了传热效果。楔形桨叶式污泥干化机换热系数较高，为 85～350W/（m^2 • K）。

（5）气体处理量小，可相应地减少或省去部分辅助设备。排风主要为水蒸气及少量载气，其排风量仅为热风型干燥排风量的 1/8。

（6）可适应污泥含水率变化，产品干化均匀性高。干化机内设溢流堰，可根据污泥性质和干化要求改变溢流堰高度，调节干化机内污泥滞留量，可使干化机内污泥滞留量达到筒体容积的 70%～80%，增加污泥的停留时间。此外，还可调节加料速度、轴的转速和热载体温度等，在几分钟与几小时之间任意选定停留时间，因此对污泥含水率变化的适应性非常好。另外，在桨叶的搅拌作用下，干化机内的污泥从进料口向出料口流动的过程中可充分混合均匀，产品干化均匀。

（7）适用于变工况操作。楔形桨叶式干化可通过多种方法来调节干化工艺条件，操作容易控制。

（8）空心桨叶对污泥有破碎和搅拌作用，污泥在干化后可以自然形成颗粒，有助于送入流化床锅炉进一步焚烧。

1.5 污泥焚烧技术

1.5.1 污泥焚烧技术的发展

从 20 世纪 90 年代起，德国、丹麦、瑞典、瑞士及日本等国就开始以焚烧工艺作为处理市政污泥的主要方法。据美国环境保护署（EPA）估计，1993 年，美国共有 343 座活性污泥焚烧炉，其中 277 座为多炉膛炉，66 座为流化床焚烧炉。在德国境内，已有近 40 个污水处理厂拥有多年的污泥焚烧工艺的实际运行经验。污泥焚烧炉首先始于多段竖炉，而后流化床焚烧炉就逐渐取代了多段竖炉。目前，流化床焚烧炉的市场占有率超过 90%。在丹麦，每年约有 25%的污泥在 32 座焚烧厂中处理。瑞士政府 2002 年 5 月宣布：从 2003 年 1 月 1 日起，瑞士将禁止污水处理厂的污泥用于农业，所有污水处理厂的污泥都要进行焚烧处理。这也意味着瑞士政府每年将额外耗资 5800 万欧元用于污泥焚烧工艺。焚烧法处置污泥在日本发展迅速，且应用得最广，如 1984 年处理量占 72%。1992 年，日本采用 1892 座焚烧炉处理了 75%的市政污泥。目前日本规模较大的污水处理厂大都采用焚烧法处理污泥。日本的焚烧炉大部分是多段焚烧炉，其中有流动焚烧炉、回转干燥焚烧炉、阶段炉床式焚烧炉等。近几年来，污泥焚烧炉增加速度较快，炉种的类别以流化床焚烧炉最为普遍。

由于新建污泥干燥或焚烧设备需要较大的投资成本，因此，国外相继开展了将污泥直接掺入现有燃煤锅炉焚烧的研究。自 2003 年 8 月下旬开始，日本电源开发公司就在长崎县松浦市松浦火力发电厂进行干燥下水道污泥燃料的混烧试验。这是日

本第一次在商业火力发电厂使用有机污泥燃料。日本电源开发公司在松浦火力发电厂混烧石灰用量为 0.07%的混合燃料，试验期间混烧了总量约为 1200t 的混合燃料，分析燃烧特性、环境特性和设备状况，以便确认混烧有无不良影响。2005 年 9 月，日本东京电力公司、东京都政府和生物燃料公司三方联合研究用下水道的污泥发电。东京都政府负责建设从下水道污泥中提取碳水化合物燃料的工厂，生物燃料公司负责工厂管理，制成的燃料则送到福岛县由东京电力公司管辖的燃煤火力发电厂燃烧发电。在德国，2001 年便有 43 家燃煤电厂混烧废弃物。由于污泥是一种均匀介质，因此将其加入燃煤锅炉混烧技术上相对简单。另一方面，污泥的产量只占燃煤锅炉燃料量很小的比例，因此对原有的锅炉不会产生大的影响。典型的例子是德国汉堡的 EnBW Kraftwerke AG 发电厂 7 号锅炉，其发电功率为 750MW。该电厂每年焚烧 20 000t 干污泥和 60 000t 机械脱水后的湿污泥，尾部烟气处理装置也采用原有的系统。德国经过长期对发电厂焚烧污泥的研究证明，污泥占耗煤量的 10%～15%，对尾气净化和发电厂正常运行没有不利影响。

将干化焚烧技术相集成用于污泥处理处置在近 30 年来才获得广泛的应用。奥地利 Inns-bruck 附近的 Steinach 污水处理厂，服务人口当量为 1.2 万人，采用涡轮干化与带式干化结合的方法对经离心脱水处理的污泥进行处理，然后将干化产品运到 400km 以外的维也纳污泥焚烧厂焚烧。整套污泥干化装置和除臭系统的投资为 720 万欧元。德国斯图加特市中心污水处理厂早在 1984 年就建成了第一套污泥干化焚烧处理装置，1992 年又建造了第二套污泥干化焚烧装置，第一套作为备用。该厂采用转盘式干化机对经厌氧消化和离心脱水处理后的污泥进行半干化处理，最后送入流化床焚烧炉，厌氧消化产生的沼气作为助燃气输入焚烧炉，污泥焚烧产生的热量回收后作为污泥干化的热源，剩余热能则用于发电，供污水处理厂使用。比利时布鲁塞尔附近的 Houthlen 污泥干化厂采用德国 Wabag 公司的流化床干化技术，处理周边 20 多个污水处理厂的脱水污泥或浓缩污泥，利用相邻的垃圾焚烧厂的蒸汽作为热源。比利时 Brugge 的 Waterzuiveruing 污泥干化焚烧厂采用 Seghers 公司设计的硬颗粒造粒机和流化床焚烧炉，分别对污泥进行干化焚烧处理。Antwerpen 污泥干化中心采用 Seghers 公司建造的硬颗粒造粒机，产生的干颗粒作为燃料或辅助燃料在燃煤电厂、水泥窑和垃圾焚烧发电厂混烧。目前欧洲最大的污泥干化焚烧处置中心 Slibver-werking Noord Brabant（简称 SNB）位于荷兰的穆尔代克（Moerdijk）。该厂处理规模约为 300t/d（干基），处理量约为荷兰全国总污泥量的 27%。

1.5.2　污泥焚烧技术的分类和比较

污泥焚烧炉主要包括流化床焚烧炉、回转窑式焚烧炉和立式多膛焚烧炉。但是，由于立式多膛焚烧炉存在搅拌臂难耐高温、焚烧能力低、污染物排放难控制等问题，回转窑式焚烧炉也存在炉温控制困难，同时对污泥热值要求较高，一般需加燃料稳燃等缺点，因此流化床焚烧炉已经成为主要的污泥焚烧装置。污泥焚烧一般推荐采用流化床焚烧炉。

1．流化床焚烧炉

流化床焚烧炉的基本工作原理是利用炉底布风板吹出的热风将污泥悬浮起呈沸腾（流化）状进行燃烧。一般采用石英砂作为床料进行蓄热、流化，再将污泥加入流化床中与高温的石英砂接触、传热进行燃烧。

流化床焚烧炉通常采用绝热的炉膛，下部设有分配气体的布风板，炉膛内壁衬耐火材料，并装有一定量的床料。气体从布风板下部通入，并以一定速度通过布风板，使床内床料沸腾呈流化状态。污泥从炉侧或炉顶加入，在流化床层内进行干燥、粉碎、气化等过程后，迅速燃烧。烟气中夹带的床料和飞灰一般用除尘器捕集后，床料可返回流化床内。

流化床焚烧炉的典型技术指标应符合下列要求：

（1）污泥处理量应满足设计要求，负荷变化范围宜为 65%～125%。

（2）流化床焚烧炉密相区温度宜为 850～900℃。

（3）为保证污泥迅速着火，一次风和二次风应采用热风。

流化床焚烧炉结构简单、操作方便、运行可靠、燃烧彻底、有机质破坏去除率高，在国外应用非常广泛。德国 70%的污泥焚烧炉采用流化床燃烧技术。脱水污泥经干化工艺后呈颗粒状，具有和褐煤相似的特性，非常适合于流化床焚烧炉。流化床均匀的燃烧温度、强烈的气固混合和长久的停留时间，可保证污泥充分燃烧。国内流化床燃煤锅炉已有较长的发展历史，其产品在生产工艺、制造质量、运行管理等方面都达到了国际先进水平，采用国产的流化床焚烧炉，在制造质量、燃烧和污染控制、运行的可靠性等各方面都能满足设计要求，且投资远比进口设备低。

2．回转窑式焚烧炉

回转窑式焚烧炉为带耐火材料衬里的圆筒形设备，由挡轮、托轮支撑，卧式放置、轻度倾斜，靠自身筒体的回转来混合搅拌炉内污泥，以便其焚烧彻底。由于炉床是回转可动的，炉床上的废物通过旋转被带起翻动（炉内设有抄板或螺旋线，可将固体抛起），因此物料和燃烧空气能很好地接触，焚烧充分。根据污泥含水量的高低，一般选择顺流式焚烧系统，被焚烧的固体流向与烟气流动方向相同，回转窑式焚烧炉以每分钟几转左右的转速混合搅拌炉内污泥，可使污泥得到彻底的处理。

回转窑式焚烧炉中较常用的、焚烧效果较好的固体废物焚烧炉，在污泥焚烧上也有部分应用。回转窑式焚烧炉处理污泥比较简单，但烟气排空前也需喷淋除臭、吸附处理以除去臭味；该炉的炉温控制困难，燃烧带炉外壁容易过热，同时对污泥

热值要求较高，一般需加燃料稳燃。

3. 立式多膛焚烧炉

立式多膛焚烧炉是一个内衬耐火材料的钢制圆筒，中间是一个中空的铸铁轴，在铸铁轴的周围是一系列耐火的水平炉膛，一般分 6～12 层。各层都有同轴的旋转齿耙，一般上层和下层的炉膛设有 4 个齿耙，中间层炉膛设 2 个齿耙。经过脱水的泥饼从顶部炉膛的外侧进入炉内，依靠齿耙翻动向中心运动并通过中心的孔进入下层，而进入下层的污泥向外侧运动并通过该层外侧的孔进入再下面的一层。如此反复，从而使得污泥呈螺旋状路线自上而下运动。空气由轴心上端鼓入，一方面使轴冷却，另一方面预热空气，经过预热的部分或全部空气从上部的空气管进入最底层炉膛，再作为燃烧空气向上与污泥逆向运动焚烧污泥。

立式多膛焚烧炉在美国有较多的工程案例。该炉型具有占地面积小、可靠性高、飞灰较少等优点，但同时具有维修率高、劳力需求量大、能耗高、存在空气污染问题和臭气问题等缺点，此外技术上存在搅拌臂难耐高温、焚烧能力低、污染物排放难控制等问题，其发展受到一定限制。

上述三种污泥焚烧炉的比较见表 1-4。

表 1-4　　三种污泥焚烧炉的比较

比　较　项　目	流化床焚烧炉	立式多膛焚烧炉	回转窑式焚烧炉
焚烧效率（%）	98.5	90～93.5	—
灰烬中残余未燃尽物（%）	0.2～1	5～15	5～15
建设费［万元/（t・d）］	55～65	70～75	100
占地面积（m^2）	35	50	100
锅炉寿命（a）	15	10	5
耗电量（kWh/t）	1.2	1	—
加温时间（h）	—	2～4	2～4

相对而言，流化床焚烧炉有其独特的优势，可广泛地用来处理各种污泥。流化床焚烧炉的优点主要表现在如下几个方面：

（1）操作方便、运行稳定。流化床床料为石英砂，给入的污泥量只占床料的小部分，蓄热量大，因而避免了床的急冷急热现象，使燃烧稳定。污泥的干化、着火、燃烧与后燃烧几乎同时进行，无须复杂的调整，燃烧控制容易，并易于实现自动化，能在极短时间内完成启动或停止，因此可实现连续燃烧。

（2）耐久性好、使用寿命长。炉内没有机械运动部件，故使用寿命长。由于燃烧均匀，不会产生局部过热现象，锅炉为箱式结构，与耐火材料的热膨胀相适应，因此在一定程度上避免了耐火材料的损坏。

（3）可采取全面的防二次污染的措施，对污泥焚烧时产生的有害物质进行处理。如不加任何附加设备，仅以流化床所特有的中温燃烧方式就可把 NO_x 含量降到 $400mL/m^3$ 以下，此外还可以实现炉内石灰石脱硫。

（4）炉渣呈干态排出，有利于炉渣的综合利用。

（5）由于炉内燃烧强度和传热强度高，相同污泥处理量的流化床炉体积比炉排炉要小，因而投资省，适于大型化发展。

（6）燃料适应性广，床内混合均匀，燃尽度高，使污泥容积大大减小。

由于具有其他炉型不可比拟的优点，流化床焚烧炉在国际上得到了较好的应用。在过去的 20 年中污泥的焚烧量大幅增加，据不完全统计，在需要焚烧的污泥中，约 65%以上的污泥是通过流化床焚烧炉实施焚烧处理的。

1.6 污泥干化焚烧污染物排放研究现状

1.6.1 污泥干化污染物排放研究现状

目前，国内外鲜有污泥干化过程污染物排放的研究报道。美国教授 Vesilind 等人[25]指出，多膛焚烧炉焚烧污泥时主要排放苯、甲苯和丙烯氰等有机污染物，而这些污染物是多膛焚烧炉的干燥段干燥污泥时排放的。这种干化燃烧一体化的排放特性并不能代表传统污泥干燥工艺的排放特性。

清华大学王兴润等人[26]对污泥间壁式干化过程污染物的排放特性进行了相关研究。试验装置如图 1-2 所示，圆底烧瓶内的污泥经油浴锅加热干燥，干燥废气经冷凝后收集冷凝液。对冷凝液中总有机碳浓度、氨氮浓度和有机酸浓度进行了分析，研究发现上述污染物排放浓度随着温度升高而增大，而冷凝液由于受氨氮的影响而呈碱性。

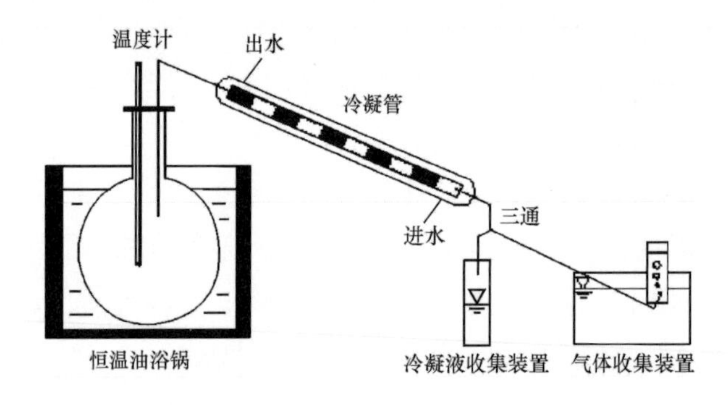

图 1-2 间壁式干化试验装置示意图

1.6.2　污泥焚烧污染物排放研究现状

和污泥干化不同，国内外在污泥焚烧污染物排放方面展开了大量的研究，研究内容主要集中在常规污染物[27~34]、重金属[35~43]、二噁英和多环芳烃[44~49]的排放特性方面。

1. 常规污染物排放研究

德国 Hamburg-Harburg 技术大学[27，50~52]在直径 100mm、高 9.3m 的流化床和内径 100mm、高 15m 的循环床上对褐煤、无烟煤和干污泥单独焚烧时 NO_x 和 CO 的排放特性进行了比较，研究了两个燃烧炉内不同燃料的燃料氮向 NO_x 的转化特性；此外，还研究了干污泥和机械脱水污泥在两个焚烧炉中的排放特性，以及在两个焚烧设备中采用分级燃烧对排放的影响。此后，肯尼亚教授 Ogada 和 Werther 采用内径 100mm、高 1m 的小型电加热流化床试验装置（见图 1-3）研究了湿污泥颗粒燃烧过程中的水分析出特性和挥发分燃烧特性，并在直径 100mm、高 9.3m 的流化床上对 O_2、CO、CO_2 和 C_xH_y 的浓度沿流化床高度的分布趋势进行了研究。研究指出，由于污泥是一种高挥发分、低固定碳含量的特殊燃料，因此污泥燃烧是以气相挥发分的燃烧过程为主导的。

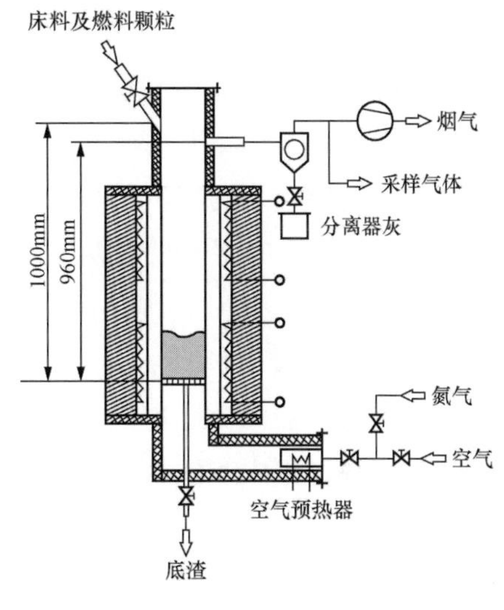

图 1-3　小型电加热流化床试验装置

此外，Hamburg-Harburg 技术大学的 Sanger 等人[32]还研究了在流化床内焚烧半干污泥时 NO_x 和 N_2O 的排放特性。试验在内径 150mm、高 9m 的鼓泡流化床污泥焚烧炉（见图 1-4）内进行。试验研究了污泥水分、含氧量等运行参数对 NO_x 和 N_2O 排放的影响，以及污染物浓度沿床高的变化趋势。研究结果表明，半干污泥具有和湿污泥相似的焚烧排放特性；半干污泥焚烧时排放的 NO_x 略高于湿污泥，但远低于干污泥；床内氧量及温度的高低对 N_2O 和 NO_x 的排放有显著影响。

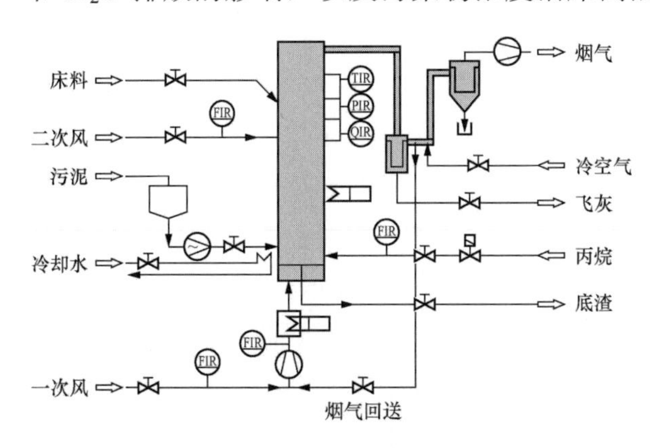

图 1-4　鼓泡流化床污泥焚烧炉示意图

捷克学者 Hartman 等人在内径 93.6mm、高 980mm 的小型电加热流化床内对全干污泥燃烧时常规污染物的排放特性进行了研究。研究内容包括密相区和悬浮区温度对 CO、

NO_x和N_2O排放的影响，NO_x和CO的排放关联性，以及氧量对NO_x和N_2O排放的影响。

日本学者Shimizu等人[30,31]分别在内径54mm、高1300mm的小型电加热鼓泡流化床焚烧炉，以及内径22mm、高1900mm的小型电加热循环流化床焚烧炉内对干污泥和煤混烧过程中NO_x和N_2O的排放特性进行了研究。在鼓泡流化床焚烧试验中，他们研究了从煤单独焚烧转变为污泥和煤混烧过程中NO_x和N_2O的排放特性，同时研究了床料的成分和高度对NO_x和N_2O排放的影响。研究发现，随着污泥和煤混烧的进行，床料高度逐渐提升，导致NO_x排放量升高，而对N_2O的浓度则没有显著影响。他们利用污染物浓度和床料质量之间的关系建立了污染物浓度预测模型，模拟效果良好。在循环流化床的混烧试验中，他们采用相同的试验方法研究了NO_x和N_2O的排放特性，发现在污泥单独焚烧或者污泥和煤混烧过程中，床料的累积不会促进NO_x的排放。

在国内，浙江大学热能工程研究所[53~55]研究了城市污水污泥和造纸污泥在流化床内焚烧过程中NO_x和SO_2的排放特性，东南大学[56]研究了污泥和煤在0.2MW循环流化床内混烧过程中NO_x和N_2O的排放特性，中科院工程热物理研究所[57]研究了污泥和煤在0.15MW循环流化床内混烧过程中NO和N_2O的排放特性。

2. 重金属排放研究

由于污泥富含重金属，因此污泥焚烧过程中重金属的排放特性研究显得尤为重要。大量的文献对污泥焚烧时重金属的排放迁移特性进行了研究报道。意大利学者Marani等人[35]在处理量为250kg/h的中型循环流化床污泥焚烧炉内对燃烧飞灰中重金属的分布特性进行了研究，对比了旋风分离器灰和布袋灰中重金属的浓度，发现Cl对重金属Cd和Pb的迁移有重要影响。他们同时利用重金属迁移模型对试验结果进行了模拟，发现除Cd和Pb以外，其他重金属和模拟值吻合较满意。

Shao等人[38]在内径50mm、高410mm的小型电加热鼓泡流化床试验台上对污泥焚烧的迁移特性进行了研究。试验研究了重金属在飞灰和底渣中的分布特性，发现Co和Cu由于挥发性低主要分布在底渣中，其他如Cr、Mn、Ni和V等在底渣和飞灰中几乎各占一半，而Pb和Zn的挥发性较强，因而在飞灰中有大量分布。

日本学者Nakayama[58]通过试验发现重金属元素的挥发受温度及污泥中Fe、Cl、C的影响。总的来说，重金属的挥发性随温度的升高而增加，但Fe和C对重金属挥发的影响比较复杂，当污泥中C增多时，Cu的挥发性降低，而Zn的挥发性增加，但对Pb基本上无影响；Fe含量增加导致Zn的挥发性增加，Pb无变化，而Cu无明显规律可循；HCl对与Cu的挥发没有大的影响，而对其他两种元素的挥发有利。

葡萄牙学者 Lopes 等人[42]在 90kW 高为 5m 的鼓泡流化床上研究分析了污泥与煤混燃时重金属的转化过程。他们在炉膛的不同地方进行取样，发现不同地方捕获的飞灰重金属浓度也不一样。对于 Hg、Cd、Pb 和 Zn，它们大多数在第二个旋风除尘器中被捕获，并且飞灰颗粒很小；对于易挥发的 Hg，就是在烟囱内也只有 80%是以固体形式存在，其余的仍然以气体形式存在；而 Mn、Cu、Ni 和 Cr 富集的趋势则不明显，这是由于它们的挥发性较低的缘故。

在国内，浙江大学热能工程研究所[59]和沈阳航空工业学院[60]等单位均对污泥在流化床内焚烧时重金属的排放和控制进行了相关研究。

3. 二噁英和多环芳烃排放研究

有关污泥焚烧时二噁英排放特性的研究相对较少，希腊学者 Samaras 等人[44]是较早研究污泥焚烧时二噁英排放特性的学者。试验在内径 45mm、长 1400mm 的石英管式炉上进行，燃烧温度为 1000℃，物料包括工业污泥和城市生活污泥。研究发现，由于工业污泥中 Cl 和 Cu 含量较高，其排放的 PCDD/Fs 的浓度明显高于城市生活污泥；烟气中多氯代二苯并呋喃（PCDF）的浓度明显高于多氯代二苯并二噁英（PCDD）的浓度，而且 PCDD/Fs 的分布都以四氯代和五氯代为主。

西班牙学者 Fullana 等人[46]对污泥焚烧过程中氯代有机污染物的生成特性进行了研究，以掌握灰分和氯化氢对氯代有机污染物（包括二噁英）的影响机理。试验在一个特殊设计的双管式炉内进行，如图 1-5 所示。垂直炉为污泥热解炉，炉内产生的热解气体和空气及氯化氢混合后进入水平管式炉中燃烧，水平炉内填充污泥焚烧灰。试验发现，在污泥焚烧过程中，当燃烧炉内 HCl 的浓度较低时，污泥灰对苯酚的分解有催化作用，因此二噁英的浓度也降低；当 HCl 浓度较高时，污泥则通过催化有机质的氯代而促进二噁英的生成。

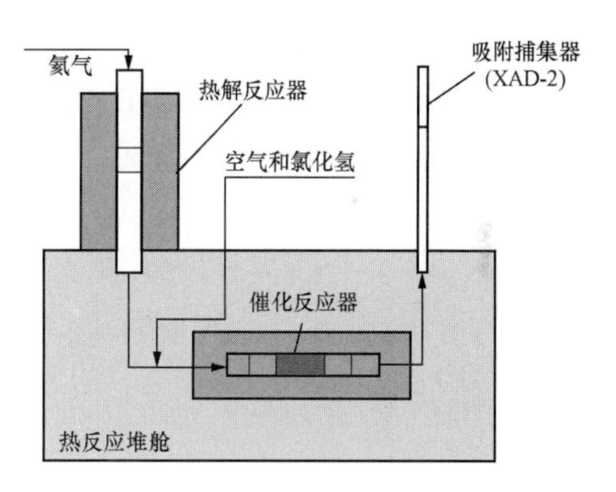

图 1-5　双管式炉试验装置图

意大利学者 Mininni 等人[45]在处理量为 250kg/h、配有二燃室的循环流化床和回转窑中试验台上开展了污泥焚烧时二噁英排放特性的研究，重点研究了有机氯对二噁英生成的影响。试验发现，污泥在回转窑中的燃烧工况优于流化床，而且二噁英的排放水平也低于流化床；有机氯代化合物的添加会明显增加烟气中二噁英的排放浓度，但如果二燃室的温度控制在 950℃以上，二噁英的浓度可以控制在比较理想的水平；二噁英同系物的分布特性很大程度上取决于二燃室的燃烧温度。

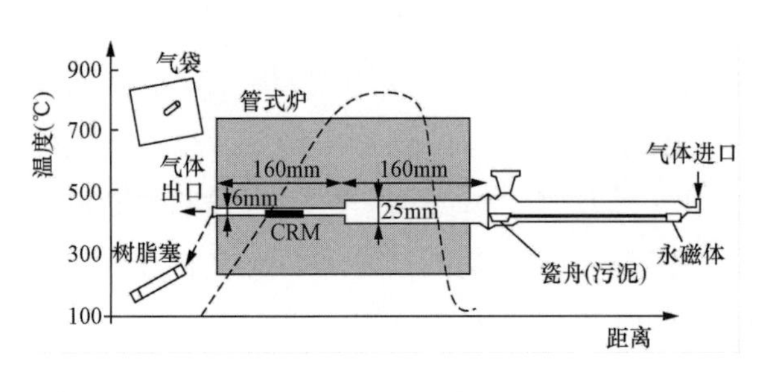

图 1-6　管式炉示意图

西班牙学者 Galvez 等人[47]开展了污泥在水泥窑内资源化利用过程中的污染物控制研究。试验在如图 1-6 所示的管式炉内进行，图中污泥在 25mm 的高温段燃烧，烟气进入填充有水泥粗料的 6mm 低温段，研究水泥粗料对污泥燃烧烟气排放的影响。研究发现，水泥粗料不仅不会恶化污泥燃烧烟气的排放，反而可以催化分解烟气中的二噁英和多环芳烃，原因是水泥粗料中含有大量的 Al_2O_3、CaO、Fe_2O_3、P_2O_5、SiO_2 及微量的 MgO、TiO_2、Cr_2O_3、ZnO、CuO，这些金属氧化物表面会产生有机污染物的脱氯和分解反应[61]。

韩国研究院 Park 等人[49]针对韩国具有代表性的工业流化床污泥焚烧炉和炉排炉 PAHs 的排放特性开展了研究。研究发现，每千克干基污泥焚烧排放的 PAHs 的平均浓度为 6.103mg，其中来自城市污水污泥的 PAHs 浓度要高于工业污泥的浓度；垃圾和污泥混烧排放的 PAHs 浓度高于污泥单独焚烧，原因是垃圾中含有的聚乙烯和塑料等提高了 PAHs 的排放。

综上所述，目前国内外针对污泥间接式搅动干化机理的研究及干化过程污染物排放的研究都还鲜有报道；在污泥焚烧方面，污泥焚烧过程常规污染物和重金属的排放特性却有大量的报道，而痕量污染物（如二噁英和多环芳烃）的排放研究则较少。

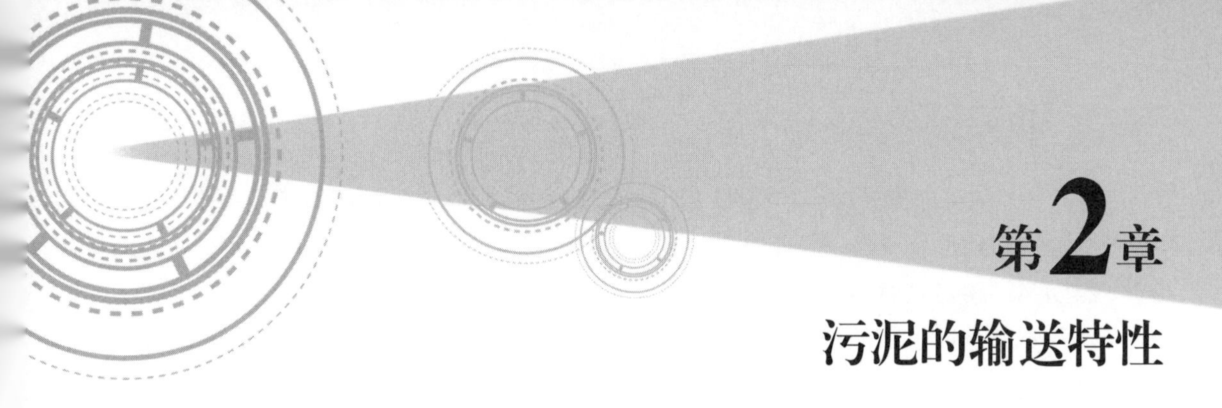

第2章 污泥的输送特性

2.1　污泥输送特性研究的意义

污泥从形态上属于一种黏稠物料，这种物料的给料输送系统非常重要。为了向给料输送系统提供合理的数据，必须了解高浓度黏稠物料的流变特性。通常可以通过试验，对不同成分的污泥进行不同水分、不同温度、不同转速下的流变特性测量，确定介质的流型状态和流型转变过程中各瞬时工况参数，再将得到的流变曲线进行比较，讨论这几个条件对高浓度黏稠物料输送流变特性的影响，同时通过试验对管道输送过程的沿程压力损失及质量流量的测定，找出管道阻力特性的变化规律，进而为确定管道的工程设计参数和运行方式提供合理依据。

2.2　高浓度黏稠物质的流动特性及参数

2.2.1　高浓度黏稠物质的流动特性

2.2.1.1　假塑性

此形式流体的特性为：当剪切速率增加时，会伴随剪切应力的增加及表观黏度的降低，其可能为最常见的非牛顿流体。假塑性流体包括油漆、乳液和各种不同形式的流体。此类流体有时可称为剪切稀释流体。很多时候都是用这种模型来模拟浓缩悬浮物的流动行为。

2.2.1.2　屈服性

在流体流动前，必须先施予流体某一力量，这一力量称为屈服应力。当此力量值超过上限值时，流体开始流动。屈服应力是描述流动特性的一个重要指标。近年来，国内外很多学者都致力于如何使用简单可行的方法来测量屈服应力值。

2.2.1.3　触变性和流凝性

一些流体在相同剪切速率下放置一段时间，其黏度会随着时间有所变化。触变性流体在相同剪切应力下，其黏度会随着时间的增加而下降。现在的大部分研究都致力于废水处理和下水道污泥的触变性。在流体中，时间对流体的影响变异极大。流凝性流体随着切应力作用时间的延长，表观黏度越来越大。

在流体中，触变性与流凝性有可能与先前提到的流体行为同时发生，或发生在某些特定的剪切速率下。

2.2.1.4 磁滞特性

当改变触变性流体的剪切速率时，在剪切应力对剪切速率的关系图中，剪切速率会先增加至某一数值，然后立刻下降至起始点。上升与下降曲线并不为同一条。此“磁滞循环”是由流体流速的减小伴随剪切时间的增加所造成的。一些触变性流体经过一段时间的不扰动能回到其初始速度，而一些流体则没有这样的规律。

2.2.2 高浓度黏稠物质的流变参数

2.2.2.1 剪切应力

剪切应力是由于分子不规则运动的动量交换形成的。可以把一种流体设想为由无数个相互紧挨着的流动层面组成的整体，各层面的流速不同，所以液层之间存在相互运动，流动较快的液层将对流动较慢的液层施以拉力，原有的较大的动量就传给了速度较慢的部分，使慢的部分获得要其加速的内应力。而当慢的部分的分子迁移到快的部分时，前者将对后者施以阻力，其原有的较小的动量就使快的部分受到要其减速的内应力。在快、慢两部分的分界面上，这些内应力就称为内摩擦力，或称黏滞力，作用力方向与液层相垂直，即与液层切面相一致，故又称剪切力，通常以 F 表示，单位为 N；作用在单位表面积（A_0）上的力称剪切应力，定义为 τ_w，即 $\tau_w=F/A_0$。

2.2.2.2 剪切速率

剪切速率是液层法线（切线）方向的速度梯度（dv/dx），简称“剪速”，是测量中间层的相对速度。剪切速率描述出液体所受到的剪切，通常以 S_w 表示，单位为时间的倒数（$\mathrm{s}^{\ 1}$）。

2.2.2.3 黏度

黏度是用来表示液体黏性大小的程度。液体流动时，液体质点间产生相对运动，液体微团被迫变性，于是液体中就产生了抵抗变性速率的内应力，这种性质称为黏性。黏性所起的作用是阻止微团的变形速度，而不是阻止变形。黏性实质上是液体分子微观作用的宏观表现，其产生的原因是：①分子不规则运动的动量交换；②相邻分子间的固着力。黏度可用下列数学式定义

$$\text{黏度}=\mu=\text{剪切应力}/\text{剪切速率}=\tau_w/S_w$$

高浓度黏稠物料为非牛顿流体，所以其黏度不是一个常数。在一条非牛顿液体的流动曲线上，各点的斜率（牛顿黏度）均不同，所以必须在每一点上注明其相应的剪切速率值，否则其黏度值是没有意义的。通常将注明剪切速率的某一点的黏度称为该点的表观黏度。表观黏度只能代表某种非牛顿物质的局部流动性或黏性，但

不能代表全部流动特性。常见流体室温下的黏度见表 2-1。

表 2-1　　常见流体室温下的黏度

流体	近似黏度（Pa·s）	流体	近似黏度（Pa·s）
玻璃	10^{40}	甘油	10^{0}
熔融玻璃（500℃）	10^{12}	橄榄油	$10^{\ 1}$
沥青	10^{8}	自行车油	$10^{\ 2}$
高分子熔体	10^{3}	水	$10^{\ 3}$
金浆	10^{2}	空气	$10^{\ 5}$
液体蜂蜜	10^{1}		

2.2.2.4　流速

高浓度黏稠物质在管道内输送时，大致有三种情况：①在整个断面内浓度均匀，此时的流速称标准流速；②在整个断面内，浓度分层不均，但不沉淀，成为悬浮状态的流动，形成这种状态的流速称最小流速；③在管子内产生沉淀，只有上清液在流动，开始形成沉淀，此时的流速称极限流速。

2.3　高浓度黏稠流体流变特性的测量

2.3.1　流变特性的研究方法

高浓度黏稠物料流变特性的测定对于高浓度黏稠物料储存、泵送、管道输送、处理、脱水、干燥和填埋有重要意义，获得流变参数或流变曲线后，可应用非牛顿流体力学的有关知识确定管道中流体的类型，进而根据有关理论确定管道中流体的流速分布、压力降、流量、平均流速和平均应变流速等，为管道输送设备系统的优化设计建立相关理论和提供试验依据。近年来，随着流化床焚烧技术的发展，国内对高浓度黏稠物料，尤其是污泥流变特性的测定越来越关注。

流变特性的研究方法通常有以下两种：

（1）从微观角度出发，即从悬浮液各部分的性质及它们之间的相互作用出发，通过理论分析来建立关联式。

（2）着眼于悬浮液的宏观流动行为，即通过试验来观察悬浮液的流变特性，提出包含几个参数的流变模型，然后利用流变学的知识，通过试验的方法来确定这些参数。

由于液固两相高浓度黏稠物料组成的复杂性，目前还无法从机理上探讨流变特性的本构方程。许多研究者对浆体流变特性的研究，通常是采用第二种方法，即借助试验数据，由剪切应力的变化或某些与剪切速率相对应的表观黏度的变化曲线得出流变模型。

2.3.2 印染污泥流变特性研究

试验选用绍兴印染污泥，工业、元素分析见表2-2。

表2-2　　绍兴印染污泥的工业、元素分析

绍兴印染污泥	工业分析（%）				热值 Q（kJ/kg）	元素分析（%）				
	水分 M	灰分 A	挥发分 V	固定碳 FC		C	H	N	S_t	O
空气干燥基	4.60	39.16	54.67	1.57	14 473	33.61	4.24	3.09	2.5	12.8
收到基	84.33	6.43	8.98	0.26	253	5.52	0.70	0.51	0.41	2.1

原始印染污泥水分含量为70%时，在没有外力作用的情况下基本不具备流动性，也就无法采用传统黏度计进行测量，只得用管道压降法测量，这在试验室中很难实现。为了得到印染污泥在不同水分下流变特性的变化规律，将其干燥并磨成粉末状再按要求的水分调配，用这样的方法来模拟原始印染污泥流变特性的变化规律。

Hakke旋转黏度计可以测量牛顿流体和非牛顿流体的流变特性，还可以准确测量屈服应力、黏度等。其测量原理是：浸于流体中的转子做旋转运动，圆筒将受到液体中克服液体黏滞阻力所需的转矩的作用，黏性力矩的大小与流体的黏度成正比，通过测量黏性力矩及旋转体的转速求黏度。

选用的Hakke旋转黏度计与计算机连接，安装了流变特性分析软件进行实时监控，程序设定好后，放入物料开始测量，计算机上即显示设定程序下的流变特性图。试验设置测量程序如下：

（1）剪切速率 S_w 由0均匀增加到 $480s^{-1}$，分别在测量温度为20、25、30、35℃的条件下，测量剪切应力 τ_w、表观黏度 μ_w。

（2）剪切速率 S_w 恒定为 $200s^{-1}$，温度由20℃等速升温变化到36℃，测量剪切应力 τ_w、表观黏度 μ_w。

试验步骤：安装好黏度计的转子，将试验物料按较低水分配合比混合搅拌均匀，一般凭视觉经验来确定可以进行黏度计测量的起始水分，待每一阶段温度读数稳定一段时间后，将配好的物料放入黏度计的转筒中，与转筒内的刻度线相平即可，再将转筒安装到黏度计上，点击开始按钮即可按设定的程序测量。可以在计算机上直接得到流变参数随剪切速率的变化曲线。一种水分含量的试验物料流动试验完成后，再调整水分含量，使之变成另一种水分含量进行下一工况的试验。实际中对印染污泥的6种水分含量（分别为59.66%、59.83%、66.20%、66.27%、70.20%及 80.96%）进行对比试验。其中，污泥的水分含量采用烘箱失重天平称重法平行测定。

2.3.2.1　印染污泥恒温下的流变曲线

印染污泥恒温下的流变曲线如图 2-1～图 2-4 所示。

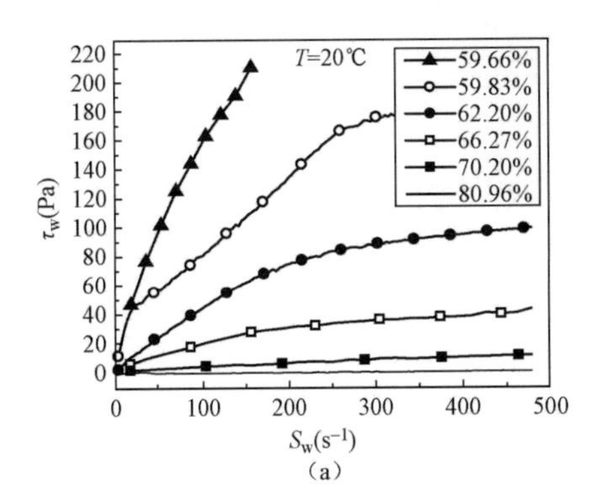

（a）

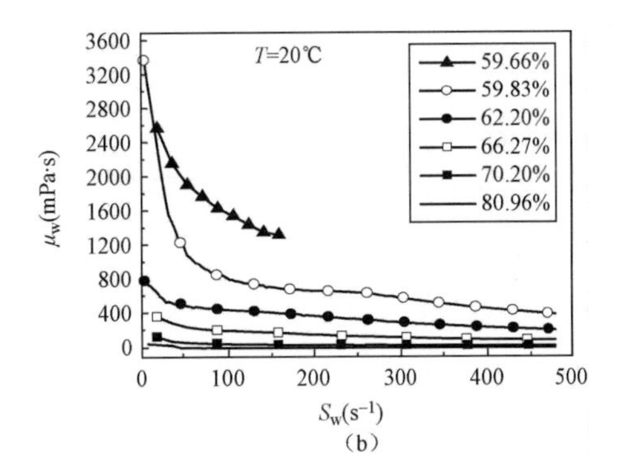

（b）

图 2-1　20℃时印染污泥流变参数图

（a）剪切速率（S_w）-剪切应力（τ_w）关系曲线；（b）剪切速率（S_w）-表观黏度（μ_w）关系曲线

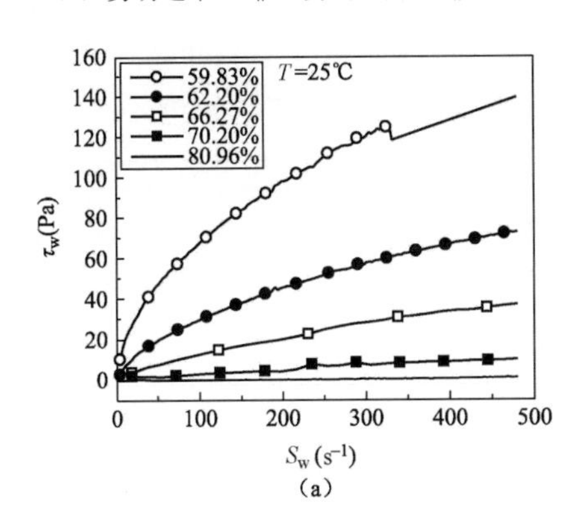

（a）

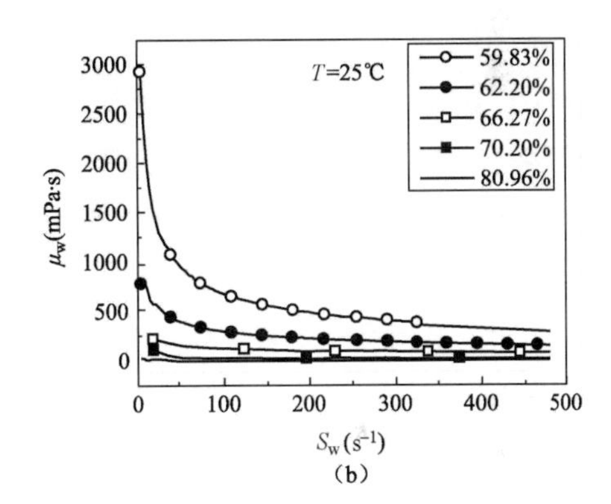

（b）

图 2-2　25℃时印染污泥流变参数图

（a）剪切速率（S_w）-剪切应力（τ_w）关系曲线；（b）剪切速率（S_w）-表观黏度（μ_w）关系曲线

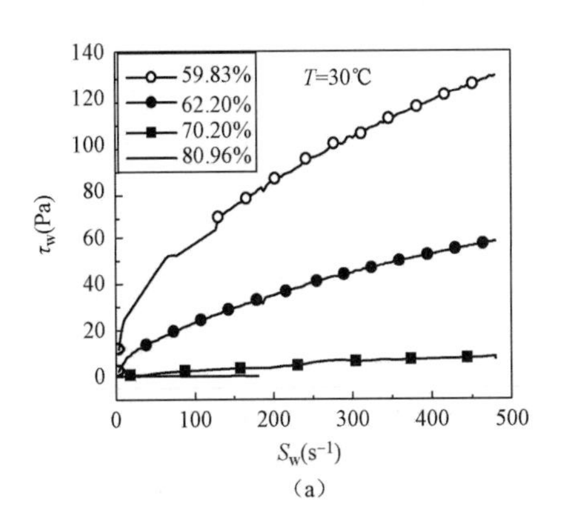

（a）

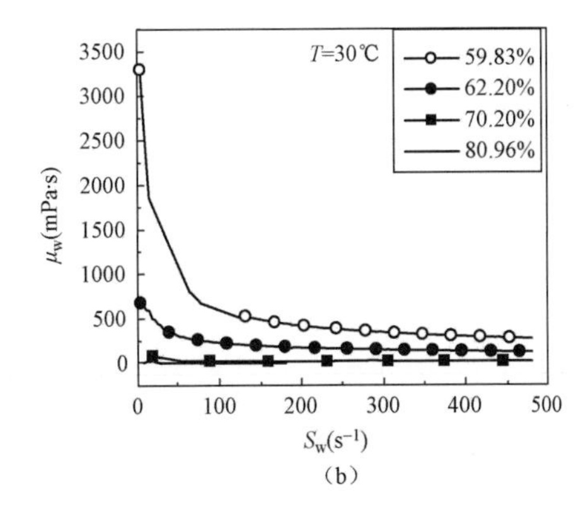

（b）

图 2-3　30℃时印染污泥流变参数图

（a）剪切速率（S_w）-剪切应力（τ_w）关系曲线；（b）剪切速率（S_w）-表观黏度（μ_w）关系曲线

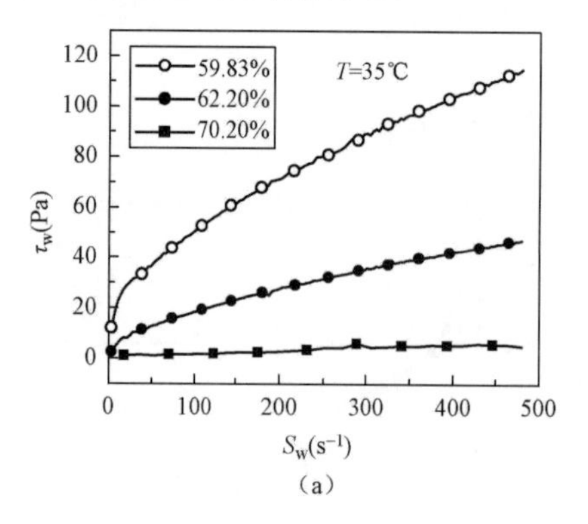

(a)

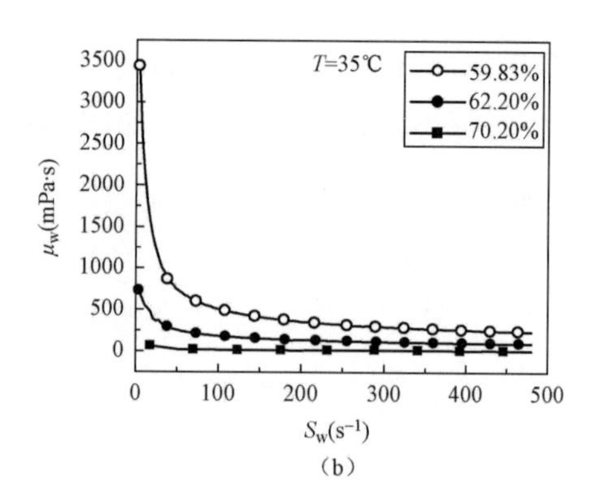

(b)

图 2-4 35℃时印染污泥流变参数图

(a) 剪切速率（S_w）-剪切应力（τ_w）关系曲线；(b) 剪切速率（S_w）-表观黏度（μ_w）关系曲线

可以看出，污泥表现为剪切变稀的现象，随剪切速率的增加，由屈服假塑性流体向宾汉流体（非牛顿流体的一种，通常是一种黏塑性材料，在低应力下表现为刚性体，在高应力下，它会像黏性流体一样流动，且其流动性是线性的）转化。水分含量在 70.20%～80.96%范围内的污泥流变参数随剪切速率的变化幅度不大，流动曲线比较接近。59.66%的印染污泥是可用黏度计测量流变特性的最低水分的污泥，因在剪切速率 160s^{-1}下剪切应力超出黏度计测量范围，未能完成规定程序的测量。同剪切速率下的流变参数随着水分的增加而下降，低水分浆液随着水分增加，流变参数下降幅度比高水分浆液大。80.96%的污泥的流变参数较低，接近于牛顿流体。不同浓度对线性的偏离程度是不同的，水分低的污泥流变参数对线性行为的偏离程度更大。

水分含量在 70.20%～80.96%范围内的污泥流变特性随剪切速率的变化流动曲线比较接近。70.20%及 80.96%的曲线规律不是很明显，这是由于它们的流变参数都很小，已经接近于牛顿流体。80.96%的印染污泥的流变参数很低，此时凭视觉感觉它不是一种黏稠物料，而是接近于一种悬浮液。

由图 2-1～图 2-4 可见，在各温度下，各水分印染污泥的流变参数随着温度的升高而降低，并且高水分、高温度测量条件下的流变参数很低，低水分污泥因为剪切应力过高，超出 Hakke 旋转黏度计的测量范围，转子在剪切速率未达到设定值（480s^{-1}）时就停止转动了。

在低剪切速率区，随着剪切速率的增大，浆液的黏度变小；当剪切速率增大到一定值时，剪切速率的变化对黏度的影响趋缓。究其原因是，污泥属于典型的假塑性流体，此种流体的共性是在低剪切速率区剪切速率值增大，黏度下降，逐渐发生流动取向。当剪切速率达到某一值时，将完成流体的流动取向，之后流体将进入第二牛顿流动区，此时剪切速率的增大对黏度的影响将变得很小，并且随着水分的降低，表观黏度明显增大。

由以上分析及试验过程中观察到的污泥沉淀现象可以得出，水分含量为

66.27%～80.96%的污泥表观黏度都较低，但表观黏度与物料输送过程中的稳定性相关，表观黏度较低的黏稠物料不适合管道输送。表观黏度过低，在输送过程中极易产生沉淀，造成管道的堵塞，并且它们水分含量过高导致辅助燃料量增加。因此，它们虽然可以在管道输送的方式下运行，但无论从经济性还是长时间运行方面考虑，均不适合作为焚烧炉短距离炉前给料的污泥水分含量范围。

2.3.2.2　印染污泥流变曲线和温度的关系

污泥在泵送过程中要经历一年四季温度不断的变化，此时污泥的黏度也将随着温度的变化而变化。污泥黏度随温度变化直接反映了污泥的可泵性能。为了给泵送提供依据，舍弃不适合泵送的水分含量范围，选择不同温度的流变特性进行分析，如图 2-5～图 2-7 所示。

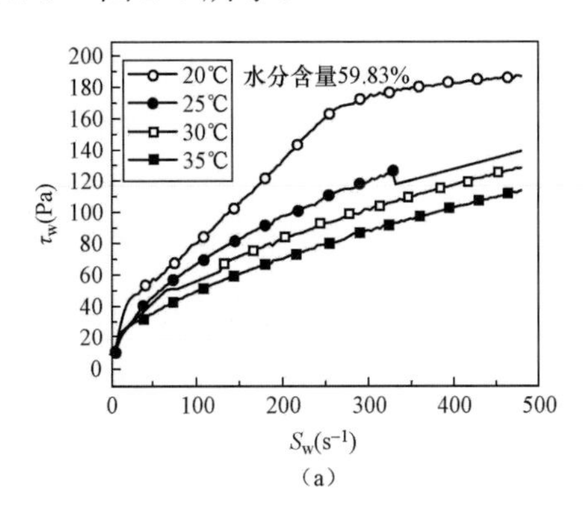

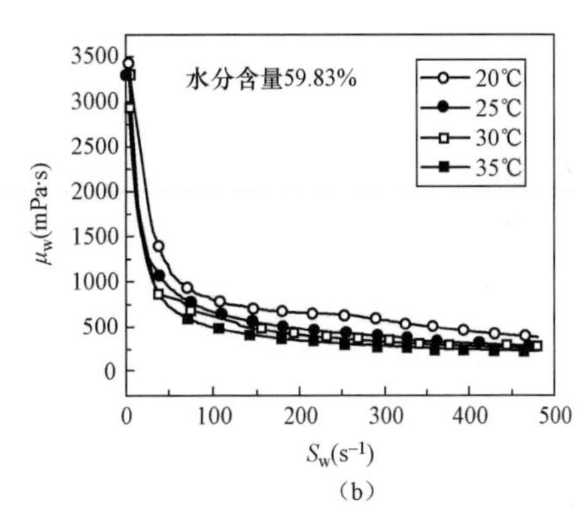

图 2-5　59.83%的印染污泥流变参数图

（a）剪切速率（S_w）-剪切应力（τ_w）关系曲线；（b）剪切速率（S_w）-表观黏度（μ_w）关系曲线

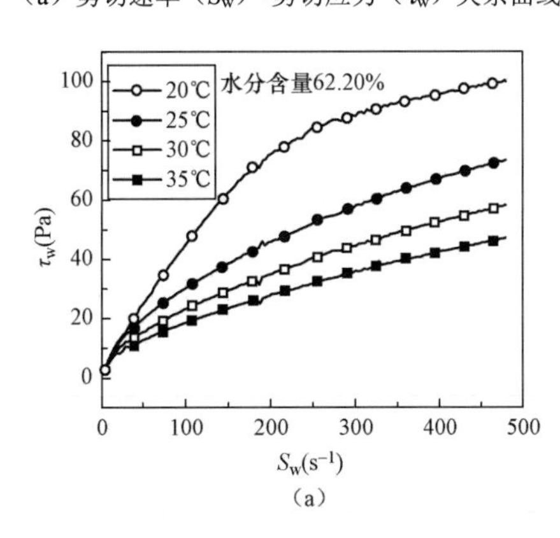

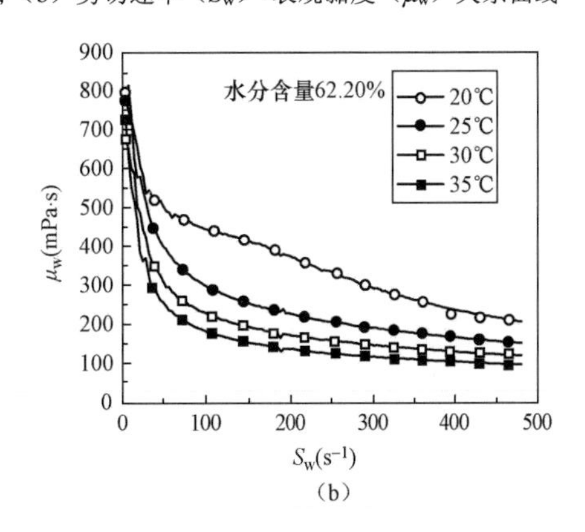

图 2-6　62.20%的印染污泥流变参数图

（a）剪切速率（S_w）-剪切应力（τ_w）关系曲线；（b）剪切速率（S_w）-表观黏度（μ_w）关系曲线

由图 2-6 可知，62.20%的印染污泥流变曲线波动很小，十分光滑，在剪切应力较小的区域内，流变曲线表现为比较明显的牛顿流动特性，称为初始牛顿区。当剪切应力大于顺序剪切应力时，剪切速率与剪切应力趋于线性关系，出现了一段牛顿流

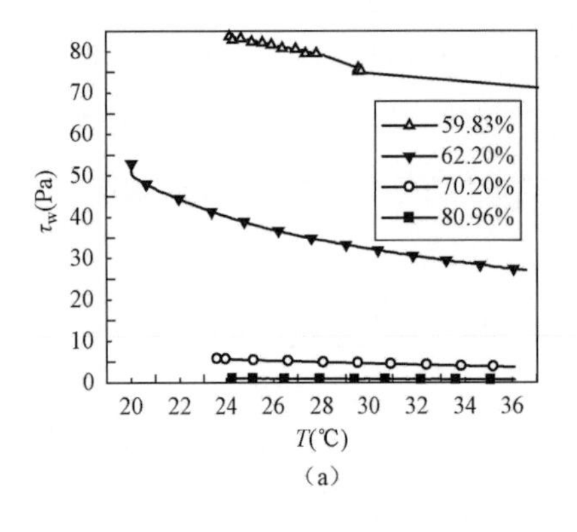

(a)

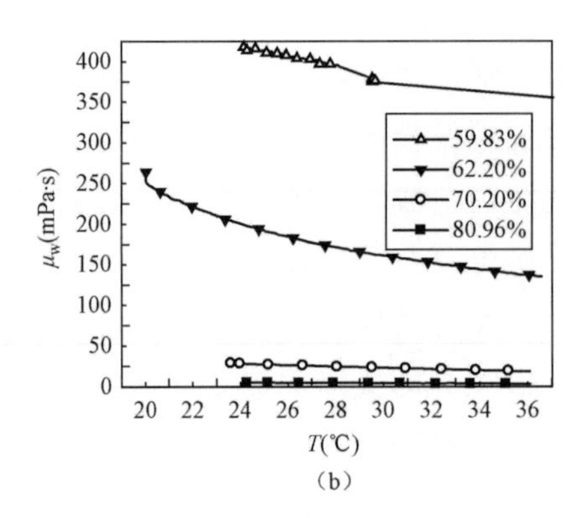

(b)

图 2-7　印染污泥流变参数与温度的关系曲线

(a) 剪切应力(τ_w)-与温度(T)关系曲线;(b) 表观黏度(μ_w)-温度(T)关系曲线

动区，称为第二牛顿区。第二牛顿区也是随着温度不断变化的，温度越高，伪塑性流动区小，污泥维持伪塑性流动的能力越差；反之，温度较低时，伪塑性流动区较大，反映污泥低温维持伪塑性流体的能力强。

图中曲线有波动是由于污泥颗粒不均匀、接触表面积不同导致转筒所受的黏性力矩有波动，从而测得的流变参数有变化，这种波动在正常允许的范围内。

随着温度的变化，污泥内部结构也相应地发生变化，污泥的表观黏度随剪切速率也不断变化。结合污泥流变曲线可以看出，在初始流动阶段，污泥的黏度不变，即零剪切黏度；随着剪切应力增加，由于内部结构发生变化，污泥的黏度不断减小，最后趋于一个定值，即无穷大剪切黏度。

2.3.2.3　印染污泥等速升温情况下的流体流变特性

由图 2-7 中 59.83%、62.20%的流变曲线可知，低水分污泥在相同的剪切速率下剪切应力与表观黏度随温度的变化程度较大，表明低水分污泥的温度敏感性大，而高水分的污泥则变化很小；80.96%的污泥流变曲线斜率很小，基本上没有变化，说明高水分污泥的温度敏感性小。

2.3.3　造纸污泥流变特性研究

试验选取的对象为平湖造纸污泥，其工业、元素分析见表 2-3，流变特性如图 2-8～图 2-17 所示。

表 2-3　　造纸污泥的工业、元素分析

平湖造纸污泥	工业分析(%)				热值 Q(kJ/kg)	元素分析(%)				
	水分 M	灰分 A	挥发分 V	固定碳 FC		C	H	N	S_t	O
空气干燥基	3.96	49.73	42.37	3.94	6718	16.94	3.64	1.07	1.66	23.00
收到基	79.98	10.37	8.83	0.82	1400	3.53	0.76	0.22	0.35	4.80

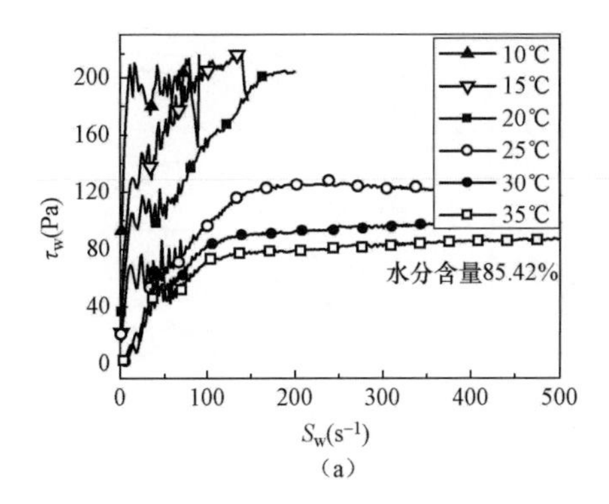

（a）

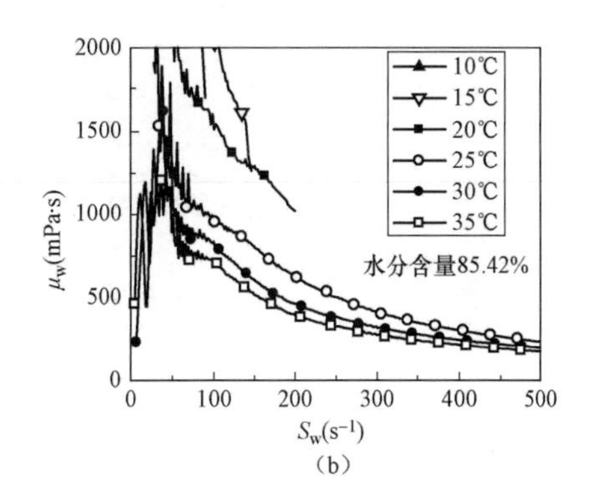

（b）

图 2-8　85.42%造纸污泥的流变参数图

（a）剪切速率（S_w）-剪切应力（τ_w）关系曲线；（b）剪切速率（S_w）-表观黏度（μ_w）关系曲线

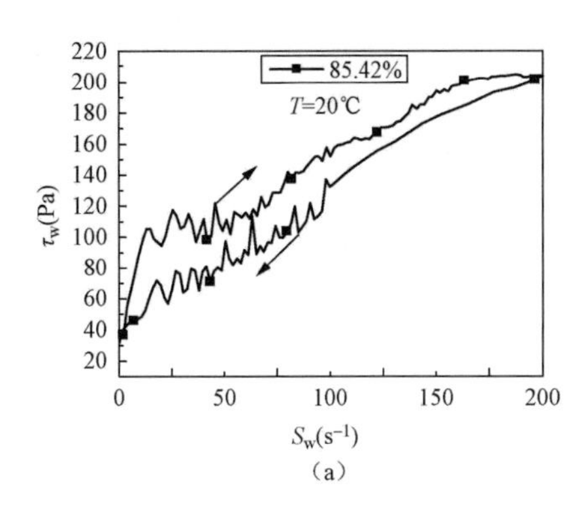

（a）

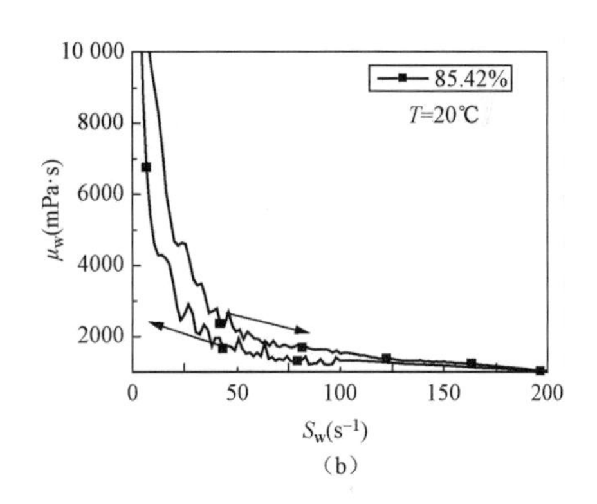

（b）

图 2-9　85.42%造纸污泥的触变性

（a）剪切速率（S_w）-剪切应力（τ_w）关系曲线；（b）剪切速率（S_w）-表观黏度（μ_w）关系曲线

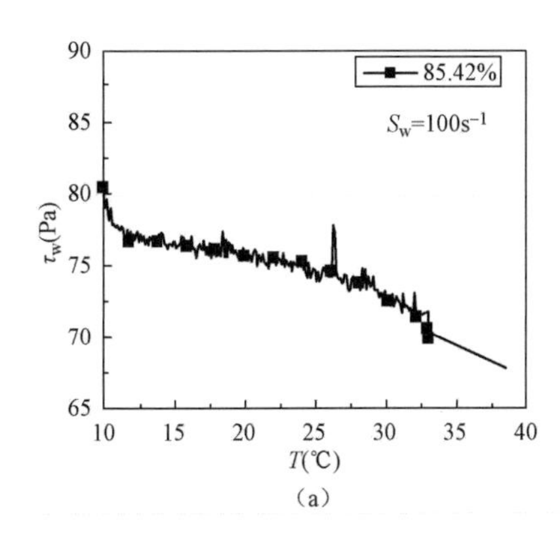

（a）

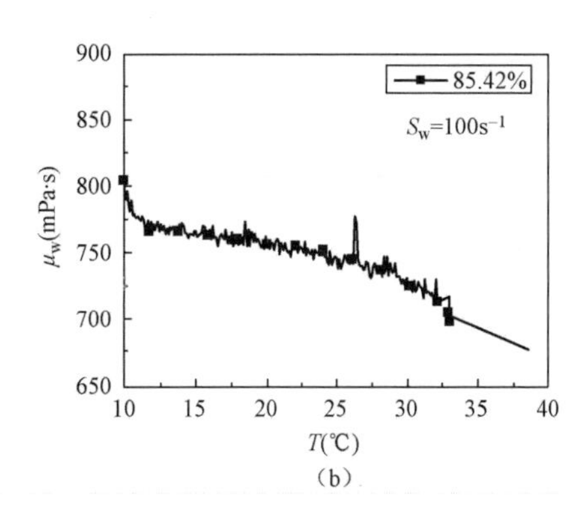

（b）

图 2-10　85.42%造纸污泥的流变参数随温度的变化

（a）剪切应力随温度的变化；（b）表观黏度随温度的变化

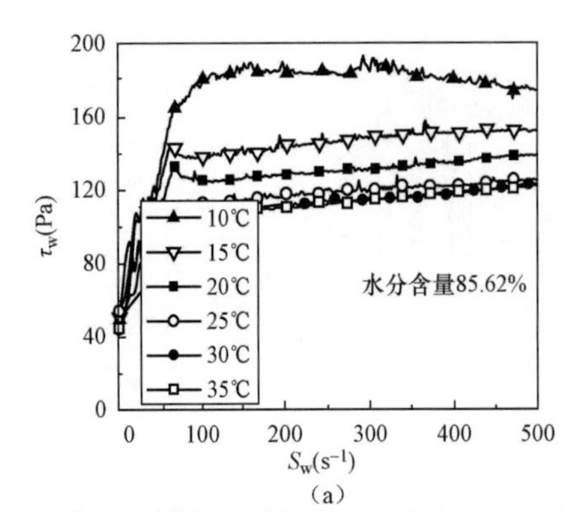

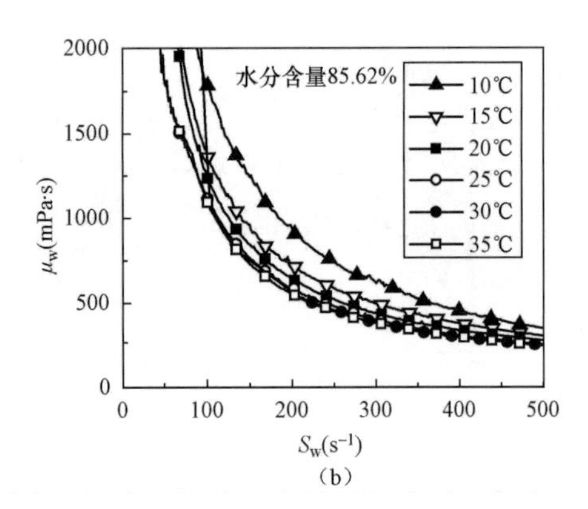

图 2-11　85.62%造纸污泥的流变参数图

（a）剪切速率（S_w）-剪切应力（τ_w）关系曲线；（b）剪切速率（S_w）-表观黏度（μ_w）关系曲线

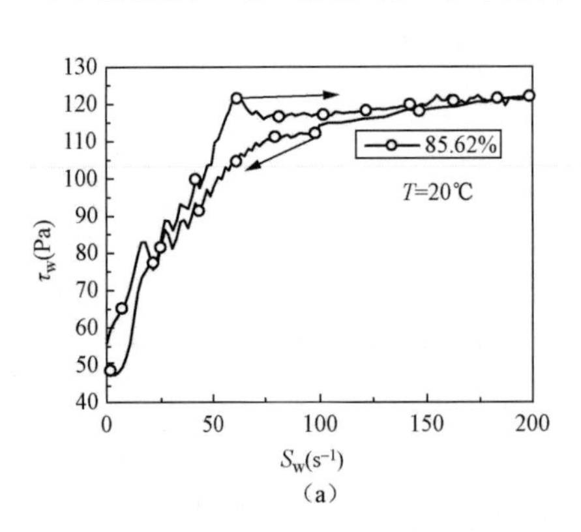

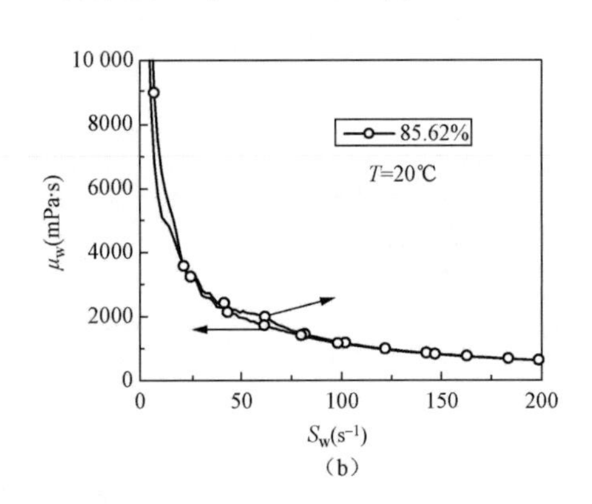

图 2-12　85.62%造纸污泥的触变性

（a）剪切速率（S_w）-剪切应力（τ_w）关系曲线；（b）剪切速率（S_w）-表观黏度（μ_w）关系曲线

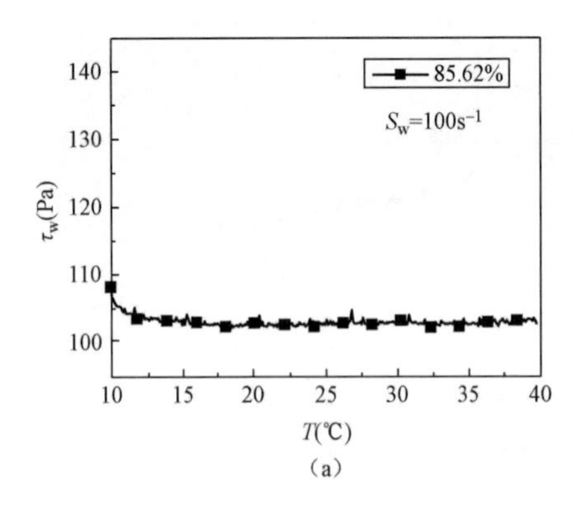

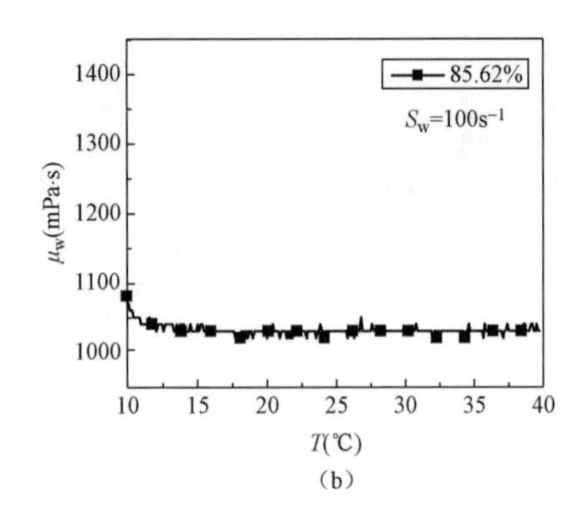

图 2-13　85.62%造纸污泥的流变参数随温度的变化

（a）剪切应力随温度的变化；（b）表观黏度随温度的变化

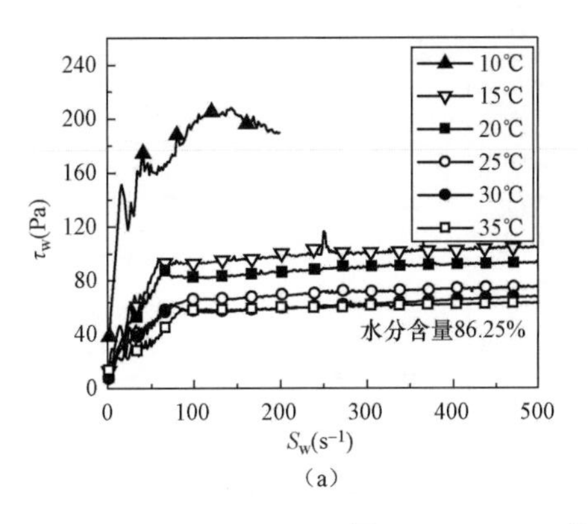

（a）

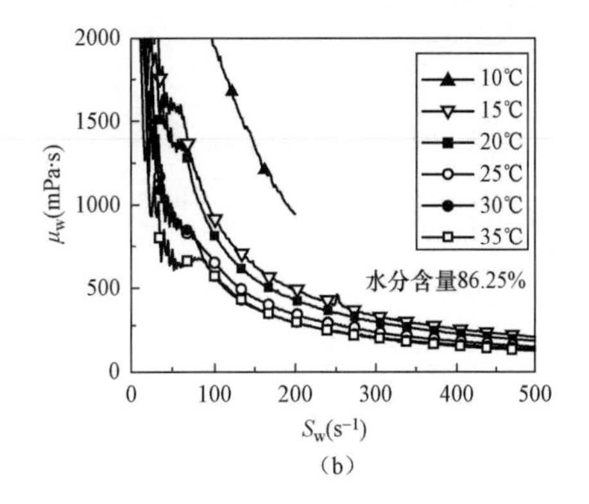

（b）

图 2-14 86.25%造纸污泥的流变参数图

（a）剪切速率（S_w）-剪切应力（τ_w）关系曲线；（b）剪切速率（S_w）-表观黏度（μ_w）关系曲线

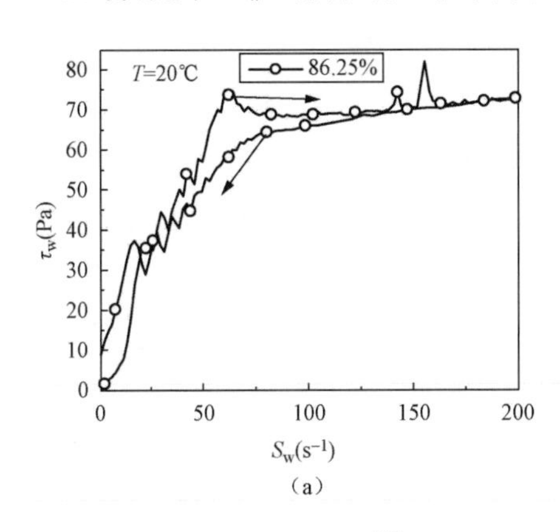

（a）

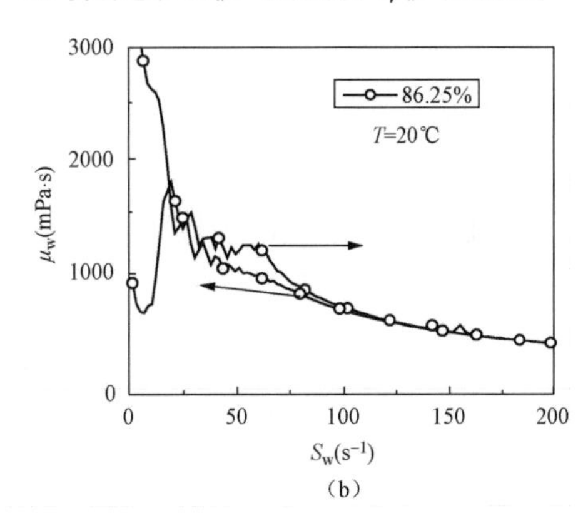

（b）

图 2-15 86.25%造纸污泥的触变性

（a）剪切速率（S_w）-剪切应力（τ_w）关系曲线；（b）剪切速率（S_w）-表观黏度（μ_w）关系曲线

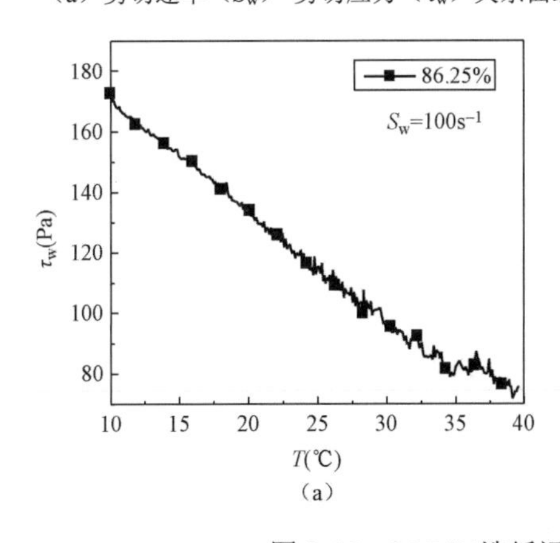

（a）

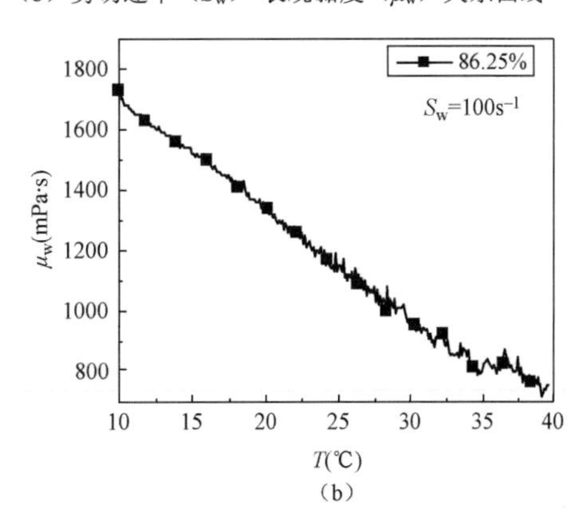

（b）

图 2-16 86.25%造纸污泥的流变参数随温度的变化

（a）剪切应力随温度的变化；（b）表观黏度随温度的变化

由图 2-8～图 2-17 可知：

（1）造纸污泥的流变参数随温度的升高而降低，在 10～15℃范围内下降较快，比较明显，而在 20～35℃时，虽然也有同样的趋势，但下降幅度不是很大。

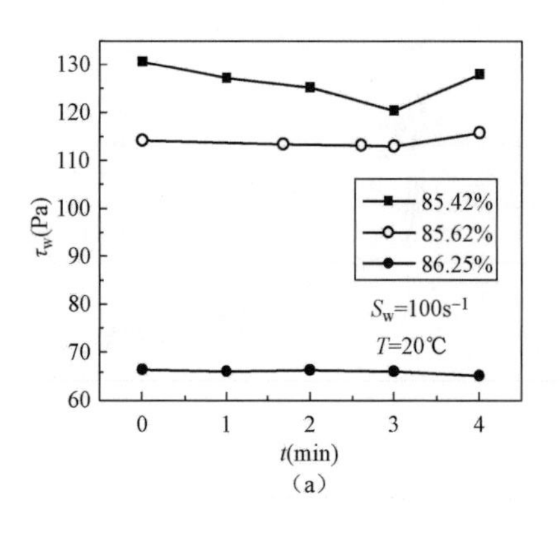

（a）

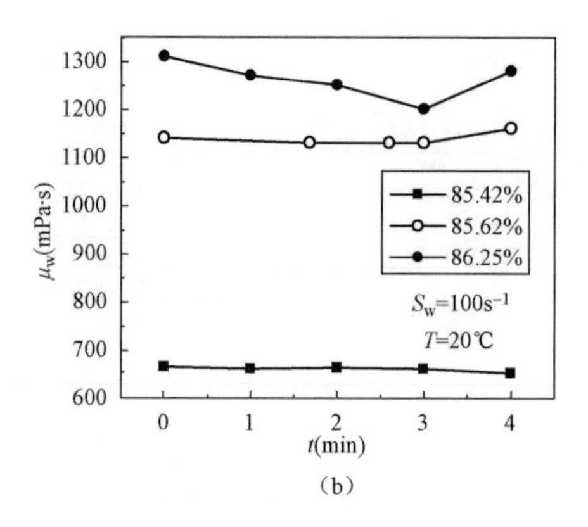

（b）

图 2-17 造纸污泥流变参数随剪切时间的变化

（a）剪切应力随剪切时间的变化；（b）表观黏度随剪切时间的变化

（2）水分含量较低的 85.42%的造纸污泥在温度为 10℃时，流变曲线产生了波动。这是因为温度低时，污泥颗粒聚集成絮状结构，浆体中介质不会产生连续性局部破裂，这样在剪切速率逐渐增大时，由于介质不均匀，导致旋转黏度计测量的力矩不均匀，从而产生了曲线的波动。

（3）造纸污泥剪切应力随着剪切速率的增大而增大，表观黏度随着剪切速率的增加而降低，表现出了屈服假塑性流体的特征。当剪切速率增加到一定值时，剪切应力与表观黏度随剪切速率的变化很小，流变曲线趋于平稳，此时流体表现出宾汉流体的特征。

（4）温度升高可以降低造纸污泥的黏度值，但温度的变化基本上不能改变平湖造纸污泥的流变学性质。

（5）造纸污泥的触变性比较明显，由图 2-15 可以看出曲线有明显的上升、下降。

（6）第 3 分钟时 85.42%、85.62%的造纸污泥流变特性略有降低，第 4 分钟时又升高了，所以低水分造纸污泥流变特性随时间的变化没有明显的规律，但在高水分（86.25%）时，流变特性随剪切时间的增加基本保持不变。

（7）造纸污泥适合泵送的水分含量范围为 84.28%～86.25%，因为 84.28%的平湖造纸污泥旋转黏度计在 200s^{-1}就不能测量，超出了黏度计的测量范围，为黏度计可以测量的最低水分含量，所以在这个水分含量范围内最具经济性的适合泵送的水分含量为 84.28%。

2.4 污泥的泵送特性研究

2.4.1 现有的污泥输送方式

目前给料输送的方式主要有两种：一种是采用皮带输送和螺旋给料的传统机械

方式，国内的这种设备主要是中国矿业大学开发的 MNS 洗煤泥输送系统。该系统在河南永城煤电集团热电厂 130t/h 洗煤泥循环流化床锅炉上取得了工业应用。本书作者 1985 年与合作单位在重庆永荣电厂采用传统机械方式的运输，建成了洗煤泥运输及上料给料系统。另一种是泵与管道输送系统，其中泵送系统又分螺杆泵与管道输送给料、挤压泵与管道输送给料和活塞泵与管道输送给料三种方式。前两种方式均在实际应用中取得了一定的成功经验：邢台矿务局东庞煤矿电厂和中国煤炭科学研究总院合作，在 35t 流化床锅炉上采用螺杆泵与管道输送给料进行高水、高灰洗煤泥掺烧试验；本书作者先后于 1992 年为永川煤矿电厂 20t/h 混烧流化床锅炉和 1995 年为永荣电厂 35t/h 混烧流化床锅炉设计了新型挤压泵与管道输送系统，目前已在芦岭电厂（75t/h）等国内十多台洗煤泥流化床锅炉上得到推广。从使用情况看，两套系统均能适应流化床锅炉燃烧运行的要求，这两种输送方式的综合性能对比见表 2-4。

表 2-4　　输送型式综合性能对比

输送方式	投资	运转环节	调节性能	运行可靠性	自动化程度	水分适应性	环境效果
传统机械方式	大	多	好	好	低	25%～30%	差
泵与管道方式	小	少	好	好	高	＞27%	好

由表 2-4 可见，除了在水分适应性的下限方面传统机械方式稍好以外，泵与管道输送方式存在明显的优势：①占地面积小；②设备投资小；③自动化程度高；④耗电量小；⑤故障率低；⑥调节灵便；⑦燃料适应性好；⑧密闭运作环境效果好。综上所述，泵与管道输送方式成为主要的研究方向。但随着循环流化床锅炉的大型化和安全、高效运行要求的不断提高，要求泵送系统适用范围广、运行稳定、维修量小、系统简单、可长距离输送和易于实现自动控制等，国外也有很多专家对泵送系统，尤其是污泥泵送进行了深入研究。他们对污泥泵送的研究从蠕动泵代替传统的管道输送开始，到后来从建筑业用的活塞泵中受到启发，将其应用到污泥处理、矿物和废物处理、流化床燃烧危险废物传输中，再到 PC 泵泵送高浓度污泥，历经了几十年的时间，这其中发现还有其他很多泵可供选择。

国内在这方面起步相对国外晚一些，开发的泵送系统在上述提到的要求方面尚存在一定的局限性。1987 年，浙江大学从混凝土输送泵型得到启发，根据国外的最新技术发展，对国外已广泛使用的输送混凝土的活塞泵、输送水泥砂浆的挤压泵和螺旋泵进行深入的调查、研究后得出，三种泵型均适用于输送高浓度、高黏度的洗煤泥，其特性规律对比见表 2-5。

表 2-5　　三种常用泵型特性规律对比

泵型	泵容量	额定泵压（MPa）	结构形式	制造工艺	泵传动功率	水分要求	杂质适应性	价格	运行费用
活塞泵	大	2.0～30	复杂	精细	大（液压）	低	高	高	较高
挤压泵	小	≤1.5	简单	普通	小（低速）	较高	一般	低	低
螺旋泵	小	≤2	一般	普通	较小（低速）	高	低	一般	较高

在高浓度黏稠物料泵与管道输送过程中，往往会出现输送过程的堵管现象，因此高浓度黏稠物料输送成为该技术的主要制约因素，高浓度黏稠物料的管道流动特性研究就显得非常重要。在生产实践中，管道输送固体物料最关心的问题是管道的阻力特性。研究的主要目的在于如何合理选择设备及运行工况，以减小管道输送的阻力损失和管道及设备的磨损。在阻力损失试验方面，现有的成果以水煤浆管道试验结果居多。国外（如荷兰、德国）因疏浚工程的需要，对管道输送泥沙进行了大量的试验研究。目前国内管道输送高浓度黏稠物料的研究成果相对较少。高浓度黏稠物料管内输送特性的研究内容主要包括高浓度黏稠物料在管道内流动时的黏度变化、流变特性、阻力特性等。

2.4.2　高浓度黏稠物料的可泵性

膏体的可泵性是评价膏体在管道中流动能力的一项综合性指标。它反映的是泵送压力下膏体在管道中通过并达到焚烧点的能力，即在泵送过程中，不离析、黏塑性良好、阻力小、不堵塞、能顺利沿管道输送的性能，具体指膏体在管道泵送过程中的工作性，即流动性、可塑性和稳定性。流动性取决于膏体充填料的浓度及粒度级配，反映其固相与液相的相互关系和比例。可塑性是膏体充填料在外力作用下克服屈服应力后产生非可逆变形的一种性质。稳定性是膏体充填料抗离析、抗沉积的能力，具体包括：①膏体在泵腔内易于流动，充满所有空间；②有良好的黏聚性、保水性，在泵送过程中不分层、不离析、不泌水；③膏体与管壁之间及污泥内部摩擦阻力较小。

2.4.2.1　评价高浓度黏稠物料可泵性的方法

目前对高浓度黏稠物料可泵性的评价指标尚未形成，国内外关于污泥这方面的研究还不多见，水煤膏和混凝土可泵性的研究中有一些评价的方法可以作为参考。

可泵性的衡量指标是流动性及抗离析能力，可泵性的研究应从膏体的流动性和稳定性两方面开展。

国外曾用泵送压力直接反映拌和物的可泵性，用同轴回转黏度计测量拌和物的

屈服力和黏度系数，可以从根本上揭示拌和物性能，评价可泵性，通过模拟管道中流动来反映泵送压力及摩擦阻力的变化。用坍落度和扩展度测试相结合，并辅助用压力泌水试验评价轻集料混凝土的可泵性也是国内外评价高强轻集料混凝土可泵性的一种方法。但是，坍落度试验采用目测观察的方法来观察拌和物的黏聚性、保水性，并不能真实地反映泵送混凝土在泵送压力作用下混凝土拌和物的保水性、黏聚性。其次，坍落度反映的是拌和物在自重作用下克服屈服剪切应力而坍陷的程度。对中、低强度等级的泵送混凝土，坍落度试验在很大程度上可以评价混凝土的可泵性，但对水胶比较低、胶结料用量大的高强泵送混凝土来说，拌和物的黏性很大，对可泵性有很大影响。

参考以上国内外对各种膏体的评价方法，本书采用泵送的方法实际模拟黏稠物料焚烧时炉前给料输送系统管内的真实流动。

2.4.2.2　流变参数与高浓度黏稠物料的可泵性

由于高浓度黏稠物料具有黏性流体和粉粒散体两方面的特征，可认为是一种特殊的高浓度悬浮体，因此，高浓度黏稠物料的可泵性也取决于泵压作用下的流变特性，既反映了黏性流的屈服应力τ_0和黏度μ_w，又反映了粉粒散体效应的内摩擦角和内聚力。根据试验测定的流变参数分析，其总的趋势是：①τ_0、μ_w小，流动性好；②τ_0、μ_w适当，可塑性好；③τ_0、μ_w大，稳定性好。

2.4.3　污泥的泵送流变特性

2.4.3.1　试验物料

试验选用绍兴印染污泥和海宁制革污泥。

2.4.3.2　试验装置与方法

1. 流变特性测量装置

利用管流法测量污泥流变特性的试验装置如图 2-18 所示。采用一台容量为 $2m^3/h$ 的挤压泵，管路为垂直上升下降布置，在离泵出口高 6.5m 处管路经过一段水平管路折弯下降，管路出口进入锥形料斗，整个管路等径连通，管径 D=40mm。在管路的不同高度位置设置测压点，如泵出口处 p_1、中间段 p_3。p_1 与 p_3 为试验压力读取点，两者相距 6m。压力表为油隔膜结构，以防污泥堵塞压力表传压通管。

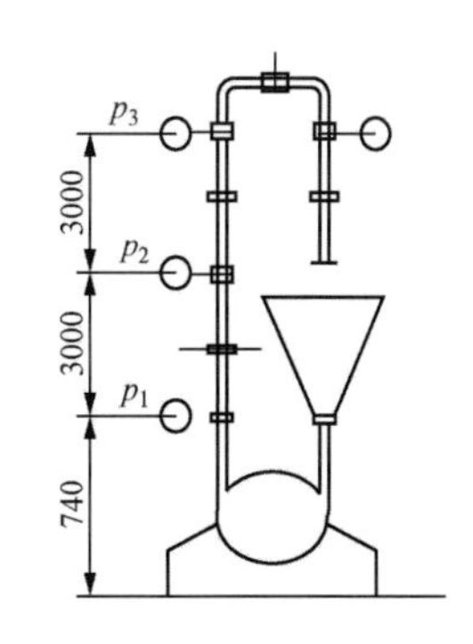

图 2-18　流变特性试验装置简图（尺寸单位：mm）

不合格膏体进入管道可能造成管道堵塞。世界各国都在研究控制不合格膏体进入管道的方法，目前改进的方法是将连续搅拌改为间断搅拌、分批供料。因为整个工艺流程中只有间断搅拌这一环节可以控制和调节，连续作业中的闭环控制往往滞后，难以达到目的，所以先将试验物料放入料斗内搅拌一段时间，定量给料。

将原始污泥放入锥形料斗中，电动机转速分为 5 挡，分别为 200、400、600、1000r/min 及 1200r/min。待黏稠物料充满整个管路后，将电动机转速调节为200r/min，待工况稳定 3min，压力表读数较稳定时记录两个压力表的压力对应值，然后进行绍兴印染污泥的计时称重，得到对应于该转速的质量流量，再调节另一挡转速，重复上述测量和记录过程。一种水分的污泥流动试验完成后，调整水分，使之变成另一种水分再进行下一工况的试验，测量污泥的 4 种水分，得到对应于电动机转速变化的质量流量 Q_h 和管路测压点 p_1、p_2 的压力值。其中，污泥水分采用烘箱失重天平称重法平行测定，污泥容重用量筒容积称重计量法测定。

印染污泥采用同样的测量方法，唯一的区别是因为这两种污泥流变特性的测量是为了给中型流化床焚烧试验的给料泵送方式提供选择依据，考虑到不加水的原始污泥的热值最高，最适宜泵送，所以只测量了原始水分下的流变特性。其中，印染污泥水分采用烘箱失重天平称重法平行测定，污泥容重用量筒容积称重计量法测定。

2. 卡尔费休水分测定仪

ZKF-1 型卡尔费休水分测定仪采用卡尔费休容量法测定水分，其基本原理是利用碘氧化二氧化硫时需要一定量的水参加反应来测定。这种方法可广泛用于石油化工、制药、日用化工、食品、农业、商品检验等诸多行业的微量水分检测，其基本反应式为

$$I_2 + SO_2 + 2H_2O = 2HI + H_2SO_4$$

2.4.3.3 试验结果及讨论

通过试验和计算，绘制绍兴印染污泥、海宁制革污泥的流变特性图，如图 2-19、图 2-20 所示。

通过对以上几种污泥泵送时流变特性的研究，可以看出：

（1）印染污泥的流变参数与水分含量、剪切速率有关，随着水分的增加，屈服剪切应力、剪切应力、表观黏度及流动阻力减小。随着剪切速率的增大，剪切应力增大，表观黏度减小，低水分含量污泥的剪切应力增大和表观黏度减小的幅度远远大于高水分含量的污泥，究其原因是污泥属于典型的假塑性流体，随着剪切速率的增大，完成了从屈服-假塑性流体到宾汉流体的转化。

（2）绍兴印染污泥可泵送的最低水分含量极限为 84.96%。

（3）由于此试验的τ_0是按$\tau_w - S_w$曲线前两点的斜率来计算的，因此与实际情况相比，可能会有些误差，并且由于这是工业性试验，相对误差可能会大些，因此只能通过进一步改进试验设备和方法，以及对计算方法进行完善来减小误差。

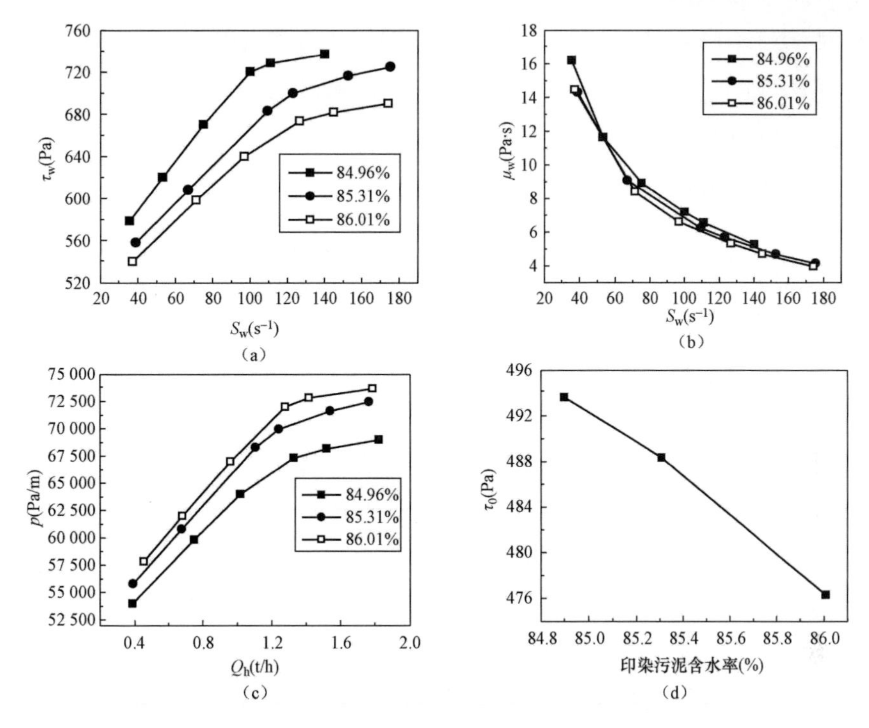

图 2-19　印染污泥流动过程中的参数变化

（a）不同含水率下剪切应力随剪切速率变化图；（b）不同含水率下表观黏度随剪切速率变化图；（c）不同含水率下测压点值与质量流量的关系；（d）泵送压力随含水率变化图

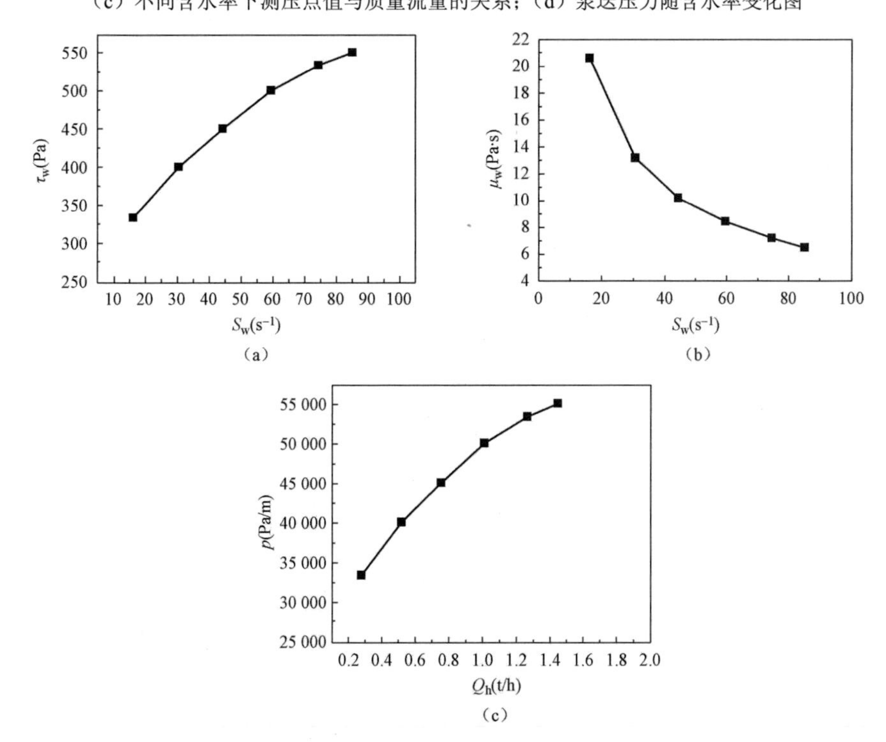

图 2-20　72.58%制革污泥流动过程中的参数变化

（a）剪切应力随剪切速率变化图；（b）表观黏度随剪切速率变化图；（c）测压点值与质量流量的关系

将印染污泥不同水分含量的幂定律本构方程的特性参数τ_0、n、K，按水分回归出该种污泥相应的τ_0、n、K值的指数方程，连同制革污泥的流变曲线方程汇总于表2-6中。需要说明的是，这三个参数方程在相应的水分含量范围内适用，并在对应的剪切速率范围内应用误差较小。

表 2-6　　印染污泥、制革污泥流变特性参数回归方程

污泥种类	添加剂	回归方程	水分含量范围（%）	剪切速率范围（s^{-1}）
印染污泥	无	$\tau_0=1.151\,167\times10^8X^{-2.843\,66}$ $K=1.851\,93\times10^{37}X^{-18.986\,5}$ $n=44.023\,769X^{-0.894\,72}$	84.96～86.01	35.773 2～174.304 27
制革污泥	无	$\tau_w-259.111=8.229\,12S_w^{\ 0.818\,531}$	72.58	16.275～85.148 8

由以上研究可知，不同污泥的泵压输送阻力损失不同，相同污泥不同水分的泵压输送阻力损失也不相同。下面讨论影响阻力损失的主要因素。

2.5　泵送高浓度黏稠物料的工艺方法

2.5.1　试验方法与步骤

（1）检查泵的给料斗中有无杂物。正式泵送高浓度黏稠物料前先用清水清洗管路，用泵打2～3个循环，润湿管道。

（2）试验开始时，先将搅拌好的高浓度黏稠物料以人工的方式给入泵的料斗，开启泵。此时电动机频率可以调在低转速区，慢慢润滑管道，将先前清洗管路的清水排净。

（3）当高浓度黏稠物料充满整个管路后，通过转换弯管将料返回到泵的料斗内，形成循环。任何情况下料斗不得放空，料面要保持500mm以上，否则管道会吸入空气造成故障。

（4）加完试验所需的物料以及每一次浓度改变后，膏体需在系统中连续运转10～15min，浓度基本稳定后，即可开始各种数据测试工作。

（5）每次试验开始前，人工取样测定高浓度黏稠物料的容重，同时读取设在管道上各点的压力表读数，人工测量规定时间内高浓度黏稠物料的质量流量。

（6）每种配合比的物料通常是测量3～6种浓度，每种浓度改变6～7次流量。

（7）流量是通过改变电动机转速来改变的，每改变一次转速，必须经过3～5min的连续循环搅拌，待压力表读数稳定后，才能读取数据。

（8）第二次和第三次浓度的改变可以采取两种办法，一种是由稀到浓，另一种

是由浓到稀。前者在保证用料配合比不变的条件下，向前次试验过的膏状料浆中掺加一定量的干混合料，以提高浓度；后者在前次试验过的膏状料浆中掺加一定量的水，以降低浓度。

（9）试验结束后，将物料经转换弯管排走，停泵清洗前应进行反抽 2～3 次，以消除管内剩余压力。对试验系统的设备进行清洗，重点是泵的给料管、喂料斗及管路，确保其内不残留物料。

2.5.2　泵压输送中的技术问题

2.5.2.1　管道堵塞的原因

（1）物料配合比不合理。

（2）管道中有较多、较厚残留物未清除或异物（固结的膏体块、检修用的破布等）不慎进入输送管道。

（3）膏体质量低劣（超细物料过少、带棱角石块过多及搅拌不匀等）。

（4）操作不当导致管道吸入大量空气，没有正确使用反抽等。

2.5.2.2　管路的清洗

膏体泵送管路的清洗是件重要的工作，低劣的清洗质量会使管壁结垢，迅速缩小管道断面而使管道报废。常用的清洗方法是：

（1）在泵出口的管道中放入（人工塞入或机械压入）海绵橡胶球，也可用专门设计的锥形橡胶柱，将后加的清水和管道中的膏体隔开，以免在泵送高压下使膏体产生离析并因此而堵管，排料口设清洗球回收装置。如果是黏度特别大的膏体，应采用表面带钢刷的特制锥形清洗柱。

（2）用压缩空气加少量清水清洗。不仅要清洗管道，还要及时清洗泵缸和搅拌槽、储料斗。

第3章 污泥水分分布及分析方法

3.1 污泥水分分布的主要研究方法

污泥中的水分分布机理对于研究污泥干化特性具有重要意义。当污水处理厂产生的污泥无法采用机械法进一步脱水时，往往需要采用热干化的方法对污泥进行进一步脱水。污泥热干化过程实际上就是利用热能破坏污泥水分结构并使水分蒸发的过程，而不同结合方式的水分的蒸发焓是不一样的。一般情况下，污泥的含水率越低（针对机械脱水污泥而言），水分和固体污泥颗粒之间的结合能越大，蒸发单位质量的水分所消耗的能量也越高。

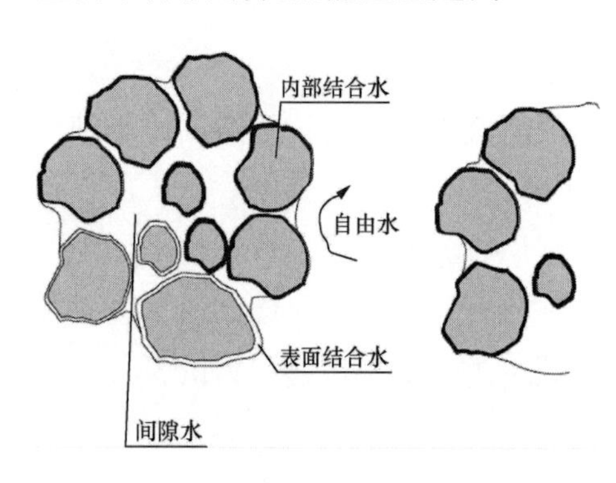

图 3-1 污泥水分分布示意图

根据污泥中水分和污泥颗粒的结合方式，可以将污泥中的水分分为自由水、间隙水、表面结合水、内部结合水 4 种[62~65]。图 3-1 所示为污泥水分分布。

美国的 Keey[66] 研究了不同结合态水的结合能，见表 3-1。未受束缚的水，即上面提到的自由水，这种水分在污泥中不受约束，其结合能为 0，在污泥脱水过程中也是最容易被脱除的；其次，微毛细管和大毛细管结合态的水分，即对应的污泥内部的间隙水，这部分水和污泥颗粒之间以毛细管力结合，结合能相对较小，在机械脱水过程中能够被部分脱除；物理附着的水，即对应的污泥中的表面结合水，这部分水物理吸附在污泥颗粒表面，水分和污泥颗粒间的结合能较大，一般不能在机械脱水过程中去除；最后一部分化学附着的水，即内部结合水，又称胞内水分，存在于有机质细胞内部，是污泥中结合强度最大、最难以脱除的一部分水，在污泥水分中所占比例较小。

表 3-1　不同结合态水的结合能

项目	化学附着的水（化学当量）	物理附着的水（非化学当量）	机械附着的水（非化学当量）		
键能等级（kJ/kmol）	分子的 5000	吸附的 3000	微毛细管 ≤100	大毛细管 ≤100	未受束缚 0

研究污泥中水分分布的方法多种多样[65]，主要包括冰点热重-差示热分析

（TG-DTA）法、测膨胀法、离心沉降法、压榨法、热干燥法、结合强度分析法和水活度法等。希腊教授 Katsiris[67] 和美国教授 Willard[68] 等人都曾采用冰点 TG-DTA 法确定不同结合态污泥水分的含量。其原理是：结合态的水分在低于冰点的条件下不结冰，因此通过该方法测量出自由水在结冰过程中的吸收焓可以确定物料中自由水分的含量，总水分含量和自由水分含量之间的差值就是结合水分的含量。这种方法的缺陷是采用试验物料非常少（<10mg），对于污泥这种极其不均匀的物料，试验结果的重现性不理想。

测膨胀法的原理和冰点 TG-DTA 法相似，也是根据结合水在冰点以下温度不结冰的机理，所不同的是根据物料结冰后体积的膨胀值测量出其中自由水分含量。这种检测方法的重现性也不理想，尤其是针对具有生物活性的物料[69]。

离心沉降法是依据离心速率和沉降物料质量之间存在线性关系，通过外推法推出当离心速率趋近于无穷大时，所得物料的质量即为干物料和结合水质量之和，由此确定结合水含量。但是，对于活性污泥而言，离心速率和沉降物料质量之间的线性关系很差，因此并不适合于活性污泥中结合水分含量的测定[70~72]。

压榨法是采用一定的压力对物料进行挤压，当压力达到一定值（设定压力）后，所剩的物料即为干物料和结合水的质量之和[73，74]。这种方法的缺陷是设定压力无法明确，而且根据物料的不同，设定压力也必然有所差别，因此采用该方法检测的结合水含量有所偏差。

南非学者 Smollen[62] 等人提出了采用热干燥法来确定污泥中水分的分布。这种方法的理论依据是：在恒温恒湿的条件下，水分蒸发速率越低表明该水分和污泥的结合强度越大，表现在干燥速率曲线上就是不同水分的蒸发速率之间存在一个转折点，通过这个转折点可以确定不同结合状态的水分含量。这种方法的优点是操作简单，试验可重复性较好，而且可以同时确定自由水、表面结合水和内部结合水三种水分的含量；缺点是试验时间漫长（一般连续 36h 以上），而且物料在干燥过程中存在体积随着水分蒸发而收缩、破裂等现象，因此物料的水分蒸发表面积不是恒定的，从而在一定程度上影响了干燥曲线的可靠性。

Chen 等人[75] 建立了利用 TG-DTA 分析仪来测定水分和污泥颗粒的结合能的方法，即结合强度分析法。和冰点 TG-DTA 法不同，该方法的原理是通过 TG-DTA 法测定污泥蒸发单位质量水所需比焓，该比焓和纯水蒸发比焓的差值即为污泥的结合能。该方法的优点是测量快速（1～2h），可以得到水分结合能随污泥含水率的变化趋势；缺点是污泥低含水率（<10%）段的测量误差较大，受仪器限制，表面换热系数和污泥温度只能采用近似值代替。Ferrasse 和 Lecomte 建立了利用热重-差示扫描量热仪（TG-DSC）来测定水分和污泥颗粒的结合能的方法。该方法的原理和 TG-DTA 法相似，所不同的是通过 DSC 可以计算出污泥表面换热系数和污泥的温度，因此避免了近似所带来的误差。

水活度法是利用水活度和水分结合能的关联式[76]，通过测定水活度计算出水分结合能，因此水分结合能的精度取决于水活度的测量精度。

水活度是指物料中水分存在的状态，即水分与物料的结合程度（游离程度）。水活度值越高，结合程度越低；水活度值越低，结合程度越高。水活度值等于用百分率表示的相对湿度，其数值为0～1。

3.2 污泥水分分布的测试过程

3.2.1 污泥的分析数据

试验物料选取7种污泥，包括城市生活污泥、工业污泥和湖泊淤泥，见表3-2。各种污泥的工业、元素分析见表3-3和表3-4。

表3-2 采样污泥情况

污泥简称	来源	种类
四堡污泥	杭州四堡污水处理厂	城市生活污泥
七格污泥	杭州七格污水处理厂	城市生活污泥
平湖污泥	浙江景兴纸业公司	造纸污泥
水头污泥	温州水头制革厂	制革污泥
郓城污泥	郓城印染厂	印染污泥
滇池淤泥	云南滇池	湖泊淤泥
西湖淤泥	杭州西湖	湖泊淤泥

表3-3 干基污泥的工业分析

污泥简称	挥发分 V_d	固定碳 FC_d（%）	灰分 A_d（%）	干基热值 Q_d（kJ/kg）
四堡污泥	39.13	6.12	54.75	10 446
七格污泥	44.62	2.52	52.86	10 838
平湖污泥	46.33	3.94	49.73	6718
水头污泥	56.80	0.49	40.19	11 379
郓城污泥	32.02	0.12	67.86	5863
滇池淤泥	29.21	0.04	70.75	5321
西湖淤泥	32.88	6.27	60.85	7872

表3-4 干基污泥的元素分析

污泥简称	组分				
	碳 C_d（%）	氢 H_d（%）	氮 N_d（%）	硫 S_d（%）	氧 O_d（%）
四堡污泥	25.18	3.88	2.56	1.59	9.29

续表

污泥简称	组　　分				
	碳 C_d（%）	氢 H_d（%）	氮 N_d（%）	硫 S_d（%）	氧 O_d（%）
七格污泥	26.05	4.19	2.83	3.09	11.10
平湖污泥	16.94	3.64	1.07	1.66	23.00
水头污泥	28.98	4.27	1.95	0.42	21.67
郓城污泥	15.42	3.08	0.98	4.75	7.91
滇池淤泥	14.40	3.68	1.13	1.09	8.95
西湖淤泥	19.99	2.73	1.54	0.54	14.35

采样湿污泥含水率见表 3-5。

表 3-5　　采样湿污泥含水率

污泥简称	四堡污泥	七格污泥	平湖污泥	水头污泥	郓城污泥	滇池淤泥	西湖淤泥
含水率（%）	78.16	78.70	80.99	77.01	72.74	77.60	74.64

3.2.2　热干燥法

图 3-2 所示为污泥低温热干燥试验原理及装置图。该装置主要由压缩空气、恒温干燥箱、电子天平和数据记录仪组成。试验方法及原理如下：

取 5g 污泥于一个 2.5cm×2.5cm 的干燥皿内，放置在恒温、恒压、恒流的干燥箱内，其中试验温度为 30℃，空气流速为 400mL/min，污泥的质量采用分析天平进行精确的实时测量，并将测量结果自动输入计算机。待污泥质量恒定后，将污泥取出在 105℃下烘 12h，称量剩余质量。污泥在 30℃恒温、恒压、恒流的干燥条件下理论上会得到如图 3-3 所示的干燥曲线，根据干燥曲线的斜率变化估算污泥中自由水、间隙水、表面结合水和内部结合水的分布[62]。如图 3-3 所示，*B* 点为自由水和间隙水的临界点，*C* 点为间隙水和表面结合水的临界点，*D* 点对应为结合水的含水量。

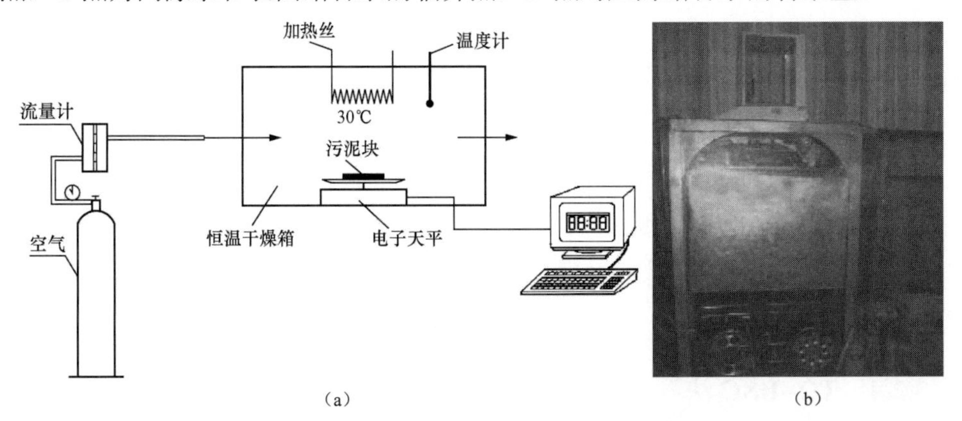

图 3-2　污泥低温热干燥试验原理及装置图

（a）原理图；（b）装置图

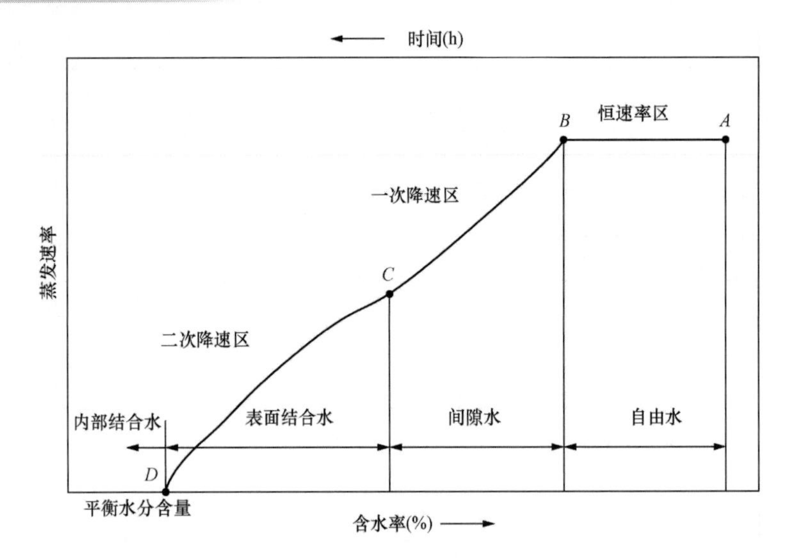

图 3-3　污泥干燥曲线

3.2.3　TG–DTA 法

该方法在 Chen 等人[75]的文章中有详细的叙述。试验采用的仪器为瑞典 Mettler 公司制造的 TGA/SDTA 851 热重分析仪。湿污泥试样约为 35mg，试验温度从 25℃开始，以 10℃/min 的升温速率升到 80℃，然后在 80℃保持 50min；试验气氛为氮气，流量为 100mL/min。进入样品室的热流量可依式（3-1）计算，即

$$Q_s=Ah(T_{ref}-T_{cell}) \quad (3\text{-}1)$$

式中：Q_s 为热流量；A 为污泥水分蒸发表面积；h 为污泥表面换热系数；T_{ref} 为参照温度；T_{cell} 为样品室温度。其中，T_{ref} 和 T_{cell} 可由试验测得；A 和 h 未知，可通过纯水热重试验测得，试验步骤和上述污泥相同。Ah 的值按式（3-2）计算，即

$$Ah=Q_w/(T_{ref}-T_{cell}) \quad (3\text{-}2)$$

$$Q_w=\dot{m}_w h_0 \quad (3\text{-}3)$$

式中：Q_w 为纯水蒸发热流量；$\dot{m}_w$ 为纯水蒸发速率；h_0 为纯水蒸发比焓。因此有以下关系式

$$h_s=Q_s/\dot{m}_s \quad (3\text{-}4)$$

式中：h_s 为污泥水分蒸发比焓；$\dot{m}_s$ 为污泥干燥速率。

污泥水分的结合能 h_B 为

$$h_B=h_s-h_0 \quad (3\text{-}5)$$

3.2.4　TG–DSC 法

该方法在法国 Ferrasse 和 Lecomte 的文章中有详细的叙述[77]。试验采用的仪器

为美国 TA 公司制造的 SDT Q600 TGA-DSC 热重扫描量热仪。湿污泥试样约为 35mg，试验温度从 25℃开始，以 10℃/min 的速率升到 90℃，然后在 90℃保持 45min；试验气氛为氮气，流量为 120mL/min。污泥水分的结合能可由式（3-6）直接得到

$$h_B=Q_c/\dot{m}_s-h_0 \tag{3-6}$$

式中：Q_c 为污泥水分蒸发焓；Q_c 和 $\dot{m}_s$ 都可以直接检测得到。

通过 TG-DSC 法还可以计算出污泥水活度，根据停滞膜理论[78]对试验过程中污泥的干燥速率进行模拟

$$\dot{m}=\quad\ln\left[\frac{p-p_{v\infty}}{p-a_w p_{sat}(T_s)}\right] \tag{3-7}$$

$$=\frac{M_v D_v(T_s)Ap}{RT_s(H-e)} \tag{3-8}$$

$$D_v(T_s)=2.26\times10^5\times\frac{1}{p}\left(\frac{T_s}{273}\right)^{1.81} \tag{3-9}$$

$$T_s=T_F+\frac{\dot{q}_c}{U_s} \tag{3-10}$$

$$U_s=-\frac{1}{\bar{v}}\frac{d\dot{q}}{dt}|_{melting} \tag{3-11}$$

$$e=\frac{m(t)}{\rho A} \tag{3-12}$$

$$p_{v\infty}=\frac{(\dot{m}/\dot{m}_a)p}{M_v/M_a+\dot{m}/\dot{m}_a} \tag{3-13}$$

式中：P 为大气压力；$p_{v\infty}$ 为炉中水蒸气分压力；$p_{sat}(T_s)$ 为样品温度下的饱和蒸汽压；a_w 为水活度；M_v 为水蒸气质量分数；M_a 为氮气质量分数；A 为干燥面积；H 为坩埚高度；e 为样品高度；T_F 为炉内温度；$\dot{q}_c$ 为污泥单位表面积的水分蒸发功率；U_s 为表面换热系数；$\frac{d\dot{q}}{dt}|_{melting}$ 为铟熔点曲线斜率；$m(t)$为样品在 t 时刻的质量；ρ 为样品密度；$\dot{m}$ 为污泥质量的变化量；$\dot{m}_a$ 为氮气质量流速。由式（3-7）～式（3-13），污泥的水活度为

$$a_w=\frac{p}{p_{sat}(T_s)}[\exp(\dot{m}/\Gamma)-1]+\frac{p_{v\infty}}{p_{sat}(T_s)} \tag{3-14}$$

3.2.5 水活度法

试验采用的仪器为瑞士生产的 Rotronic 便携式水活度仪。将污泥干化至不同含水率，样品质量为 10～15g，并将样品破碎至粒径小于 3mm，用密封袋封装待测。污泥水分结合能为[76]

$$h_B=-RT\ln a_w+C \tag{3-15}$$

式中：R 为气体常数；T 为测量温度；a_w 为水活度；C 为常数项。

3.3 不同分析方法的测试结果及比较

3.3.1 热干燥法测试结果

试验对四堡污泥、西湖淤泥、郓城污泥和平湖污泥进行了检测分析。图 3-4 所示为 4 种污泥的干燥曲线，图中横坐标为污泥含水率，纵坐标为单位时间内每千克干基污泥的蒸发水量。由图可知，4 种污泥的干燥曲线都没有恒速率区，这是由于经过机械脱水后自由水分基本已经脱除的缘故。图中可以清晰地分辨出污泥的两个降速率区域，分别对应间隙水分的干燥速率区域和表面水分的干燥速率区域。不同类别机械脱水污泥的水分分布见表 3-6。

根据表 3-6，4 种污泥中单位干基中内部结合水的含量大小依次为城市生活污泥＞印染污泥＞湖泊淤泥＞造纸污泥，单位干基中表面结合水的含量大小依次为城市生活污泥＞湖泊淤泥＞造纸污泥＞印染污泥。由于表面结合水含量较大，因此表面速率对干燥速率应该有更大的影响。根据图 3-4，当含水率高于 30%时，在相同的含水率条件下，各种污泥的干燥速率大小依次为造纸污泥＞湖泊淤泥＞城市生活污泥＞印染污泥，虽然印染污泥表面结合水的含量最少，但其干燥速率也是最慢的。其原因是由于不同污泥的有机质组成结构存在很大差异，假设两种污泥其间隙水和结合水的含量完全一样，但有机质成分不同，那么干燥速率也可能存在很大差异。如图 3-4 所示，当含水率大于 60%时，污泥脱除的水分为间隙水分，但不同的污泥其间隙水分的干燥速率也存在明显差异，见表 3-7。

参考表 3-3 和表 3-4 中 4 种污泥的工业分析和元素分析可以发现，湖泊淤泥和城市生活污泥的元素分布较为接近，印染污泥和造纸污泥有较明显的差异。从图 3-4 也可以看出，湖泊淤泥和城市生活污泥的干燥曲线较接近，印染污泥和造纸污泥则脱离较远。因此，针对性质差异非常大的污泥，其成分的差异更能反映污泥脱水性能的差异；而对于性质较为相近的污泥，水分分布也可以作为重要的参考标准。

印染污泥和造纸污泥由于来源不同，其有机质成分也千差万别。在印染工业中，印染废水是印染加工过程中各工序所排放的废水混合而成的混合废水，其特点是成分复杂，有机质含量高，色度深，化学需氧量高、生化需氧量相对较低，可生化性差，排放量小，污水中含有大量的浆料及各种助剂、油脂、蜡质等，废水呈较强的碱性；而废纸制浆工艺的造纸废水污染物主要包括半纤维素、木质素、细小纤维、无机填料、少量油墨和染料等。生产工艺决定了废水的排放特性，而

废水处理过程中主要的污染物成分最终都富积于污泥之中，因此废水本身的特性及废水的处理工艺最终决定了污泥的特性。由此可见，以半纤维素、木质素、细小纤维为主要有机污染物成分的造纸污泥的脱水性能要优于以各种浆料、助剂、油脂和蜡质为主要有机污染物成分的印染污泥，甚至要优于有机质含量相对较少的湖泊淤泥。

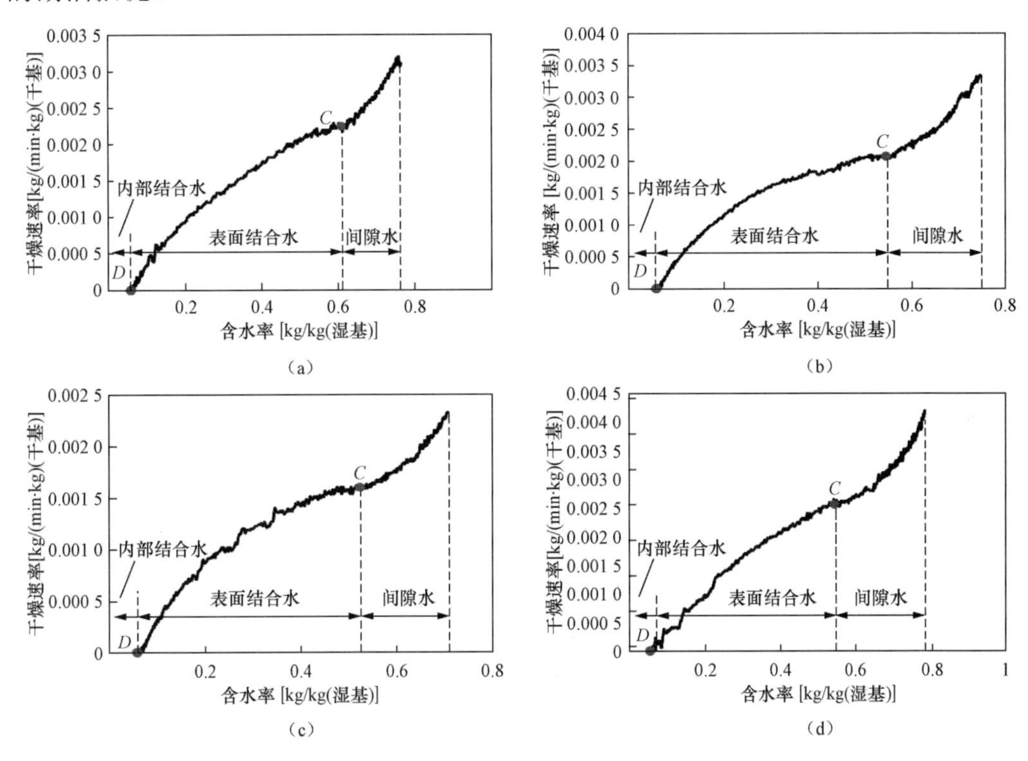

图 3-4 污泥低温干燥曲线

(a) 四堡污泥；(b) 西湖淤泥；(c) 郓城污泥；(d) 平湖污泥

表 3-6　　不同类别机械脱水污泥的水分分布

污泥类别	机械脱水后含水率（%）	自由水（kg/kg）	间隙水（kg/kg）（比例）	表面结合水（kg/kg）（比例）	内部结合水（kg/kg）（比例）
四堡污泥	78.16	0	2.062（56.90%）	1.476（40.73%）	0.086（2.37%）
郓城污泥	72.74	0	1.563（58.58%）	1.046（39.21%）	0.059（2.21%）
西湖淤泥	74.64	0	1.916（61.43%）	1.141（36.58%）	0.062（1.99%）
平湖污泥	80.99	0	3.133（73.54%）	1.077（25.27%）	0.0508（1.19%）

表 3-7　　临界点（*C* 点）所对应的含水率

污泥类别	四堡污泥	郓城污泥	西湖淤泥	平湖污泥
临界点（*C* 点）的含水率（%）	60.97	52.49	54.61	53.01

3.3.2 TG-DTA 法测试结果

试验对四堡污泥、七格污泥、郓城污泥、西湖淤泥和平湖污泥的水分结合能进行了测试，同时以活性氧化铝颗粒（粒径为 200 目）作为对比样进行了测试，每个样品都进行了重复试验，结果如图 3-5 所示。

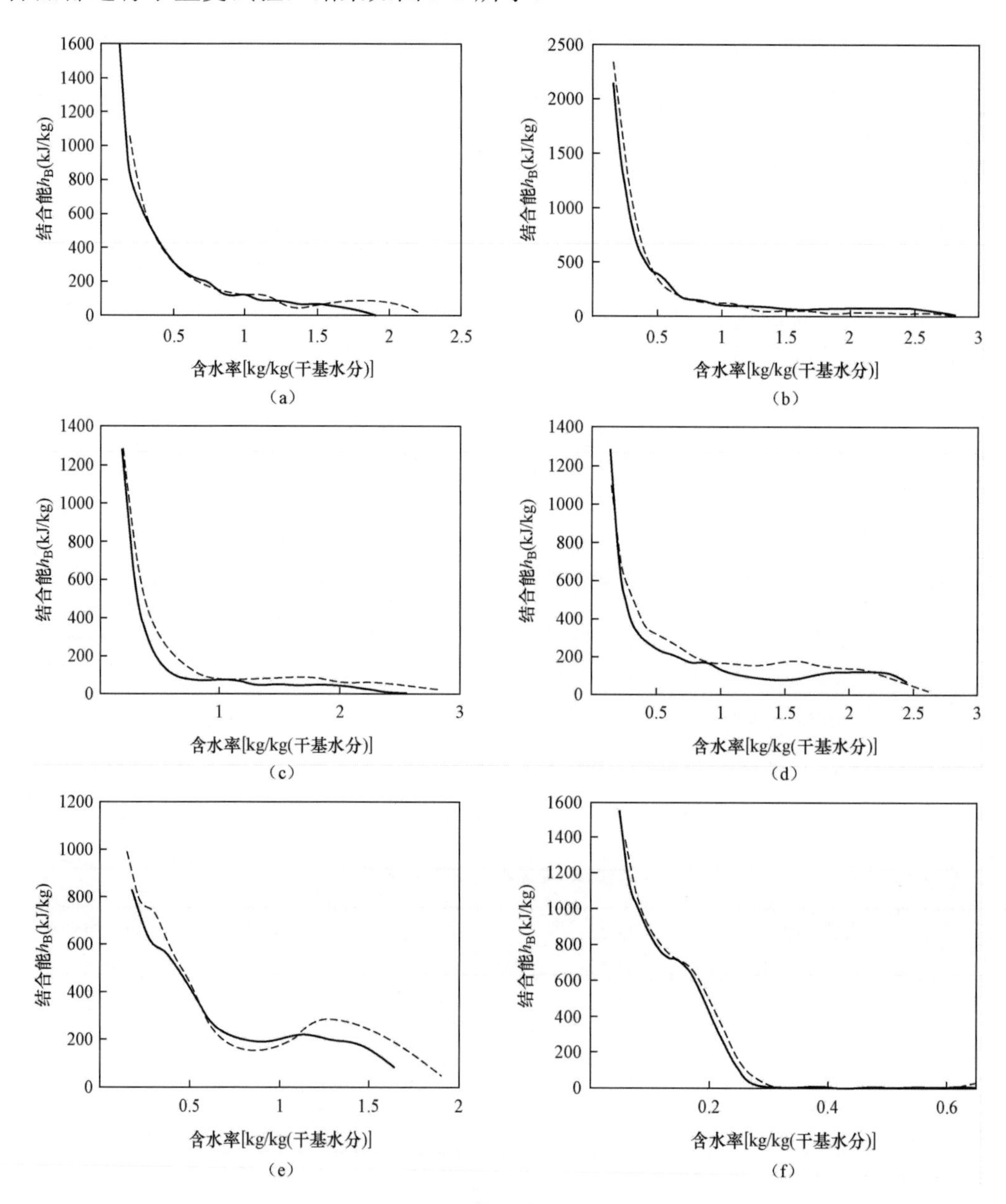

图 3-5 各种物料水分结合强度曲线

（a）郓城污泥；（b）平湖污泥；（c）四堡污泥；（d）七格污泥；（e）西湖淤泥；（f）活性氧化铝

—— 第一次试验；----- 第二次试验

由图 3-5 可知，每种物料的重复试验结果吻合都较好，证明了试验结果的可靠性。郓城污泥、平湖污泥、四堡污泥和七格污泥水分结合能的分布特性总体上比较相似，当含水率大于 1kg/kg 干基（湿基含水率 50%）时，结合能的变化比较平缓，大小在 70kJ/kg 左右波动。这部分水结合能较小，主要以间隙水和少量表面结合水为主。该范围内污泥水分结合能平均值的大小依次为西湖淤泥＞七格污泥＞郓城污泥＞平湖污泥＞四堡污泥。根据文献［79］记载，机械脱水所能去除的水分的结合能上限为 70 kJ/kg。因此，虽然该范围内的结合能相对较小，但是采用机械法仍然非常难以脱除；当污泥含水率小于50%时，水分结合能显著增大，这时脱除的主要是污泥的表面结合水和内部结合水。该范围内污泥水分结合能平均值的大小依次为四堡污泥＞西湖淤泥＞七格污泥＞郓城污泥＞平湖污泥。作为对比，对活性氧化铝的水分结合能进行了试验。活性氧化铝是非常常见的一类无机多孔化合物，通过对照可以看出污泥水分结合曲线的特殊性。作为一种多孔活性介质，活性氧化铝具有很强的吸湿性。当活性氧化铝的含水率高于 0.3kg/kg 干基（湿基含水率 23.1%）时，其吸湿能力饱和，多余的水分以自由态的形式存在，因此结合能为 0；与污泥有一个较平稳的以间隙水为主的结合能不同，当活性氧化铝含水率低于 23.1%时，结合能随即显著上升。

3.3.3　TG-DSC 法测试结果

由于 TG-DSC 法在测量原理上和 TG-DTA 法相同，试验仅开展了七格污泥、平湖污泥和活性氧化铝水分结合能的测试，从而来比较两种测量方法所得结果的异同。对比上述 TG-DTA 法的试验结果可以发现，虽然测试方法不同，但是结果比较吻合。TG-DSC 法的一大优点是能通过计算得到物料水活度和含水率的关系曲线。

如图 3-6（b）所示，当七格污泥的含水率为 0.91kg/kg 干基（湿基含水率 47.6%）时，水活度已经接近于 1，表明七格污泥在含水率高于 47.6%时，水分结合程度较低。相似的情况如图 3-7（b）、图 3-8 所示。

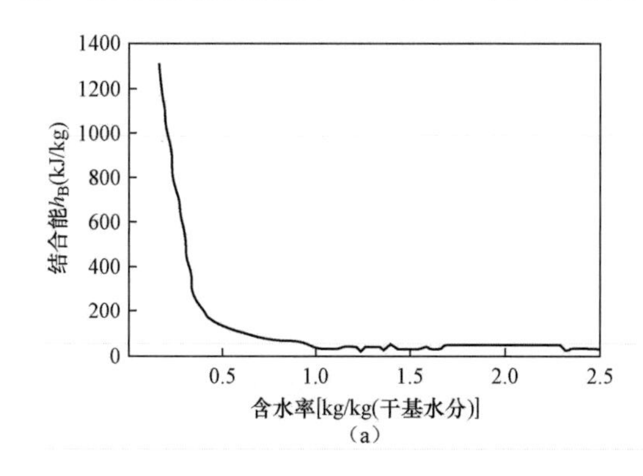

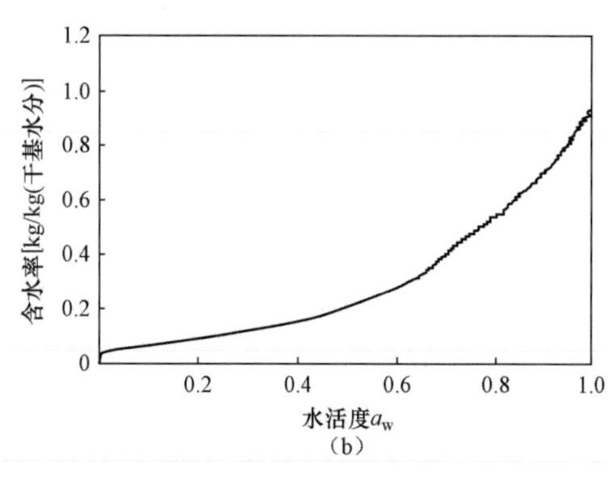

图 3-6　七格污泥水分结合强度和水活度

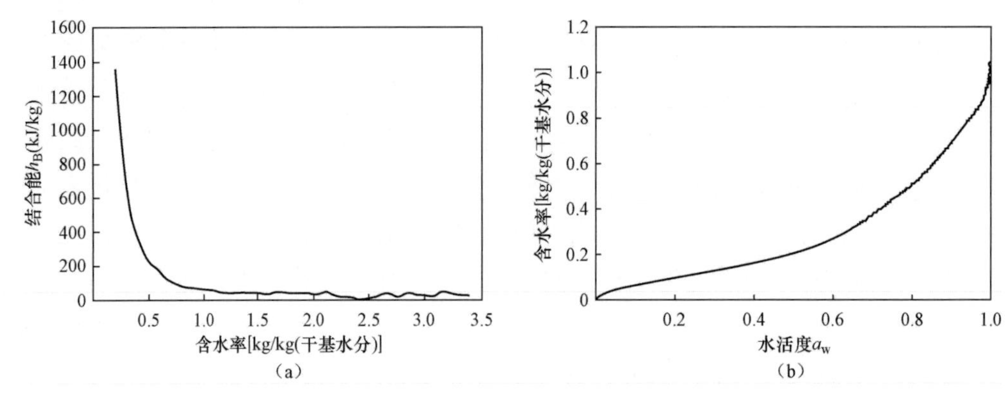

图 3-7　平湖污泥水分结合强度和水活度

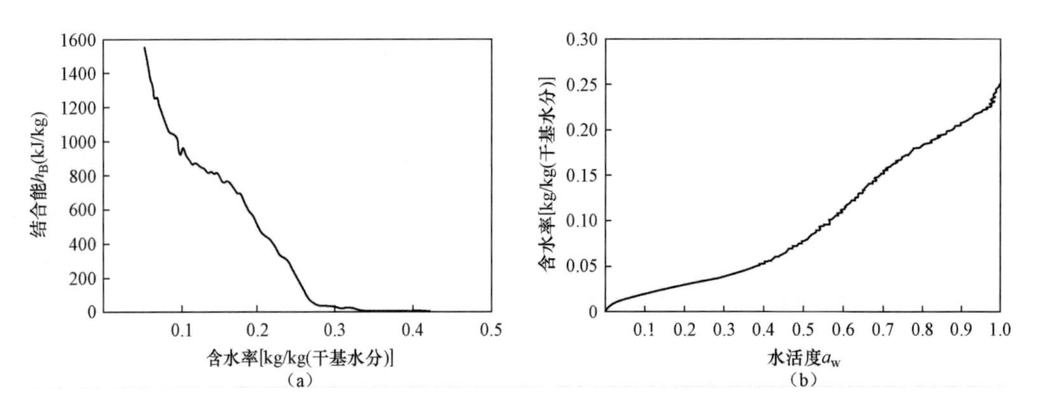

图 3-8　活性氧化铝水分结合强度和水活度

3.3.4　水活度法测试结果

传统测水活度的方法为盐水法[79]，法国学者 Vaxelaire[76] 测定污泥水活度的方法也是传统的盐水法。盐水法测定水活度的缺点在于用时长，一般要一周甚至更长时间才能达到动态平衡。在这么长的测量过程中，污泥必然会发生消化变质而影响结果的可信度。因此，研究中采用专业的水活度测定仪测定污泥的水活度，该仪器克服了盐水法的缺点，测量快速（4～5min）且精度高（$\pm 0.015a_w$）。

试验对四堡污泥、郓城污泥、滇池淤泥、平湖污泥、水头污泥和活性氧化铝的水活度进行了测试，同时按式（3-15）进行了计算，试验结果如图 3-9～图 3-14 所示。通过对比可以发现，对于不同的污泥种类，其水活度曲线存在一些差异，而且不同含水率段的大小也有差异：在 0～0.13kg/kg 干基（湿基含水率 0～11.5%）范围内，结合能最大的为滇池淤泥，其次为郓城污泥，其余各种污泥差异微小；在 0.13～0.5 kg/kg 干基（湿基含水率 11.5%～33.3%）范围内，结合能最大的为郓城污泥，其余各种污泥差异微小。

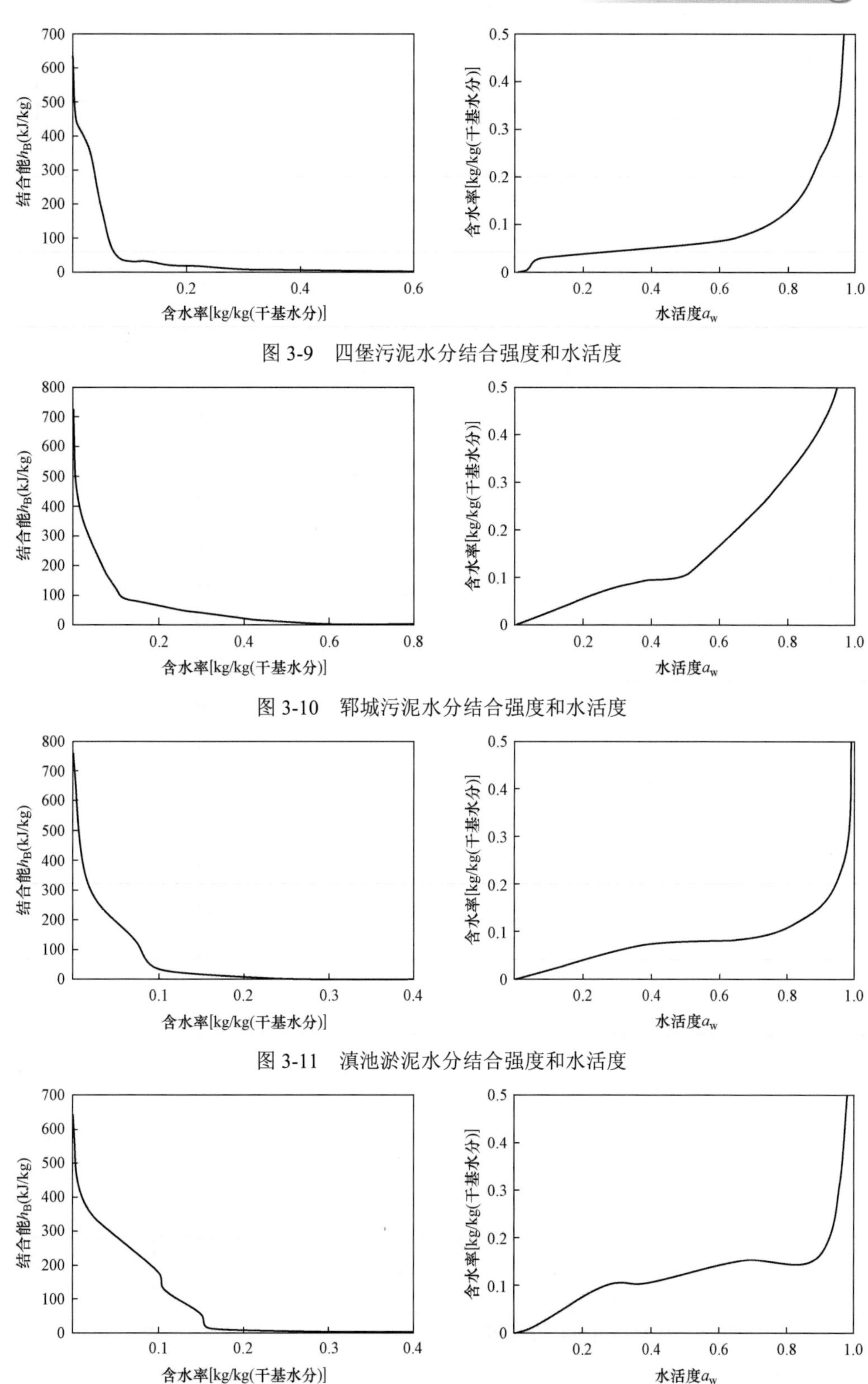

图 3-9　四堡污泥水分结合强度和水活度

图 3-10　郓城污泥水分结合强度和水活度

图 3-11　滇池淤泥水分结合强度和水活度

图 3-12　水头污泥水分结合强度和水活度

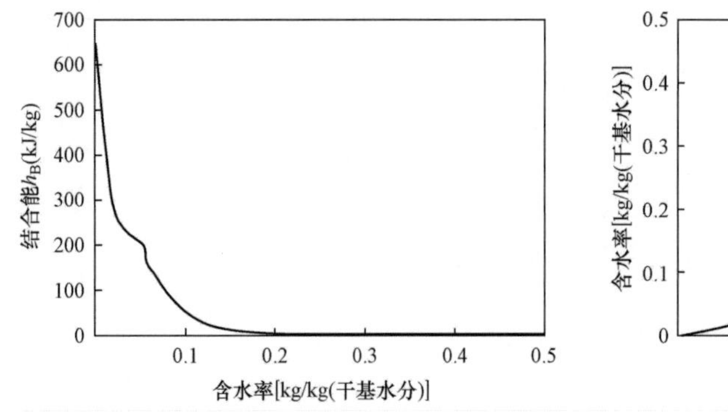

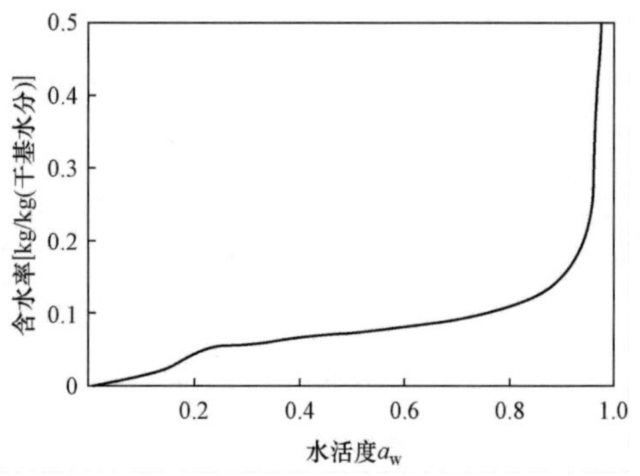

图 3-13 平湖污泥水分结合强度和水活度

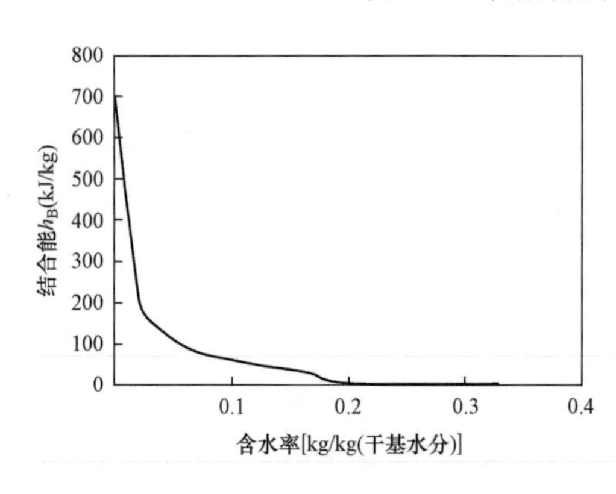

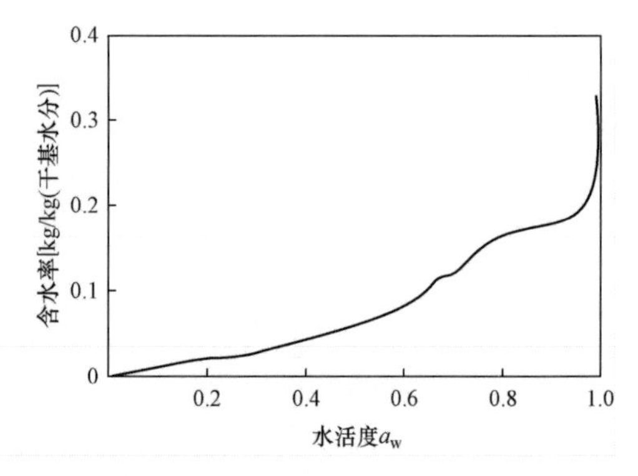

图 3-14 活性氧化铝水分结合强度和水活度

由于水活度法的测量原理与 TG-DTA 法或 TG-DSC 法不同，发现采用水活度法所测的污泥水分结合能大小明显低于 TG-DTA 法或 TG-DSC 法的测量值（但属于同一个数量级），这一点和 Vaxelaire 的结论一致。Vaxelaire 的研究结果显示，当污泥含水率高于 0.3kg /kg 干基（湿基含水率 23.1%）时，水分结合能小于 10kJ/kg；从图 3-9～图 3-14 可以看出，除了郓城污泥以外，其他各种污泥在含水率高于 23.1%时水分结合能均小于 10kJ/kg。而 Chen 等人[75]的研究表明，一般机械脱水污泥所能脱除的水分结合能的上限为 70kJ/kg，对应的机械脱水污泥的含水率一般为 3.7kg /kg 干基（湿基含水率 78.7%），这和 Lee[65]、Arlabosse[80]和 Ferrasse[77]等学者的研究一致。一般污水处理厂的机械脱水污泥含水率在 4kg/kg 干基（湿基含水率 80%）左右波动，在没有进行其他预处理的情况下几乎不可能脱至 0.3kg/kg 干基（湿基含水率 23.1%），因此，相比之下 Chen 等人的 TG-DTA 法和 Ferrasse 等人的 TG-DSC 法测定污泥水分结合能的方式更直接，且更具说服力。

3.3.5 不同分析方法的比较和分析

通过对城市生活污泥、造纸污泥、印染污泥和湖泊淤泥的热干燥法的研究，得

到以下结论：

（1）试验中不能测到恒速干燥区，说明各种污泥中的自由水在机械脱水过程中已基本脱除。

（2）在所测的4类污泥中，城市生活污泥中的表面结合水和内部结合水含量最高，印染污泥的表面结合水含量最低，造纸污泥的内部结合水含量最低。

虽然热干燥法可以定量测量污泥中的4种水分，但无法测定水分和污泥颗粒结合之间结合能的大小，而TG-DTA法和TG-DSC法的建立克服了这一问题。通过对城市生活污泥、造纸污泥、印染污泥和湖泊淤泥的TG-DTA法的研究，得到以下结论：

（1）当含水率大于1kg/kg干基（湿基含水率50%）时，各种污泥水分结合能的变化比较平缓，大小在70kJ/kg左右波动，这部分水的结合能较小，主要以间隙水和少量表面结合水为主。

（2）当污泥含水率小于50%时，各种污泥的水分结合能显著增大，这时脱除的主要是污泥的表面结合水和内部结合水。

通过TG-DSC法测定了两种污泥的水分结合强度曲线，试验结果证明和TG-DTA法的测量结果较为一致。TG-DSC法和TG-DTA法的测量原理实际上是一致的，都是通过测定污泥水分的吸热能和水分蒸发速率来确定结合能的大小，但TG-DTA法需用纯水试验对换热系数进行标定，而TG-DSC法避免了这一麻烦，而且TG-DSC法还可以测定污泥水活度随含水率的变化曲线，这也是TG-DTA法难以做到的。

试验采用水活度法对上述6种不同来源的污泥的水分结合能进行了研究。研究结果表明，采用水活度法测定的水分结合能整体低于热分析法所测得的值。水活度法是通过测量水活度间接计算结合能的大小，因此存在较大误差。所以，采用TG-DTA法和TG-DSC法测定水分结合能更直接，也更有说服力。

第4章 污泥间接式搅动干化特性及影响因素研究

4.1 间接式干化技术的发展现状

本书的前面部分已经详细介绍了污泥热干化的技术分类和流派，并着重介绍了间接式干化的优缺点。空心桨叶式干化机属于间接式干化机，Nara 公司是此项技术的代表，先后开发出 T 型和 W 型两大类多种规格的产品，在石化、染料和食品等行业得到广泛应用[81]，并取得了良好的应用效果，但其在污泥干化方面的研究还不多见。日本是最早开展空心桨叶式干化机在污泥干化领域应用研究的国家。日本教授 Yamahata 等人[82]早在 1984 年就对污泥在桨叶式干化机内的干化特性进行了研究；日本学者 Imoto 和 Kasakura[83]对日本的污泥干化技术进行了综述，其中重点介绍了以蒸汽为热源的空心桨叶式污泥干化机，并对 16 台来自不同污水处理厂、干化面积为 3.9～160m^2 不等的空心桨叶式污泥干化机的运行状况作了对比。

近年来，我国的相关研究单位，如浙江大学热能工程研究所和天华化工机械及自动化研究设计院等科研单位率先将桨叶式干化技术用于污泥干化，证明了这种技术对于黏滞性较强的污泥具有良好的适用性。

由于污泥在空心桨叶式干化机内干化的过程中，其传热和搅动过程复杂，很大程度上受污泥本身物理化学特性和干化机几何结构特性的影响，因此有关这方面的机理研究还需要进一步探索。

4.2 污泥干化过程中物理形态的变化规律

4.2.1 干化过程物理形态变化的分析方法

利用热重差热分析仪等方法（如 TG-DSC 法和 TG-DTA 法）就污泥在不同温度下干化过程中表现的表观形态、水分析出特性、干燥速率、干化物料温度、缩容、热传导等干化性能进行条理性比较分析总结，得知影响区别和差异的主要因素和相互关系，针对不同成分的污泥，应选用不同的处理方法和工艺进行资源化处理和回收。

选取有代表性的两种污泥——印染污泥和造纸污泥来研究干化过程，并对其中不同之处进行比较。

将 25mm 的污泥置于管式炉内，并将温度分别控制在恒温 105、120、150、180、200、250、300、400℃，用电子天平连续记录污泥在干化过程中的失重过程，再将热电偶插入污泥球的中心，测量污泥球内部的温度变化。下端的热电偶测量管式炉内部温度，如图 4-1 所示。

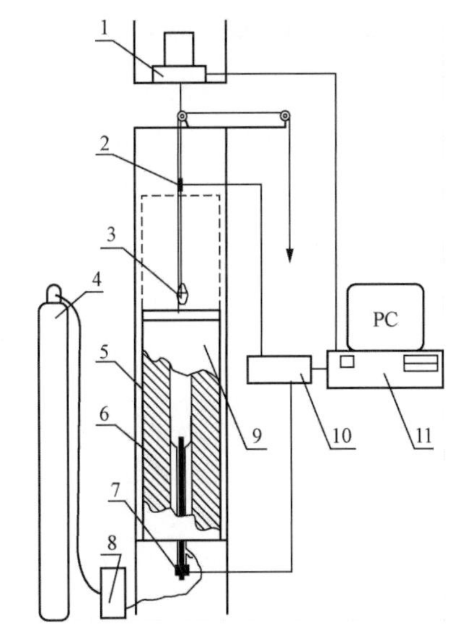

图 4-1　管式炉污泥干化试验台示意图

1—电子天平；2—热电偶；3—坩埚；4—氮气瓶；5—石英管；6—保温材料；7—热电偶；8—流量计；9—管式电阻炉；10—惠普仪；11—计算机

4.2.2　干化过程中污泥形状的变化

印染污泥往往有机质含量较高、亲水性好、不易脱水，试验所用的印染污泥水分含量在 84%～87%，属高水分、高热值污泥。未干化前污泥表面呈深亮黑色，表面似有一层薄薄的水层覆盖，且水色分布均匀，颗粒较小，污泥球整个光滑亮泽。加热干化 20min 后，污泥颜色开始变淡，表面水分渐渐干涸，露出污泥固体表面。此时污泥还存在一定的塑性，这一阶段的污泥主要是污泥表面水分的蒸发，经历了一个短短的水分析出速度最快匀速干化阶段。对于小粒径的污泥，污泥的体积几乎没有收缩；而对于较大粒径的污泥，由于其表面积较大，蒸发速度较快，20min 已经进入初步体积收缩阶段。此时内层的水分已经开始向外迁移。污泥已经经过了临界点，进入减速干化阶段。

随着水分的析出，污泥球表面收缩，30min 或 40min 后开始龟裂，但污泥的部分表面还有水分。污泥中含有的某些有机质也随着水分扩散到污泥球表面，污泥球表面覆盖有晶状体。

干化继续进行，龟裂的表面与热气流接触，水分不断蒸发，固体含量越来越大，污泥球的中心温度爬升。污泥龟裂越来越厉害，1.5h 后表面沟壑大致已成，污泥球呈瓣状。此时污泥已经没有塑性，脆性极强，稍有外力表面便会产生粉末甚至碎裂。

到干化后期，污泥球内部水分已经很少，体积也不再继续收缩，剩下的固体干化成固定结构，水分仅仅是从内部不断向外扩散。污泥球的沟壑极大，与热气流接触的比表面积及分散度也很大。

到干化末期，污泥便瓣瓣断裂。此时污泥中的毛细管结合水和渗透结合水已经基本析出完毕，内部只有化学结合水和少量的吸附结合水。污泥球只剩下疏散的结构组织，固体与固体之间镂空，孔隙极大，极易破裂。

依据该水分析出过程可以认为，污泥在干化降速阶段的水分析出主要以毛细管力为主、扩散为辅，依据如下：

（1）污泥球表面水分消失后，污泥球的表面开始出现一些小孔，或者凹陷，或者裂缝，这给毛细管力作用提供了基础。由于表面张力而产生了毛细压力，成为水分从污泥内部向表面移动，以及从大孔道流向小孔道的推动力。

对于毛细管力的水分析出机理，认为对于由颗粒或纤维组成的多孔性物料，具有复杂的网状结构，被固体所包围的空隙成为空穴，空穴之间由截面大小不同的孔道相互沟通，各孔道最小的截面面积称为蜂腰。孔道在表面上有大小不同的开口，当干化进入降速阶段后，表面上每一个开口都成为凹表面，由于表面张力而产生毛细压力。毛细压力的表达式为

$$-\Delta p = \Delta Z g(\rho_L - \rho_V) \tag{4-1}$$

式中：$-\Delta p$ 为毛细压力，即凹面下液体的压力与平面下液体的压力之差；σ为气液相接触处的相际表面张力；ΔZ 为液体上升高度；g 为自由落体加速度；ρ_L、ρ_V 分别为液体、气体的密度。

（2）从龟裂看，污泥呈大范围龟裂，直到最后裂成几瓣，如图 4-2 所示。污泥的颗粒经过沉淀、消化作用后，较为细腻、富有黏性、均匀。以水分黏结在一块，在干化过程中颗粒之间的相互作用力很小。这样的污泥体在干化时容易形成多孔的结构。

（3）在干化终了阶段，干污泥结构基本形成，此时污泥水分的析出就基本靠渗透及扩散。达到平衡后，水分与污泥干固体的关系就是解吸与吸附的关系。

印染污泥干化过程中的形状变化如图 4-2 所示。

图 4-2　印染污泥干化过程中的形状变化

造纸污泥球的干化颗粒状态则与印染污泥不同。相同含水率条件下造纸污泥的颗粒远远大于印染污泥的颗粒。造纸污泥成分中短纤维较多，无机质含量较高，热值较低，灰分也高于印染污泥。污泥球表面较为粗糙，颗粒凸现明显。干化时，在最初的 20min 污泥球没有明显的收缩，但原有污泥含水量不高，污泥表面失去水分，有不均匀的凹陷及少量的龟裂，污泥表层不均匀地收缩、坚固，达到一定收缩量后，污泥虽然仍失重，但颗粒框架已经早早构成，污泥失去塑性，内部水分一层层地向外渗透，慢慢收缩成一个小硬核。

造纸污泥的颗粒干化基本以扩散为主、毛细管力为辅。虽然造纸污泥有一定的短纤维，但在干化初期也容易形成毛细管。

总的来说，在干化过程中，印染污泥近似于匀速收缩，收缩率大，干化过程中伴随着水分的蒸发，结构疏松、较脆，容易形成小粒径的干化污泥，污泥内部水分的蒸发很大一部分是靠破坏外层结构后内部再表面蒸发。造纸污泥却是在刚开始的一段时间干化缩容后便形成了一个相对稳定、结实的建构，这个建构伴随着水分并不发生大力度的改变，污泥内部的水分一般靠层层向外传递进行蒸发；随着干化的步步进行，污泥逐渐收缩成一个坚硬的小核，相对收缩率较小，但刚性强，可以造相对较大的颗粒。

4.2.3　污泥球干化中心温度的变化

污泥球的中心温度是污泥干化情况的一个表征。若污泥球的中心温度与外界环境温度差距甚大，说明干化梯度明显，干化正在进行；若接近于外界温度，说明干化已经接近尾声。污泥球的中心温度随着污泥进入恒定的高温环境后被预热而升高。外界温度越高，污泥球的中心温度相应也越高。随着干化的进行，污泥球的中心温度应无限接近于外界环境温度。

造纸污泥和印染污泥的中心温度高温（＞250℃）干化条件下便存在一个“超温”的现象，造纸污泥尤为明显。污泥球的中心温度在某段时间内可以高于干化环境温度。例如，在环境温度为 400℃时，有一段时间污泥球的中心温度甚至达到 450℃，说明此时污泥中的有机质进行放热反应，释放出了能量。污泥的挥发分在 250℃时便开始向外挥发并有热解现象。由于温度的升高，导致水分快速蒸发，此时的失重速率达到最高点。而水分加速蒸发带走大量汽化潜热，使污泥球的中心温度降低，蒸发速率也随之下降。

4.2.4　干化过程中污泥球的物理性质变化

随着干化的进行，污泥的性质，如粒径、强度、密度、结构、形态、热传导率等会随着水分蒸发而变化。一般来说，污泥水分蒸发后，污泥缩容，粒径变小，密度、强度发生变化，结构变得缜密，形态固化，不易流动，热传导率降低，但不同的污泥表现出来的物理性质变化程度也不同，或是其中变化的途径也各异。

1. 缩容率

缩容是污泥干化的另一个重要目的。缩容率是指处理后物质体积减小的部分占原有体积的百分数，试验中主要考察污泥粒径和结构变化。印染污泥的缩容表现尤为明显。在干化初期，污泥表面水分含量大，内部的水分没有向表面移动，整个干化在污泥的表面进行，所以初始阶段污泥体积收缩较小。污泥的表面水分受热气化，中心与表面的水分含量差导致内部水分开始向表面扩散。随着水分的蒸发，水分蒸发后无机质间留有空隙，而有机质中则含有某些纤维性物质，在水分失去后发生弹性收缩，使相邻的无机质空隙压缩减小，污泥进入缩容阶段。在150℃以上的水分蒸发过程中，污泥中某些低熔点的有机质挥发分也带入到空气中。污泥表面张力减小，污泥固体的黏度下降，污泥不仅出现体积的减小，还出现细纹、龟裂、突角、坍塌。在污泥干化的后期，污泥的形状已经变得不规则。随着干化的深入进行，污泥中包含的纤维性物质开始收缩，此时污泥表面或收缩太甚，外壳便会裂开，让内核直接与环境进行质热传递，加快干化。待到后期，印染污泥的无机质才基本搭建成一个空隙结构，水分的蒸发也不致让污泥继续收缩，污泥的体积架构基本保证稳定。整个污泥粒径变化情况如图4-3所示。

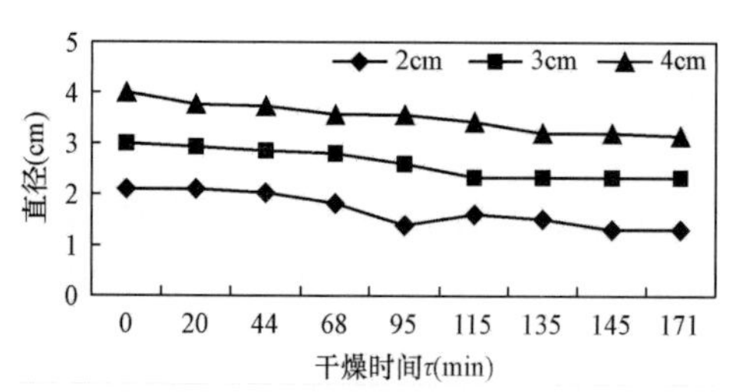

图4-3　印染污泥粒径变化情况

而造纸污泥相对就不一样。造纸污泥干化缩容率较小，它基本上由纤维组成。在干化初期，外面随着水分的蒸发即形成硬核，结构搭建结实，污泥在干化的过程中可塑性较低，只能达到15%～30%的缩容率，就是大约ϕ20mm 的造纸污泥，其最终干化缩容后只能达到ϕ14～ϕ17mm。高岭土也有相同的现象，理论解释为造纸污泥中纤维较污泥的多，其水结合的方式多靠渗透吸入。

容积收缩系数：发现收缩时物料的容积常常是水含量的直线函数，即

$$V = V_0(1+\alpha X) \tag{4-2}$$

式中：V_0为无水分时固体的体积；α为容积收缩系数；X为含水率。

由此可求得印染污泥的容积收缩系数

$$\alpha = \left(\frac{V}{V_0}-1\right)\bigg/X = -1.25$$

2. 污泥的干化应力

污泥干化后水分失去，一般情况下结构会变得疏松。但是，往往随着干化，没有外力的作用下，原来塑造好的污泥（如球体或圆柱体）会产生变形、龟裂、粉碎，这就是干化应力的作用。水分在污泥球体中还起到一个增塑剂的作用。水分消失后，塑性或者说弹性受到限制，污泥的构架稳定，呈现为无应力状态。

在印染污泥和造纸污泥的干化过程中发现，印染污泥和造纸污泥的干化应力现象明显。印染污泥的干化应力方向复杂，污泥内部颗粒间相互作用，干化后污泥呈瓣状；而造纸污泥的干化应力方向较为集中，一般顺着纤维方向收紧，干化后污泥球凝结成为硬核。

4.3　污泥干化过程的黏附和黏结特性

4.3.1　污泥黏附和黏结特性的试验方法

污泥在干化过程中，当含水率降至一定区间时，会黏附在接触表面，特别是在间接传热式干化器内干化时，会黏附在热壁表面，严重降低换热系数和干化效率，这一含水率区间通常称为污泥干化黏滞区。一般认为，污泥干化过程的黏滞区是由于污泥的黏性造成的。针对脱水污泥，根据其在实际干化过程中所表现出的黏性特征，可分为黏附特征和黏结特征。黏附是指污泥接触并保持在与之接触的物体上；黏结则是指污泥组分之间的相互作用力，使污泥组分聚集在一起。因此，对污泥干化黏滞区的研究，应建立在掌握污泥干化过程的黏附特性和黏结特性的基础上。

试验所用污泥样品取自深圳市三座市政污水处理厂，分别为滨河、平湖和横岗污水处理厂。这三座污水处理厂均采用生化法作为二级处理法，生化池均采用厌氧-缺氧-好氧（AAO）工艺，产生的污泥为初沉池和二次沉淀池的混合污泥，经聚合氯化铝（PAC，铝含量大于或等于 8.74%，投加量约为每千克干基 110g）调理后离心脱水。三种污泥样品均取三组平行样，在 105℃条件下烘干至恒重以测定含水率，在 550℃条件下煅烧 30min 以测定有机质含量。污泥样品经风干、研磨后，使用微波消解仪进行预处理，采用原子吸收分光光度计测定污泥中铝、铁、钾、镁、钙、钠、锌、铜、铬、镍等金属元素的含量。

污泥样品经风干、研磨后过 200 目筛，采用 X 射线衍射仪对其中的晶体结构特性进行分析，并采用 Jade 软件分析晶体类型和含量。

采用激光粒度仪对三种污泥样品的粒径分布进行了测定。

采用剪切试验对污泥干化过程的黏附特性和黏结特性进行测定。污泥干化过程剪切试验分为两种，分别检测污泥在不锈钢平板（热壁）上的黏附特性和污泥自身的黏结特性，剪切试验示意图见图 4-4，试验装置见图 4-5。

在进行黏附特性试验时，将一表面光滑的不锈钢平板（厚度为 2mm）固定于电加热板上，加热到设定的温度；将一只内径为 6cm、高度为 10cm 的不锈钢空心圆筒置于不锈钢平板中央，空心圆筒底部安装有挂钩；挂钩通过一条细绳与盛放砝码（质量为 3g 的小钢珠）的容器相连，不锈钢平板边缘、细绳下安装有支架，将砝码的重力变为细绳对空心圆筒的水平拉力。将一定量的污泥样品置于空心圆筒内，样品与不锈钢平板直接接触并被加热干化；污泥干化一段时间后，将一只外径为 6cm、高度为 9cm 的不锈钢活塞插入空心圆筒，活塞上放置 1000g 重物，将污泥压实；活塞底部与不锈钢平板之间的污泥层厚度为1cm；缓慢增加细绳下端砝码的质量，拉动被牵引的空心圆筒，当圆筒在不锈钢平板上发生滑移时，取下盛放砝码的容器，称量且记录砝码的质量，并取接近和直接接触平板的污泥测定含水率。空心圆筒发生滑移后，初始位置的平板表面没有残留的黏附污泥，因此，这种方法测定的是将污泥层从黏附的壁面上刮除所需的最小剪切应力。

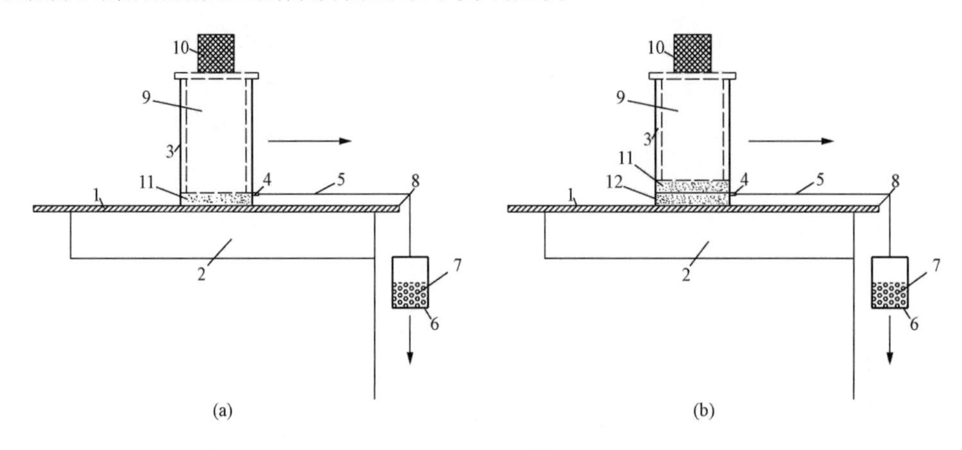

图4-4　污泥干化过程剪切试验示意图

（a）黏附剪切试验；（b）黏结剪切试验

1—不锈钢光滑平板；2—电加热板；3—不锈钢空心圆筒；4—挂钩；5—细绳；6—砝码容器；7—砝码；8—支架；9—不锈钢活塞；10—重物；11—污泥层；12—圆环

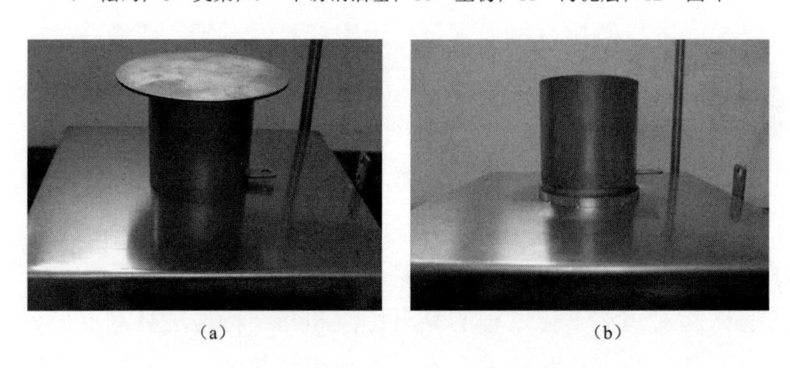

（a）　　（b）

图4-5　污泥干化过程剪切试验装置

（a）黏附剪切试验；（b）黏结剪切试验

在进行黏结特性试验时，使用的不锈钢平板（材质同上）中央焊有一个内径为6cm、高度为1cm的空心圆环，空心圆筒（材质、尺寸同上）置于空心圆环上；将一定量的污泥样品置于空心圆筒内，样品与不锈钢平板直接接触并被加热干化；污泥干化一段时间后，将不锈钢活塞（材质、尺寸同上）插入空心圆筒，活塞上放置1000g重物，将污泥压实；活塞底部与不锈钢平板之间的污泥层厚度为2cm，上部空心圆筒和下部圆环的分界面将污泥沿高度一分为二；缓慢增加细绳下端砝码的质

量，拉动被牵引的空心圆筒，当空心圆筒在圆环上发生滑移时，取下盛放砝码的容器，称量且记录砝码的质量，并取与空心圆筒与圆环分界面上的污泥测定含水率。空心圆筒发生滑移后，空心圆筒与圆环中的污泥在交界面上发生横向分割，因此，这种方法测定的是污泥层自身黏结被破坏所需的最小剪切力。

即使在没有污泥时，空心圆筒与加热平板和圆环之间均存在摩擦力，为了从试验得到的剪切力中消除这种摩擦力的影响，还进行了不加污泥的空白试验，试验过程与以上描述相同。

污泥在不锈钢平板表面干化不同的时间间隔，以取得不同含水率的污泥及对应的剪切力。一系列试验结束后，以测得的对不同含水率污泥的剪切应力来表征污泥在平板上的黏附特性和污泥自身的黏结特性，计算方法为

$$\tau=\frac{(m-m_0)g}{A}$$

式中：τ 为剪切应力，Pa；m 为拉动含装有污泥的空心圆环所用砝码的质量，g；m_0 为空白试验所用砝码的质量，g；g 为自由落体加速度，取值为 9.8m/s^2；A 为空心圆环内污泥饼的面积，m^2。

4.3.2　污泥成分对其黏附和黏结特性的贡献

污泥在干化过程中表现出的黏滞特性是其黏附特性和黏结特性的综合结果。由于污泥成分的复杂性，目前对于污泥的黏附特性和黏结特性如何协同作用产生黏滞现象，还没有比较具体、公认的理论。根据对浓缩污泥流变特性的研究，一般认为污泥中的有机质（脂多糖等）和细颗粒，以及它们与污泥中水分的相互作用，是影响浓缩污泥流变特性和黏性的主要因素。根据深圳市三座污水处理厂脱水污泥泥质检测结果（见表 4-1），三种脱水污泥的含水率均为 80%～85%，大部分自由水已被脱去；有机质含量为 32%～41%，横岗污泥中有机质含量相对较低，滨河污泥和平湖污泥的有机质含量相对较高。污泥中的有机质主要来源于少量未完全降解的有机污染物、微生物分泌的胞外多聚物（EPS，以多糖及其降解产物为主），以及污泥中的微生物体细胞残体（主要为蛋白质及其降解产物）。污泥中的有机质在污泥自身的水分中形成胶体，具有黏性。有机质对物料黏性的贡献，特别是糖类对黏性的极大促进作用，在食品工业领域已经得到广泛认同。

表 4-1　　脱水污泥含水率　　%

泥质指标	污泥类别		
	滨河污泥	平湖污泥	横岗污泥
含水率	82.91±1.87	85.35±0.50	83.21±0.10
有机质含量	39.49±0.14	40.97±0.04	32.15±0.01

污泥干基中无机质含量超过 60%，其对污泥黏性的影响还无详细的报道。土壤中一般含有 60%～80%的无机质、2%～10%的有机质，其余为水分。对土壤机械特性的研究结果表明，细砂粒、粉砂和黏土矿物质与水分之间的相互作用也会引起黏附特性和黏结特性。根据图 4-6、表 4-2 和图 4-7 显示的污泥中金属元素分析、矿物质种类分析和粒径分布分析结果，污泥无机组分的特点与土壤无机组分有类似之处，也可能导致污泥黏附特性和黏结特性的产生。

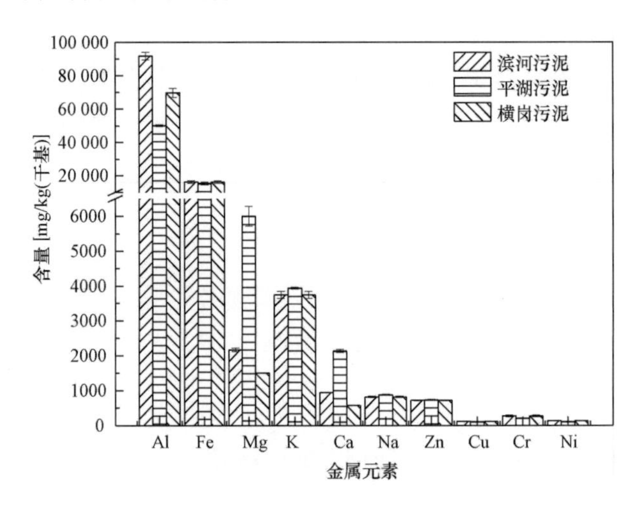

图 4-6　污泥中金属元素检测结果

污泥中的无机质主要包括无机盐类和矿物质，主要来自于污水中的悬浮颗粒物和可溶性无机盐类，以及在污泥调理时投加的絮凝剂。粒径较小的矿物质颗粒可在有水分存在的条件下，使颗粒之间相互凝聚，水分起到增塑剂的作用。研究还指出，污泥干基中大约占质量 90%的颗粒粒径小于 425μm，因此污泥中含有大量的黏土状物质。根据阿特贝限理论和污泥中有机质含量特征及统一土分类法，污泥是一种有机黏土，具有很强的塑性。对污泥样品颗粒粒径分布的分析结果（见图 4-7）表明：脱水污泥中颗粒粒径主要集中在 10～100μm，滨河污泥颗粒的平均粒度 D_{50}=30μm，横岗污泥颗粒的 D_{50}=52μm，平湖污泥颗粒的 D_{50}=91μm，均具有较小的粒径分布，与其他同类研究结果类似。

除颗粒粒径分布外，研究所采用的三种污泥样品中的矿物成分也与黏土类似。黏土由多种水合硅酸盐和一定量的氧化铝、碱金属氧化物及碱土金属氧化物组成，并含有石英、长石、云母及硫酸盐、硫化物、碳酸盐等杂质。如表 4-2 所示，三种污泥矿物组分中主要包括二氧化硅、白云母、淡云母、多硅白云母、高岭土、冰长石、铁蛇纹石、白云石、针铁矿、钠长石和蓝铁矿。这些矿物质中，二氧化硅在三种污泥中均有着较高的含量，它主要来源于污水中的沙砾，是构成污泥中无机质的最主要来源。污水经初沉处理后，大部分粒径较大的沙砾被沉淀下来，进入初沉污泥；经

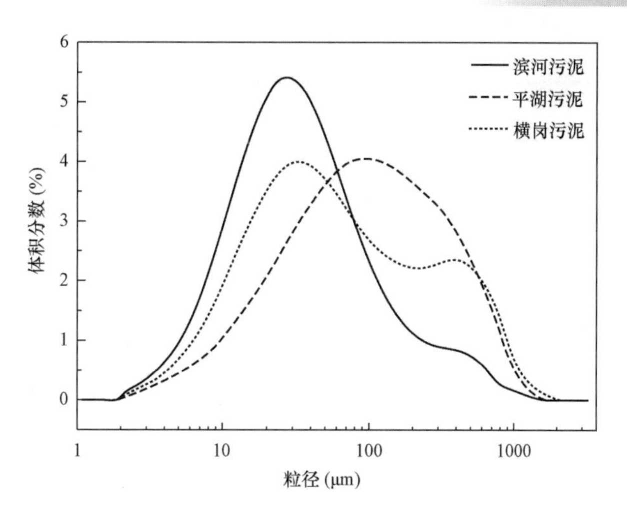

图 4-7　污泥样品颗粒粒径分布分析结果

二次沉淀处理后，更为细小的粉砂也随生化污泥一起沉淀下来。白云母、淡云母、多硅白云母、高岭土都是较为典型的黏土矿物，在污泥中也有着较高的含量。黏土矿物的颗粒细小，常在胶体尺寸范围内，呈晶体或非晶体，大多数为片状，少数为管状、棒状。黏土矿物用水湿润后具有可塑性，在较小压力下可以变形并能长久保持原状，而且比表面积大，颗粒上带有负电性，因此具有很好的物理吸附性和表面化学活性，具有与其他阳离子交换的能力。例如，白云母具有良好的隔热性、弹性和韧性，以及较好的滑动性和较强的黏附力；高岭土质软、易分散悬浮于水中，具有良好的可塑性和高的黏结特性。高岭土与水结合形成的泥料，在外力作用下能够变形，外力除去后，仍能保持这种形变（可塑性）。高岭土与非塑性原料相结合能形成可塑性泥团，并具有一定干化强度的性能。通常，凡可塑性强的高岭土结合能力也强。根据现有对黏土矿物物理化学性质的认识，污泥中丰富的无机质对其产生黏性也有很强的促进作用。

表 4-2　　污泥的 X 射线衍射分析结果　　%

晶体组分	污泥类别		
	滨河污泥	平湖污泥	横岗污泥
二氧化硅	24.5±0.5	31.4±0.5	32.4±0.4
白云母	39.6±1.1	—	—
淡云母	—	—	31.0±0.8
多硅白云母	—	29.6±1.0	—
高岭土	22.9±0.6	—	16.9±0.5
冰长石	—	5.4±0.5	—
铁蛇纹石	—	5.4±0.3	—

续表

晶体组分	污泥类别		
	滨河污泥	平湖污泥	横岗污泥
白云石	3.9±0.2	—	—
针铁矿	1.9±0.2	—	—
钠长石	7.2±0.5	11.4±0.6	14.2±0.5
蓝铁矿	—	8.6±0.4	5.5±0.3

污水中的金属盐类无法在生化处理过程中被降解，最终将进入剩余污泥排出污水处理系统，而污泥调理过程中加入的污泥絮凝剂也将引入一部分金属盐类。根据污泥中金属元素检测结果（见图 4-6），含量最高的是铝元素，它主要来自于污泥脱水前投加的絮凝剂（聚合氯化铝），同时，铝元素也是构成黏土矿物质的主要元素之一。铁、钾、镁、钙元素在污泥中也具有非常高的含量，这些元素也是构成黏土矿物的重要元素。此外，污泥中的钙盐和镁盐在失水后会逐步结晶。在污泥干化过程中，随着污泥中水分的蒸发，钙、镁金属盐类结晶产生的晶体颗粒或晶体骨架，会使干污泥具有刚性。

综上所述，污泥成分中有机质和无机质对其黏性的产生均有贡献。有机质在污泥自身水分中形成胶体，使污泥具有黏附特性。无机质中具有极细粒径的矿物质，使污泥具有一定的持水性，并产生黏附特性和黏结特性；钙、镁盐在低含水率条件下形成的晶体，还可使污泥产生更强的黏结特性。

4.3.3 污泥平板干化过程的黏附和黏结特性

三种污泥样品在 120℃平板上干化的过程中，通过剪切试验获得的污泥黏附特性和黏结特性见图 4-8～图 4-10。

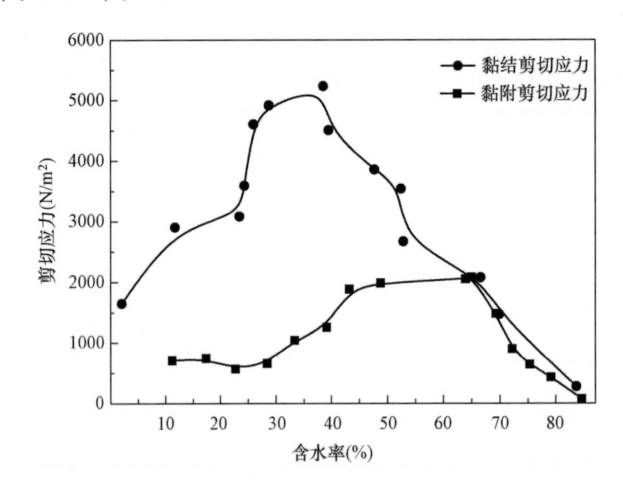

图 4-8 滨河污泥干化过程黏性特征

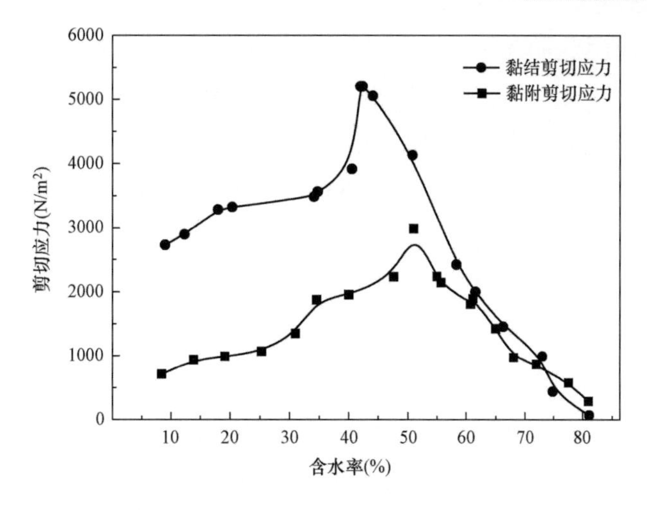

图 4-9　平湖污泥干化过程黏性特征

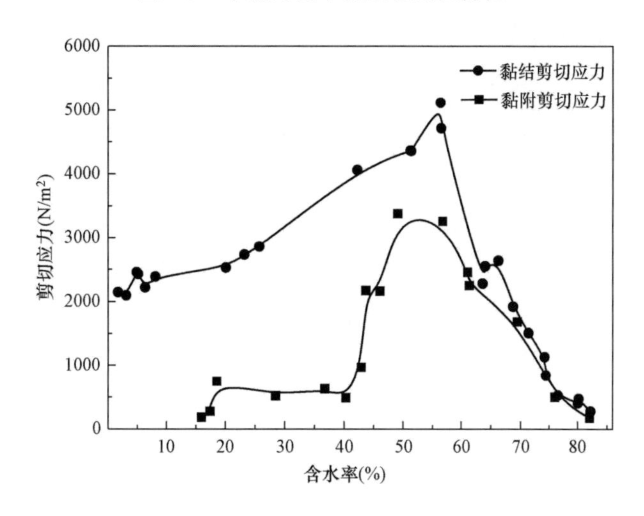

图 4-10　横岗污泥干化过程黏性特征

当污泥的含水率还比较高时，其黏性比较小，具有明显的流动性，且污泥中的水分可完全湿润接触表面，使污泥组分充分接触并渗透进其微观粗糙孔隙中。随着含水率的降低，黏附剪切应力和黏结剪切应力均不断上升。该过程中污泥自身的黏结力略大于污泥与接触表面的黏附力，说明污泥与接触表面的摩擦阻力略小于污泥自身的内摩擦阻力，若干化过程存在搅拌，则搅拌叶片易在污泥中运动，以实现对污泥的搅拌和暴露表面的更新。

当污泥含水率降至 55%～65%时，黏结剪切应力和黏附剪切应力的上升趋势开始出现分化，黏结剪切应力继续上升，而黏附剪切应力基本达到峰值。这种特征在污泥干化过程中的直接表现是：当施加在黏附污泥层上的剪切应力逐步增加时，污泥层首先会从热壁上剥落，并结成团块，剪切应力进一步增加才可能将剥落的黏结污泥团破坏。对于不同的污泥样品，黏附剪切应力和黏结剪切应力达到最大时的含水率各不相同。滨河污泥的黏附剪切应力在含水率65%左右时就达到最大值，并一直保持到含水率45%左右，且最大黏附剪切应力值为2000N/m^{2}左右，小于平湖污泥和横岗污泥。平湖污泥和横岗污泥的黏附剪切应力峰值分别出现在含水率50%和55%附近，剪切力峰值分别约为2500N/m^{2}和3300N/m^2。三种污泥样品的黏结剪切应力峰值均在5000N/m^{2}左右，分别出现在含水率40%、45%和55%左右。

越过污泥黏附剪切应力的峰值，当污泥含水率降至50%以下时，黏附剪切应力急剧降低，而黏结剪切应力降低缓慢。这一阶段，黏附污泥层中的水分含量已比较低，与热壁直接接触的污泥薄层中的水分蒸发后形成一个很薄的较干污泥层，由于水分的消失，污泥与热壁难以充分接触，黏附剪切应力快速降低。当污泥含水率低于40%后，污泥与热壁的黏附剪切应力已基本没有变化，污泥非常容易从热壁表面剥落。剥落后的污泥团块在剪切应力的作用下不断被挤压直至破碎，当污泥含水率低于20%时，污泥自身的黏结剪切应力才趋于稳定，此时污泥已被破碎成比较小的颗粒。

不同污泥出现黏结剪切应力峰值的含水率区间也不完全相同，滨河污泥为30%～40%，平湖污泥为40%～50%，横岗污泥为50%～60%。三种污泥的黏结剪切应力的峰值都比较接近，在5400N/m^{2}左右。不同的污泥在不同的含水率区间出现黏结剪切应力峰值，也与污泥成分和水分分布的差异密切相关。

综合三种污泥的平板干化剪切应力特征，污泥的黏附剪切应力和黏结剪切应力均在含水率40%～60%时达到峰值，黏附和黏结现象最为严重，可判断污泥处于干化黏滞区。

已有一些理论对黏附的作用机制进行了解释，然而对于某种特定物料之间的黏附，哪种理论最适用，还没有达成共识。已发表的黏附机理主要包括：①机械互锁理论；②吸附理论；③化学黏附理论；④静电理论；⑤扩散理论；⑥弱边界层理论。对于直接传热式污泥干化机，导致污泥黏附在换热面上的最可能的原因是吸附理论和机械互锁理论。

吸附理论认为黏附是由于两种物料间的分子接触所形成的表面吸附力造成的，这种表面吸附力通常特指二级分子间作用力或范德华力。产生这种吸附力的前提条件是，黏附物料需要在接触表面上达到充分的分子级接触。为了实现这种级别的完全接触，通常需要将接触表面“湿润”。脱水污泥中含有大量的水分，可以自主地覆盖在接触表面，并将接触表面完全浸润。根据这一理论，当湿污泥与换热面充分接触后，黏附强度由于接触界面上产生的二级分子间作用力而加强，这一作用力同时还可能包括范德华力。

在微观层面上，所有介质表面都是非常粗糙的，具有裂缝、间隙和孔洞。根据机械互锁理论，污泥中的组分和水分会渗透到换热面的孔隙中，取代原本处在这些孔隙中的空气，然后机械自锁在换热面表面上，最终形成具有一定机械强度的污泥

黏附层。该渗透污泥黏附层使覆盖在其上的更多污泥与接触表面黏合在一起，从而使更多的污泥黏附在接触面表面。

由于污泥种类的多样性和组分的复杂性，其黏结特性的起因也比较复杂。污泥的黏结特性是黏性多聚物、无机质和晶体骨架的综合结果。有机质由于化学键、交联作用、分子间作用力和机械作用力而黏结在一起。污泥中具有极小粒径的矿物质，在有水分存在的条件下，会使污泥具有可塑性及一定的持水性。关于土壤黏附和黏结的研究也报道了类似的结论。土壤通常含有 1%～10%的有机质及 90%～95%的矿物质和水分。在土壤中，胞外聚合物将矿物颗粒凝聚在一起，增强了它们的黏结特性和持水性。有研究通过剪切试验和模拟，发现毛细引力和持水性在土壤剪切应力中起到非常重要的作用。这些毛细引力产生的张力，有助于土壤产生表观凝聚力并增加其刚度。关于土壤机械特性的研究发现，被测土壤的含水率为 20%～40%时，黏附特性和黏结特性最为显著。尽管土壤组分与污泥相比含有较多的无机质和较少的有机质，但对土壤机械特性的研究方法与污泥非常类似，因此将土壤的黏结特性与污泥进行比较具有一定的意义。此外，污泥中的金属盐类会随着水分的蒸发而形成结晶。可结晶金属盐的晶核在干化区逐步生长、扩大，形成晶体骨架，最终会使干污泥变硬，产生刚性。晶体骨架的交织和互锁也增加了污泥的黏结特性。

4.3.4　热壁温度对干化过程剪切应力的影响

为考察热壁温度对污泥黏附特性和黏结特性的影响，在 200℃的加热温度下对横岗污泥进行了剪切试验，试验结果如图 4-11 所示。与加热温度为 120℃的污泥干化过程剪切应力曲线相比，污泥在 200℃加热条件下，剪切应力曲线朝低含水率方向产生了移动，但剪切应力的最大值和曲线特性几乎没有变化。当污泥含水率处在 50%～70%时，在 200℃条件下干化的剪切应力略低于其在 120℃时干化的剪切应力；当污泥含水率低于 50%时，200℃加热条件下的剪切应力略高于 120℃下的剪切应力。根据在试验过程中对加热平板和污泥温度的实时监测，在 200℃条件下加热干化时，污泥层的温度稍高于其在 120℃下加热干化时的温度，但不超过 95℃，直至污泥被完全干化。因此，热壁温度对污泥的黏附特性和黏结特性具有一定的影响。

4.3.5　碱性强电解质熟石灰对污泥干化过程剪切应力的影响

生石灰（氧化钙）常用作污泥调理和脱水的添加药剂，用于改善污泥的脱水性能。在改善污泥干化特性的研究和实践中，对生石灰的作用也有研究报道。生石灰中的钙元素与水分结合后，形成氢氧化钙，释放的氢氧根离子具有碱性，可打破污泥中胶体的稳定性，降低污泥的持水性和黏性。

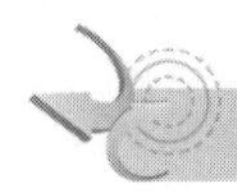

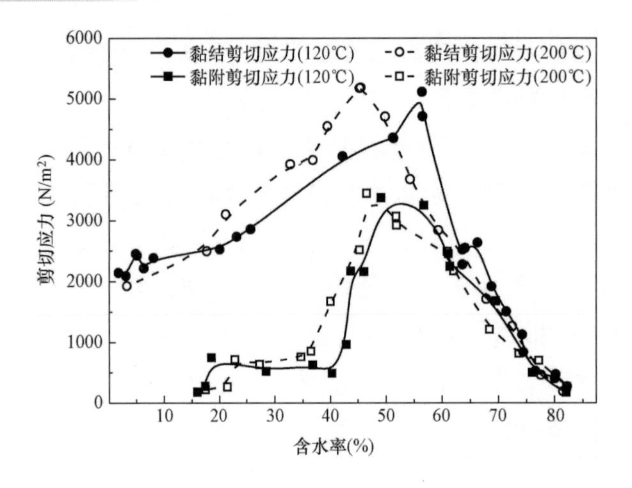

图 4-11 热壁温度对污泥干化过程黏性特征的影响

由于生石灰呈块状，不易于污泥均匀混合，为不向污泥中引入水分，试验中使用熟石灰（氢氧化钙）作为添加剂，每千克湿污泥中投加量为 3g（含水率 83%），以研究碱性强电解质对污泥黏附特性和黏结特性的影响。试验时加热平板温度为 120℃，试验结果如图 4-12 所示。

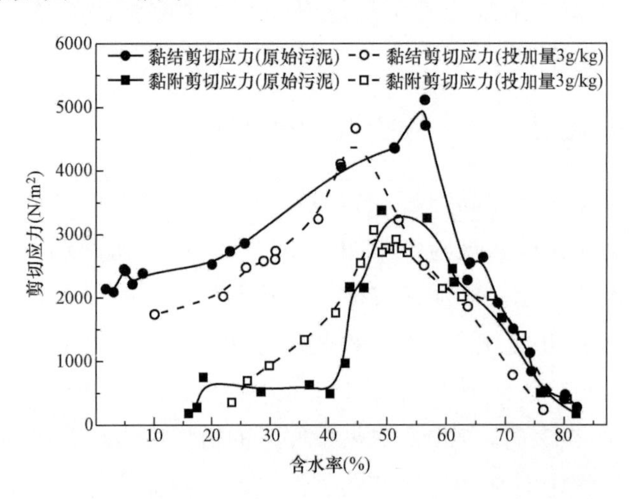

图 4-12 添加熟石灰对污泥平板干化过程剪切应力的影响

从试验结果可以看出，添加熟石灰可显著降低污泥在整个含水率范围内的黏结剪切应力，特别是当污泥含水率为 50%～60%时，使污泥黏结剪切应力大幅降低；当污泥含水率较高（大于 50%）时，有效降低了污泥的黏附剪切应力。根据现有的生石灰和熟石灰对污泥调理作用机理的解释，它们遇水释放的氢氧根离子通过打破污泥有机质胶体中的压缩双电层、影响胶粒表面电荷，降低了污泥中有机质胶体的相互黏结效果。

当污泥干化至较低含水率（小于 50%）时，添加的熟石灰已无法进一步降低黏附剪切应力。这一阶段，影响污泥黏附和黏结特性的主要因素已不仅仅是有机质胶体的黏性，无机质细颗粒和可结晶金属盐类在低含水率条件下，使污泥显现出较强的黏结特性，而熟石灰对这类物质造成的黏结特性难以起到改善效果。

4.3.6 无机颗粒二氧化硅对污泥干化过程剪切应力的影响

二氧化硅（SiO_2）作为一种抗结剂，在食品工业中常添加于颗粒或粉末状物料中，可阻止粉状颗粒彼此黏结成块，保持物料松散或自由流动，可作为蛋粉、奶粉、可可粉、可可脂、糖粉、植脂性粉末、速溶咖啡、粉状汤料的抗结剂（最大使用量为 15g/kg)，在固体饮料中的最大使用量为 0.2g/kg，在粮食中的最大使用量为 1.2g/kg，在粉末香精中的最大使用量为 80g/kg。其主要作用机理是：黏附在颗粒表层，使之具有一定程度的憎水性而防止粉状颗粒结块。

为研究二氧化硅对污泥黏附特性和黏结特性的影响，将 30g 二氧化硅粉末加入 1kg 湿污泥（含水率 83%）中，均匀混合后进行平板干化剪切试验。试验时加热平板温度为 120℃，试验结果如图 4-13 所示。

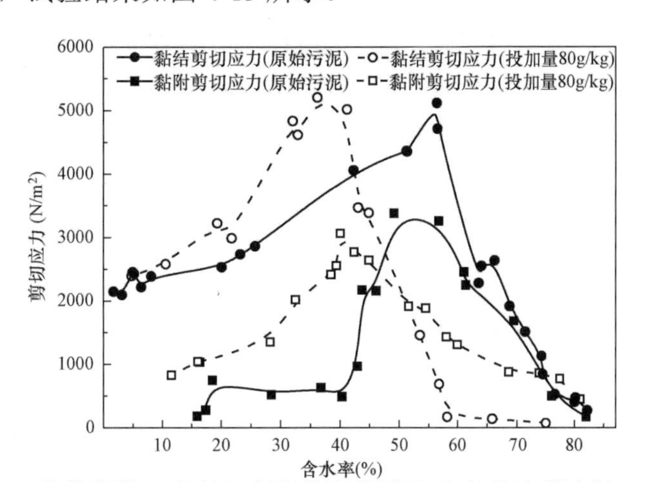

图 4-13 添加二氧化硅对污泥平板干化过程剪切应力的影响

从试验结果可以看出，当污泥含水率高于 45%时，添加二氧化硅可大幅降低污泥的黏附剪切应力和黏结剪切应力，污泥黏结剪切应力甚至到含水率 60%时才开始上升。这可能是因为二氧化硅细颗粒的添加，有效地增加了该含水率范围污泥组分间的滑移效果，降低了污泥的黏结特性。当污泥含水率降低至 45%以下时，二氧化硅的添加反而提高了污泥的黏附和黏结剪切应力。这可能是由于二氧化硅细颗粒具有易吸湿或易从空气中吸收水分的特性，当污泥含水率较低时，反而增加了污泥组分与水分结合的机会，从而提高了污泥的黏附特性和黏结特性。

4.4 污泥在桨叶式干化机内的热干化模型

4.4.1 污泥热干化特性的试验方法

对两种不同类型污泥的干化过程进行了研究。两种污泥分别为杭州七格污水处理厂的七格污泥和平湖造纸厂的平湖污泥，其中七格污泥为杭州市市政污泥，平湖污泥则为工业造纸污泥。两种污泥均由 A/O（厌氧/好氧）污水处理工艺在污水处理过程中产生，经机械脱水后含水率在 80%左右。

图 4-14 所示为小型空心桨叶式污泥干化试验装置，试验系统主要由小型 W 形空心桨叶式干化机、冷凝器和抽气泵组成。干化机由两根空心热轴组成，每根热轴上连接 8 只空心楔形叶片。叶片的直径为 60mm，空心热轴的直径为 25mm，干化机的有效容积为 1.1L。干化机采用批式处理，每批的污泥干化处理量为 1kg。楔形叶片、热轴和夹套内充满导热油，导热油由电热丝进行加热。空心热轴和夹套内的温度采用热电偶温度计测量。电热丝的加热功率采用温控仪进行自动控制。干化机内污泥的温度采用两支热电偶温度计两点测量，热电偶的测量端深入污泥 1cm；空心热轴的搅动功率采用功率计进行测定。

如图 4-14 所示，干化机上盖有一个载气（干空气）入口，因此整个污泥干化在常压条件下进行。试验操作过程为：将大约 0.9kg 湿污泥一次性投入干化机内，干化机随即对污泥边搅动边加热干化；干燥排放的湿气体通过抽气泵的作用进入水冷冷凝器；冷凝器排放的冷凝液采用玻璃容器收集，并用电子天平实时测量其质量变化，污泥的干燥速率根据冷凝液的质量变化进行计算。

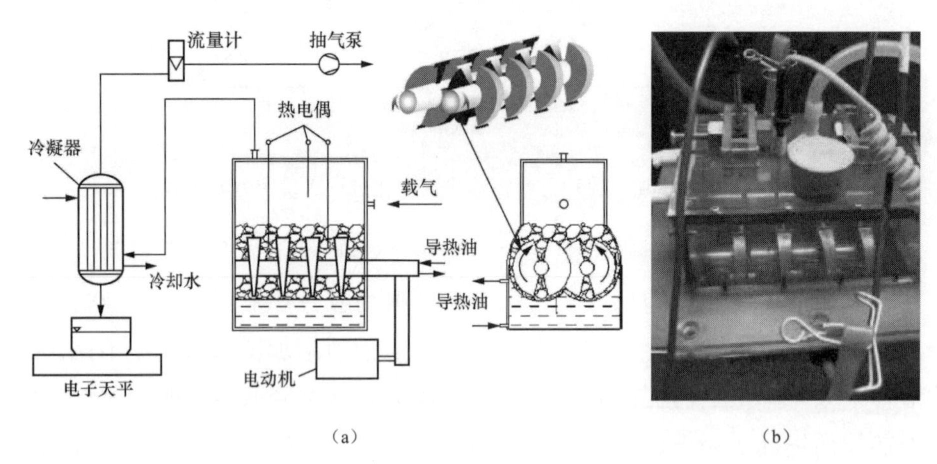

（a） （b）

图 4-14 小型空心桨叶式污泥干化试验装置

（a）示意图；（b）实物图

4.4.2 污泥在桨叶式污泥干化机内干化过程的试验结果

图4-15和图4-16所示为试验过程中得到的城市污泥和造纸污泥在空心桨叶式干化机内的典型干化特性曲线。根据该特性曲线，污泥在桨叶式干化机内的干化过程可分为三个干化区，即黏稠区、结团区和颗粒区。冷态的机械脱水污泥外形呈块状，进入干化机后，随着污泥的受热升温及空心桨叶的搅动，污泥变为黏稠状。

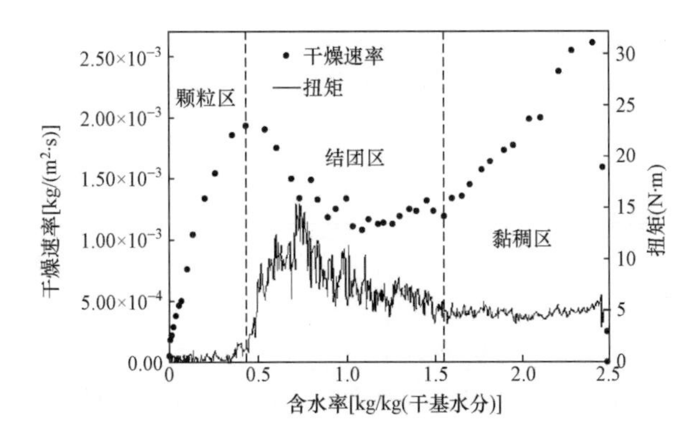

图 4-15　七格污泥间壁式干化特性（干燥温度 180℃，热轴转速 17r/min，载气流量 1.3m^3/h）

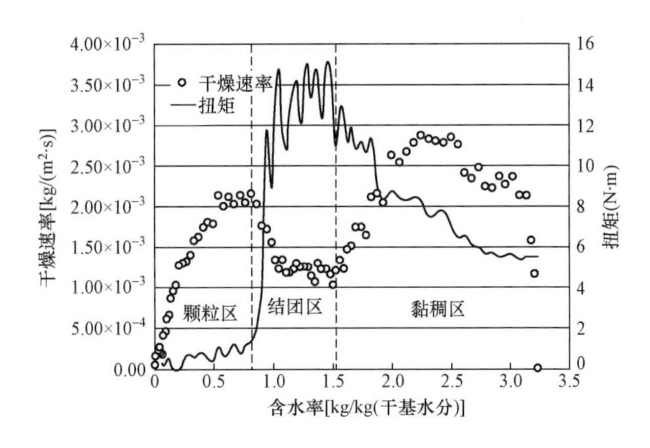

图 4-16　平湖污泥间壁式干化特性（干燥温度 180℃，热轴转速 17r/min，载气流量 1.3m^3/h）

如图 4-14 所示，由于空心桨叶为楔形设计，且两根空心热轴相对转动，使得楔形叶片互相啮合，因此污泥在干化过程中受到楔形叶片的不断挤压，这种挤压效果使得污泥不会黏结在热壁表面形成传热热阻。然而，随着污泥含水率的降低，污泥的体积逐渐变小，同时污泥变得更黏稠并且具有很强的可塑性，楔形叶片的挤压效果变弱，使得污泥黏结在换热表面无法脱除，结果导致干化机的传热效果恶化。这就是在黏稠区的后半段［含水率 2.50～1.55kg/kg（干基水分），如图 4-15、图 4-16 所示］污泥干燥速率持续下降的原因。

随着污泥的含水率进一步下降，污泥开始进入结团区。在结团区的前半段［两种污泥对应的含水率为1.55～1.10kg/kg（干基水分）］，污泥具有恒定的低水平干燥速率，此时的污泥完全黏附在热表面，搅动效果最恶劣，污泥干化的热量基本是靠导热进行传递；在结团区的后半段，黏附在热壁面的污泥开始大块脱落，并随即被楔形桨叶破碎，这个区半段的显著增大的参数包括热轴扭矩和污泥干燥速率：扭矩的上升是由于污泥块的破碎引起，而干燥速率的上升则是由于污泥块脱落并破碎后，污泥换热面积显著上升且热壁面的传热热阻显著下降引起。在结团区的末端，空心热轴的扭矩显著下降，表明污泥块逐渐破碎完全，结团区开始逐渐向颗粒区过渡。在颗粒区，污泥的干燥速率显著下降直至为0，而且在这个区段热轴的扭矩大大小于其他两个区。

4.4.3 污泥干化模型

污泥干燥速率是污泥干化机设计的关键指标，一般通过干化试验进行测定。由于污泥的干燥速率除了和污泥本身的物理化学性质相关外，还受干化机的结构和干化方式的影响，干化试验一般需要在相同结构的干化机内进行，以确保试验结果的准确性，因此试验过程难免带来较大的人力和物力消耗。为了解决这一问题，目前国内外开展了大量的污泥干燥速率的模拟研究[84~88]。建立干化模型具有以下两个重要意义：

（1）如果能够采用干燥模型对污泥干燥速率进行准确的模拟计算，就可以有效地避免人力和物力的消耗，而且模拟计算方法快速、方便，这也是试验方法所无法比拟的。

（2）干化模型有助于干化过程的深入研究，对于了解和掌握干化机理具有重要意义。

污泥干化模型是在常压渗透模型的基础上改进得到的。常压渗透模型最早由德国教授Tsotsas和Schlünder[89]建立，用于分析惰性氛围下无孔颗粒物料的间壁式干化特性。此后，法国教授Geyauden和Andrieu[90]对该模型进行了拓展，使其适合于多孔收湿性物料（物料具有很多微孔孔道，内为结合水，但水分承受的蒸汽压低于相同温度下纯水的蒸汽压，如活性氧化铝）。在该模型中，物料在干燥过程中的混合特性基于这样一个假设，如图4-17所示，它将连续的混合过程切割为很多个非连续的混合过程：

（1）（a）→（b）的时间间隔为t_R，在该时间段内假设物料为静止状态，热量以热传导的形式向物料传递。

（2）（b）→（c）的时间间隔为0，物料在瞬间达到均匀混合状态。

（3）（c）→（d）→（e）又构成一个新的传热和混合循环，由此不断反复，直至物料完成干化。

污泥也属于收湿性物料，但和Geyauden和Andrieu所研究的活性氧化铝的性状

仍然有很大差异，主要表现在以下四个方面：

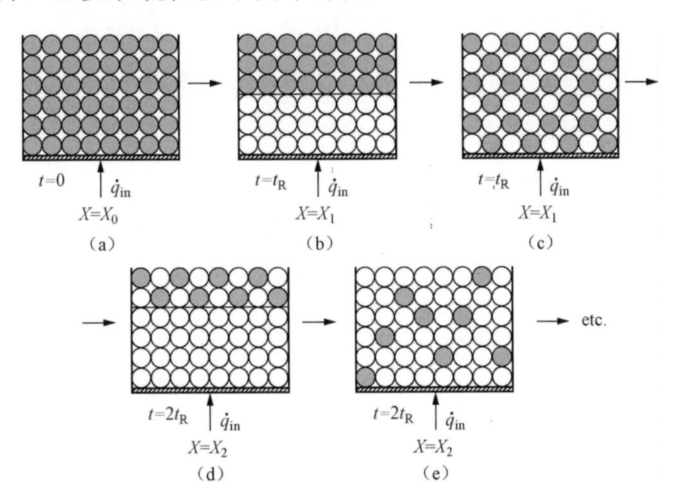

图 4-17　渗透模型非连续混合概念示意图

（a）开始；（b）混合前；（c）混合后；（d）混合前；（e）混合后

（1）如上所述，污泥属于黏性物料，在干化过程中往往会发生黏壁现象，因此需要对干化传热热阻进行修正。

（2）污泥干化后体积大幅度缩小，例如含水率 80%的机械脱水污泥全干化后体积仅为干化前体积的 1/4 左右，因此需要根据干化机的几何尺寸对换热面积进行修正。

（3）如上所述，污泥间接搅动干化过程先后经历黏稠区、结团区和颗粒区，各区之间污泥的外观形态存在巨大差异，因此需要考虑形态差异对污泥干化机理的影响。

（4）污泥成分复杂，和污泥相关的物性参数，如污泥比热容、热导率和热扩散率等必须通过试验进行测定。

根据上述指导思想，首先建立了如图 4-18 所示的 t_R 时间内静止状态下污泥床的温度曲线和热量传递图。图中 $\dot{q}_{in}$ 为导热油向污泥床传递的总热流密度。$\dot{q}_{in}$ 进入干化机后分为三部分：① $\dot{q}_{sen}$，用于提高污泥的温度；② $\dot{q}_{lat}$，用于蒸发污泥中的水分；③ $\dot{q}_{l}$，$\dot{q}_{l}$ 为干化机的热损失，这部分损失的热量通过污泥表面以对流和辐射的形式传递给吹扫空气。因此，可以得到以下热平衡方程式

$$\frac{A_1}{A_2}\dot{q}_{in}=\dot{q}_{sen}+\dot{q}_{out} \tag{4-3}$$

$$\dot{q}_{out}=\dot{q}_{lat}+\dot{q}_{l} \tag{4-4}$$

式中：A_1 和 A_2 分别为被污泥覆盖的传热壁面面积和污泥床表面散热面积。传热壁面面积 A_1 为空心热轴和叶片表面积（A_{PS}）与夹套壁面面积（A_W）之和，即

$$A_1=A_W+k_1A_{PS} \tag{4-5}$$

在污泥干化过程中，干化机夹套壁面完全被污泥覆盖，但是热轴和桨叶的覆盖面积将随着污泥体积的缩小而逐渐减小。因此，在式（4-5）中 A_{PS} 项增加了系数 k_1 进行校正。在黏稠区 $k_1=1$，即热轴和桨叶完全被污泥覆盖；在颗粒区 $k_1\approx 0.5$。污泥床表面散热面积 A_2 的表达式为

$$A_2=k_2A_{smo} \tag{4-6}$$

式中：A_{smo} 为污泥床表面光滑面积；k_2 为校正系数，用于校正光滑面积和实际面积的差异。由于该值难以通过试验测量，因此采用 Tsotsas 等人[89]提出的 k_2 =1.75 作为经验值。

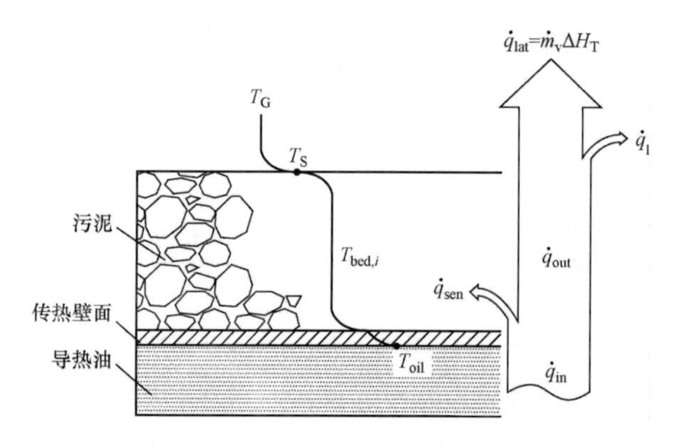

图 4-18　t_R 时间内静止状态下污泥床的温度曲线和热量传递图

上述不同的热流密度可以用相应的换热系数进行表达，即

$$\dot{q}_{in}=h_{ws}^*\ (T_{oil}-T_{bed,\ i}) \tag{4-7}$$

$$\dot{q}_{out}=h_{b,w}(T_{bed,i}-T_S) \tag{4-8}$$

$$\dot{q}_1=(h_c+h_{rad})(T_S-T_G) \tag{4-9}$$

$$\dot{q}_{sen}=\frac{(cm)_{b,w}}{A_2}\frac{(T_{bed,i+1}-T_{bed,i})}{t_R} \tag{4-10}$$

$$\dot{q}_{lat}=\dot{m}_V\ \Delta h_T(X_i,T_S) \tag{4-11}$$

式中：h_{ws}^* 为导热油和与传热壁面接触的污泥薄层之间的综合换热系数；$h_{b,w}$ 为污泥床的时间平均换热系数；h_c 为污泥床表面对流换热系数，其计算方法在文献［89］中有详细的阐述；h_{rad} 为空心热轴表面对流换热系数；T_{oil} 为导热油温；$T_{bed,\ i}$、$T_{bed,\ i+1}$ 分别为静止开始和静止结束时的污泥床温度；T_S 为污泥床表面温度；T_G 为表面空气温度；$(cm)_{b,w}$ 为污泥的平均质量流量与比热容的乘积；t_R 为接触时间；$\dot{m}_V$ 为污泥的干燥速率；$\Delta h_T(X_i,T_S)$为温度 T_S 下的污泥水分蒸发焓，数值上等于污泥水分结合能 $\Delta h_B(X_i,T_S)$ 与纯水水分蒸发潜热 $\Delta h_V(X_i,T_S)$之和；其余符号的含义同前所述。

$$\Delta h_T(X_i,T_S)=\Delta h_V(X_i,T_S)+\Delta h_B(X_i,T_S) \tag{4-12}$$

h_{ws}^* 满足下式

$$\frac{1}{h_{ws}^*}=\frac{1}{h_{oil}}+\frac{1}{h_{wall}}+\frac{1}{h_{ws}} \tag{4-13}$$

式中：h_{oil} 为导热油和夹套壁面之间的换热系数，经试验测定导热油和夹套壁之间的换热系数大小为 h_{oil}=445W/（$m^2 \cdot K$）；h_{wall} 为夹套壁面的换热系数；h_{ws} 为污泥薄层和热壁面之间接触换热系数，采用下式计算[91]

$$h_{ws}=\varphi_A\alpha_{wp}+(1-\varphi_A)\frac{2\lambda_V/d}{\sqrt{2}+(2l+2\delta)/d}+4C_{12}T_m^3 \tag{4-14}$$

式中：φ_A 为表面覆盖函数；α_{wp} 为单颗粒换热系数；λ_V 为蒸汽热导率；d 为颗粒粒径；l 为气体分子的修正平均自由路径；δ 为颗粒表面粗糙度；C_{12} 为综合辐射系数；T_m 为热壁面和第一层颗粒层之间的平均温度。

α_{wp} 采用下式计算

$$\alpha_{wp}=\frac{4\lambda_V}{d}\left[\left(1+\frac{2l+2\delta}{d}\right)\ln\left(1+\frac{d}{2l+2\delta}\right)-1\right] \tag{4-15}$$

$$l=2\frac{2-\gamma}{\gamma}\sqrt{\frac{2\pi RT_m}{M}}\frac{\lambda_V}{p(2c_{p,G}-R/M)} \tag{4-16}$$

式中：δ为颗粒表面粗糙度；γ 为调节系数；R 为理想气体常数；M 为气体分子量；p 为压力；$c_{p,G}$ 为气体比热容；其余符号含义同上。

综合辐射系数 C_{12} 的表达式为

$$C_{12}=\sigma\frac{1}{1/\varepsilon_{wall}+1/\varepsilon_{bed}-1} \tag{4-17}$$

式中：σ 为黑体辐射系数；ε_{wall} 为热壁面发射率；ε_{bed} 为床层物料发射率。

污泥床的时间平均换热系数表达式为

$$h_{b,w}=2\sqrt{\frac{(\rho\lambda c)_{b,w}}{\pi t_R}}=\frac{2\lambda_{b,w}}{\sqrt{a\pi t_R}} \tag{4-18}$$

式中：$\lambda_{b,w}$、a 分别为污泥有效热导率和热扩散率。

污泥床的干燥速率为

$$\dot{m}_V=\frac{A_2}{A_1}\frac{h_c}{c_{p,G}}\frac{M_{H_2O}}{M_{air}}\ln\frac{p_T-p_V}{p_T-p_{V,S}(T_S)} \tag{4-19}$$

式中：A_2/A_1 为将污泥干燥速率折算为干化机有效干化面积下的干燥速率；h_c 为污泥床表面对流换热系数，h_c 的计算方法在文献［89］中有详细阐述；M_{H_2O} 、M_{air} 分别为水和空气的摩尔质量，kg/mol；p_T 为系统总压力；p_V 为吹扫空气中的水蒸气分压。由于污泥为收湿性物料，因此污泥床表面水蒸气分压 $p_{V,S}(T_S)$可以通过式（4-20）进行计算，即

$$p_{V,S}(T_S)=p_{V,sat}\,a_w(X_i,T_S) \tag{4-20}$$

式中：$a_w(X_i, T_S)$为污泥在含水率为 X_i、温度为 T_S 时的水活度。

当静止状态结束时污泥的含水率可由式（4-21）进行计算，即

$$X_{i+1} = X_i - \frac{\dot{m}_V t_R A_1}{m_{DS}} \tag{4-21}$$

式中：m_{DS} 为污泥的干基含量。接触时间 t_R 由下式计算，即

$$t_R=N_{mix}/n \tag{4-22}$$

式中：N_{mix} 为混合数，混合数的值取决于干化机的类型、搅动机构的结构外形、干化物料的力学性质和搅动轴的搅动速率；n 为搅动轴的搅动速率。

要实现式（4-3）～式（4-22）对整个污泥干化过程干燥速率和污泥温度的模拟计算，需要已知干化系统的初始条件，包括导热油温度、污泥床初始温度、湿污泥含水率和干化机的搅动速率。

此外，上述方程式中污泥的相关物性参数也必须已知，这些物性参数包括：

（1）热扩散率（a）和污泥有效热导率（$\lambda_{b,w}$）。

（2）综合换热系数（h_{ws}^*）。

（3）污泥粒径（d）。

（4）污泥水活度 $a_w(X_i, T_S)$和污泥水分蒸发焓 $\Delta h_T(X_i, T_S)$。

（5）桨叶式干化机的混合数（N_{mix}）。

4.5 污泥物性参数的测定

4.5.1 热扩散率和污泥有效热导率的测定

污泥成分复杂，含有水、碳氢化合物、脂类、纤维、金属离子等[92]。如此复杂的成分使得难以用现有的理论模型[93]对污泥的热导率进行计算，而且干化过程中污泥的有效热导率没有固定的值，它不仅会随着污泥含水率的变化而变化，而且污泥的形态、空隙率等都会对其产生影响。因此，为了能准确测定污泥的有效热导率，通常采用比利时教授 Dewil 等人[94]提出的方法进行测定。该方法的优点在于：①操作方便；②测量过程不会对污泥的形态结构产生破坏，从而保证了结果的真实性；③样品测量量多（该试验为 500g 左右），因此重复性更高。试验操作步骤如下：

（1）首先取 8 份一定量的污泥分别干化至含水率为 0、0.12、0.25、0.50、0.82、1.41、2.10、2.50kg/kg（干基水分），将预先干化好的污泥密封保存待用。

（2）取一份预先干化好的污泥快速加热至 80℃（污泥在密封袋中加热，以防止水分散失），放入一个密封玻璃容器，如图 4-19 所示。玻璃容器含有冷却水夹套，

恒温恒流量的冷却水从容器的底端进入充满夹套后从上端出口排出，实现对污泥的冷却。污泥和夹套内冷却水的温度采用热电阻温度计进行在线测量。

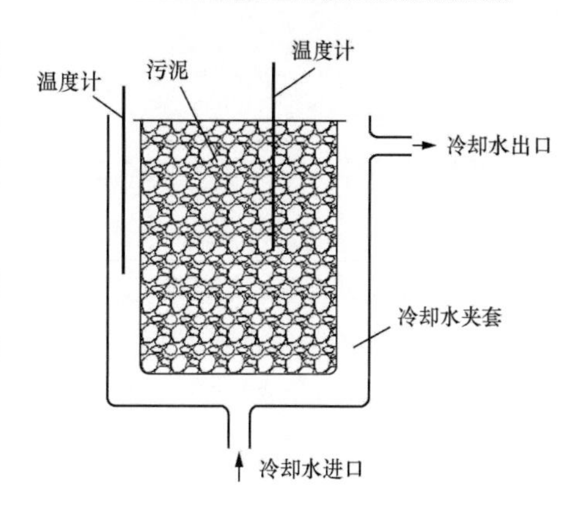

图 4-19　污泥热导率和热扩散率测定装置示意图

污泥的温度变化值是冷却时间（t）和污泥温度计径向位置（r）的函数，符合以下函数关系式

$$\frac{\partial^2 T}{\partial r^2}+\frac{1}{r}\frac{\partial T}{\partial r}=\frac{1}{a}\frac{\partial T}{\partial t} \tag{4-23}$$

澳大利亚教授 Carlslaw 和 Jaeger[95] 给出了上式的分析解

$$T(r,t)=T_{\mathrm{w}}-2(T_{\mathrm{w}}-T_0)\sum_{i=1}^{\infty}\exp\left(-\alpha_i^2\frac{a}{b^2}t\right)\frac{J_0\left(\frac{r\alpha_i}{b}\right)}{\alpha_i J_1(\alpha_i)} \tag{4-24}$$

式中：T_{w} 为冷却壁的温度，℃；T_0 为污泥的初始温度，℃；α_i 为 0 次幂第一类贝塞尔函数的第 i 个根；a 为污泥的热扩散率；b 为玻璃容器的内径，m；$J_1(x)$为 1 次幂第一类贝塞尔函数；$J_0(x)$为 0 次幂第一类贝塞尔函数。

根据式（4-24），通过 Matlab 编程计算工具可以计算出污泥温度随温度变化的模拟曲线，再改变 a 的值调整模拟温度曲线形状，当模拟温度曲线和试验温度曲线吻合时，所对应的 a 即为污泥的热扩散率。图 4-20 为理论值和试验值的对比图。可见，式（4-24）对试验数据的模拟较好。

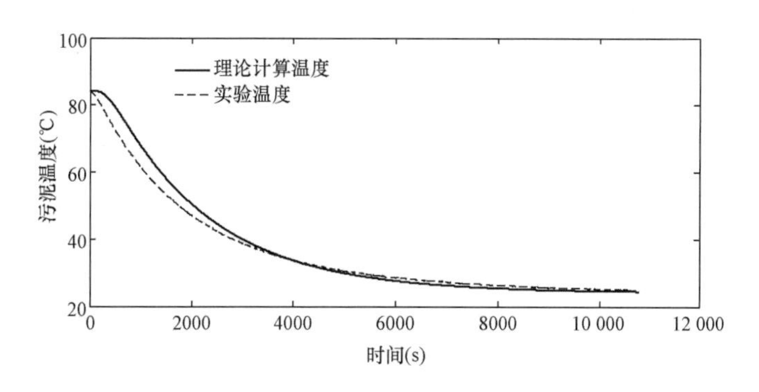

图 4-20　污泥的理论计算温度和试验温度随时间变化曲线（七格污泥，含水率 35.6%）

测定热扩散率后，污泥有效热导率可由下式计算，即

$$\lambda_{\mathrm{b,w}}=a\rho_{\mathrm{b,w}}c_{\mathrm{b,w}} \tag{4-25}$$

式中：$\rho_{\mathrm{b,w}}$、$c_{\mathrm{b,w}}$ 分别为污泥样品的污泥床密度和比热容。污泥床密度可由污泥床的体积（$V_{\mathrm{b,w}}$）和质量（$m_{\mathrm{b,w}}$）求出，即

$$\rho_{b,w}=\frac{m_{b,w}}{V_{b,w}} \tag{4-26}$$

需要注意的是，污泥床密度应该包括固体颗粒、水分和颗粒间隙内的气体。干污泥的比热容 $c_{b,d}$ 采用扫描量热仪 Q100 DSC（TA USA）进行测定，测定方法基于美国材料试验协会的 ASTM E1269 [96]。污泥床的比热容 $c_{b,w}$ 根据下式进行计算，即

$$c_{b,w}=c_{b,d}+X_i c_w \tag{4-27}$$

式中：c_w 为纯水的比热容；其余符号含义同前。

表 4-3 所列为 25℃下干污泥床的各物性参数，图 4-21 所示为污泥床的有效热导率和热扩散率随含水率的变化趋势。

表 4-3　　干污泥床的热导率、热扩散率、密度和比热容（25℃）

污泥种类	热导率 $\lambda_{b,w}$［W/（m·℃）］	热扩散率 a（m^2/s）	密度 $\rho_{b,w}$（kg/m^3）	比热容 $c_{b,w}$［J/（kg·℃）］
七格污泥	0.134	1.60×10^{-7}	758.20	1 850.6
平湖污泥	0.147	1.60×10^{-7}	825.5	1 112.8

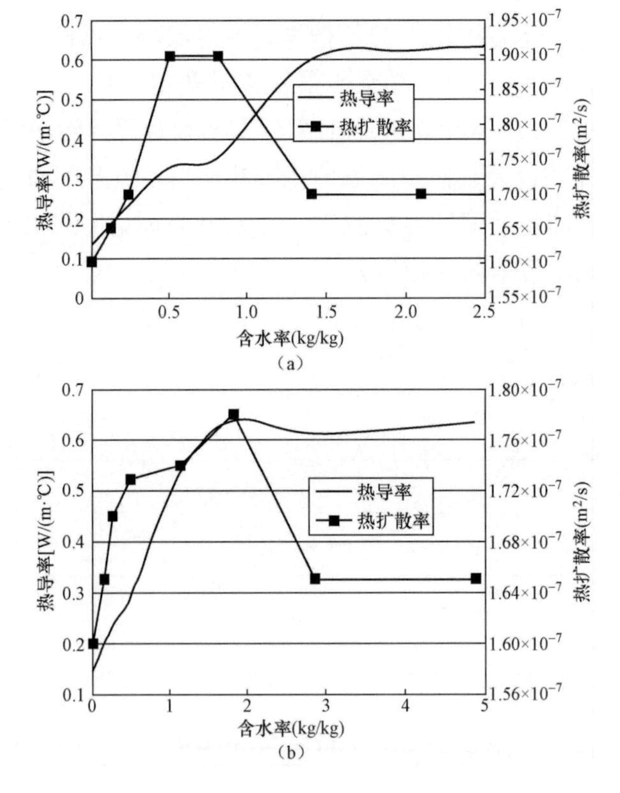

图 4-21　污泥床热导率和热扩散率随污泥含水率的变化关系（25℃）

（a）七格污泥；（b）平湖污泥

4.5.2　综合换热系数的测定

如前所述，干化机的综合换热系数可根据式（4-13）进行计算。但是，在计算中发现式（4-13）无法解释 0.50～2.3kg/kg（干基水分，湿基含水率 33.3%～69.7%）含水率段由于污泥黏壁问题而导致的干燥速率大幅降低的现象，如图 4-15 和图 4-16 所示。根据污泥干化特性曲线，对于七格污泥可以作如下假设：在 1.55～2.30kg /kg（干基水分，湿基含水率 60.8%～69.7%）范围内，热壁表面的污泥附着厚度线性增加；在 1.0～1.55 kg/kg（干基水分，湿基含水率 50%～60.8%）范围内，污泥附着厚度保持不变；在 0.5～1.0kg/kg（干基水分，湿基含水率 33.3%～50%）范围内，污泥附着厚度线性减小。对于平湖污泥作如下假设：在 1.53～2.25 kg/kg （干基水分，湿基含水率 60.5%～69.2%）范围内，热壁表面的污泥附着厚度线性增加；在 1.11～1.53 kg/kg（干基水分，湿基含水率 52.6%～60.5%）范围内，污泥附着厚度保持不变；在 0.82～1.11 kg/kg（干基水分，湿基含水率 45.1%～52.6%）范围内，污泥附着厚度线性减小。基于上述假设，对方程式（4-13）进行修正，得

$$\frac{1}{h_{\mathrm{ws}}^{*}}=\frac{1}{h_{\mathrm{oil}}}+\frac{1}{h_{\mathrm{wall}}}+\frac{1}{h_{\mathrm{ws}}}+\frac{\delta}{\lambda_{\mathrm{b,w}}} \tag{4-28}$$

式中：$\delta/\lambda_{\mathrm{b,w}}$ 为污泥附着壁的传热阻力；δ 为污泥附着壁的厚度，根据上述假设，它随污泥含水率的变化趋势如图 4-22 所示。污泥附着壁的最大厚度为叶片最顶端和夹套之间的距离，该距离为 16.75mm。

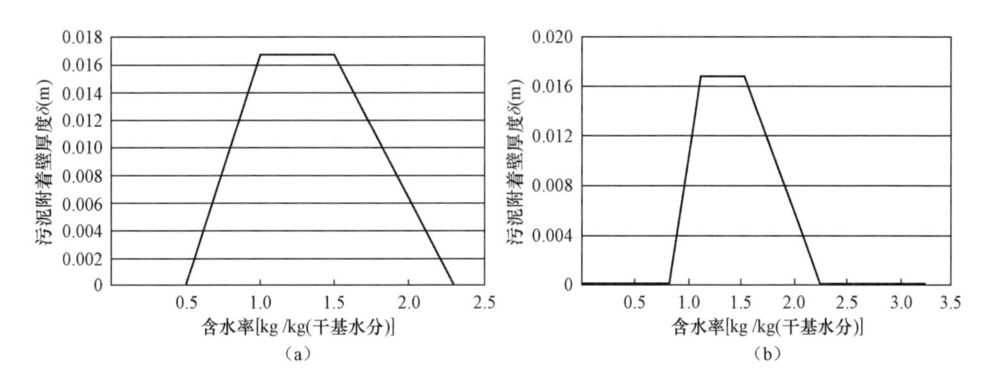

图 4-22　污泥附着壁厚度变化趋势

（a）七格污泥；（b）平湖污泥

4.5.3　污泥粒径的测定

由式（4-14）可知，颗粒粒径是污泥薄层和热壁面之间接触换热系数计算的重要参数。污泥干化过程伴随着形态变化，因此用于计算接触换热系数的颗粒粒径在

黏稠区、结团区和颗粒区都有所不同，要分别讨论。在黏稠区，污泥含水率高呈黏稠状，德国教授 Dittler 等人[97]的研究表明物料在黏稠相可以看作饱和颗粒相。也就是说，黏稠区的颗粒粒径可以用干基颗粒粒径来代替。采用英国马尔文粒度仪对黏稠区和颗粒区的粒度进行测量，其中黏稠区的粒径采用以下方法测量：取一定量的湿污泥放入盛满水溶液的样品烧杯中，湿污泥在搅拌桨的搅拌作用下立即均匀分散在水溶液中呈胶体状，可直接进行测量，试验结果如图 4-23 所示。从图中可以看出，城市污泥和造纸污泥黏稠区的粒径范围为 0.5～500μm，颗粒区的粒径范围为 8～7500μm。对 4 种热轴转速下的七格污泥颗粒区粒径进行了测定，从试验结果可以看出，热轴转速对颗粒区粒径的影响微乎其微。

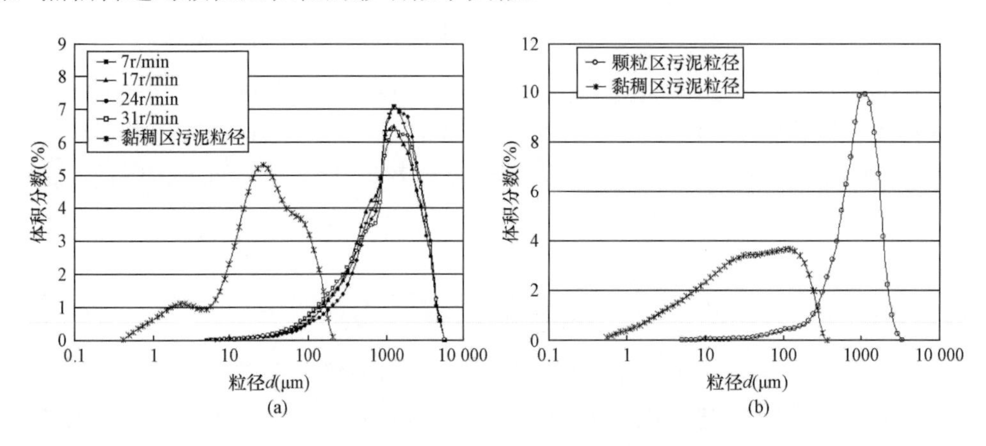

图 4-23　污泥在黏稠区和颗粒区的粒径分布

（a）七格污泥；（b）平湖污泥

在结团区，污泥由大块污泥逐渐破碎为小颗粒污泥，污泥在这一区域的粒径变化很大，因此很难测定污泥在结团区的粒度分布。但是，可以从热阻角度着手分析，颗粒粒径只影响污泥床和热壁之间的接触热阻。图 4-24 为通过计算得到的七格污泥干化系统各热阻的分布曲线。从图中可以发现，在结团区，污泥附着壁导热热阻是传热的主要阻力，占 60%～89%，而接触热阻仅占不到 10%。因此，在结团区污泥粒径对整个系统的传热影响很小，计算中近似地以颗粒区的粒径代替结团区粒径。

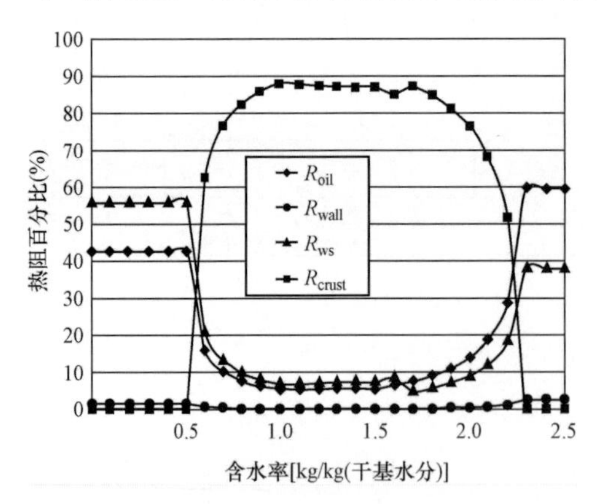

图 4-24　七格污泥干化系统热阻分布曲线

R_{oil}—导热油传热热阻；R_{wall}—干化机壁导热热阻；R_{ws}—污泥床和热壁接触热阻；R_{crust}—污泥附着壁导热热阻

4.5.4　混合数的确定

混合数是渗透模型中的唯一一个自由参数。混合数的确定通常有两个方法：一个方法是通过现有的混合数和弗劳德数（*Fr*）的关联式确定，另一个方法是通过模拟值和试验值的拟合得到[91]。但是，在德国教授 Mollekopf[98] 建立的关联式中，并没有针对楔形空心桨叶式干化机的关联式，因此，混合数只能采用拟合法进行确定。

4.6　干化模型的模拟结果和分析

图 4-15 和图 4-16 已经给出了七格污泥和平湖污泥的干化特性曲线，两个特性曲线都是在导热油温为 180℃、热轴转速为 17r/min、空气流量为 $1.3m^3/h$ 的运行条件下得到的。从图中可以发现，污泥干燥速率曲线有两个峰值，黏稠区的峰值是由于污泥进入干化机后温度快速上升引起的，结团区的峰值则是由于污泥块破碎引起的。

首先利用渗透模型对平湖污泥的试验结果进行了模拟计算，试验结果如图 4-25 所示。其中，图（a）为污泥干燥速率曲线，可见模拟值和试验结果吻合得很好，同时证明了结团区污泥附着壁厚度的假设是可取的；图（b）为污泥温度变化曲线，污泥温度曲线可以分为两个升温区和一个凹谷温度区。两个升温区分别对应于干化初始阶段污泥快速升温和干化末阶段污泥因含水率降低而导致的升温；凹谷温度区对应于含水率 0.8～2.25kg/kg（干基水分，湿基含水率 44.4%～69.2%），正好处于结团区，这一区域污泥温度的微弱下降是由于传热恶化引起的。图 4-26 所示为平湖污泥干化过程的热流密度曲线，发现热流密度曲线和干燥速率曲线形状非常相似，唯一明显不同的是在干化的初始阶段没有上升区。综合干燥速率曲线、污泥曲线和热流密度曲线，发现任意一曲线都鲜明地反映了污泥在干化过程中所经历的三个形态区域。

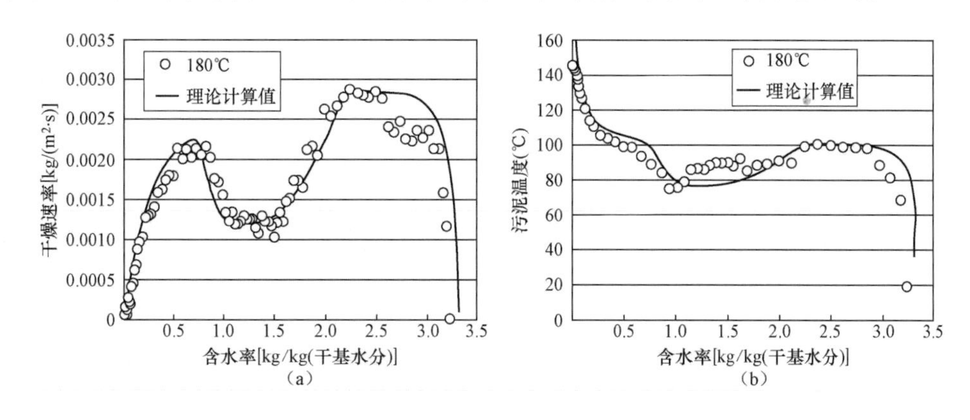

图 4-25　平湖污泥干燥速率和温度及模拟计算

（a）污泥干燥速率曲线；（b）污泥温度变化曲线

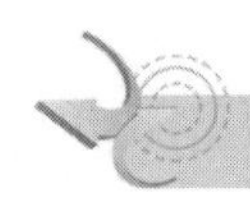

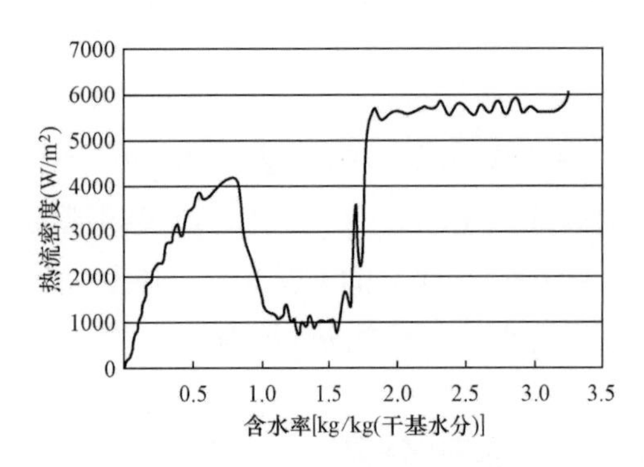

图 4-26 平湖污泥干化过程的热流密度曲线

影响污泥干燥速率的主要参数包括干化温度、热轴搅动速率和污泥表面载气流量。试验中针对七格污泥的 3 个主要参数对干燥速率的影响进行了研究，同时利用渗透模型理论对每个试验结果进行模拟计算。

4.6.1 干化温度的影响

为了确定干化温度对污泥干化特性的影响，设定了 3 个不同的温度工况，分别为 140、160、180℃，同时保持热轴转速 n=17r/min 和空气流量 Q=1.3m^3/h 不变。图 4-27 所示为 3 个温度工况下污泥的干燥速率曲线。如前所述，将结团区的粒径以颗粒区的粒径作为代替，同时忽略颗粒区污泥粒径的变化。尽管如此，理论计算值和试验结果的吻合程度是令人满意的。从试验结果看，污泥的干燥速率和温度的变化基本上呈正比关系，通过理论计算也很好地证明了这一点。如图 4-27 所示，当干化温度为 160℃时，在 0.5～2.5kg/kg（干基水分，湿基含水率 33.3%～71.4%）含水率范围内，污泥干燥速率为 0.001～0.002 6kg/（m^2 • s），而相同干燥工况下 Yamahata 等人[82]的结果为 0.002 8～0.008 3kg/（m^2 • s），其干燥速率高出 2～3 倍。其原因一方面是污泥的种类不同；另一方面是 Yamahata 等人在试验中所用的热源为 0.6MPa 饱和水蒸气，其换热系数远高于导热油，由图 4-27 可知，导热油的传热热阻在系统总热阻中占的份额很高，在干化初始阶段甚至达到了 60%。

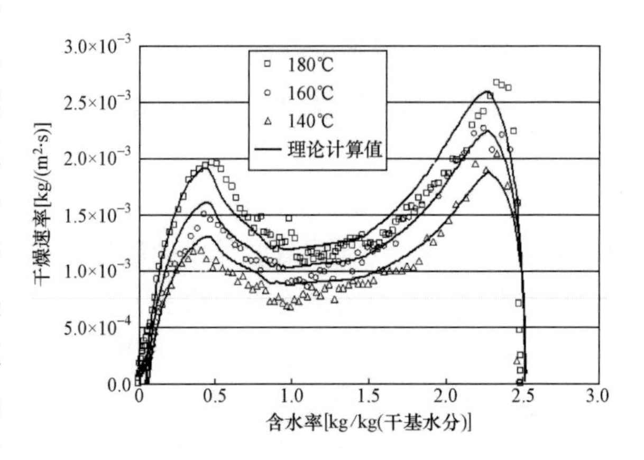

图 4-27 不同干化温度下污泥的干燥速率曲线

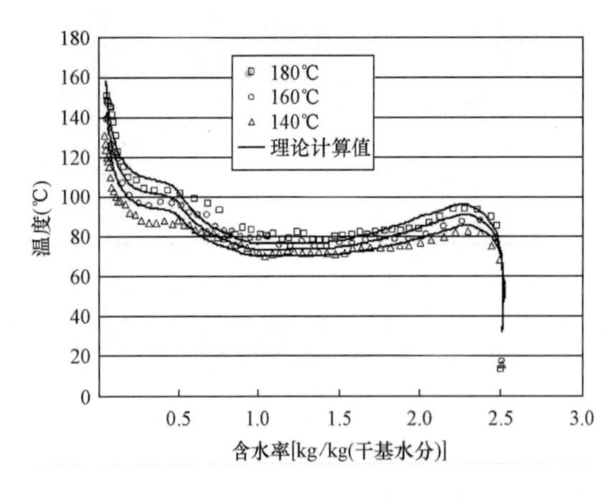

图 4-28 干化过程中污泥温度的变化特性

图 4-28 所示为干化过程中污泥温度的变化特性，3 个工况下的试验结果和理论计算值吻合较好。七格污泥干化的温度变化特性和平湖污泥相似，也经历两个升温区和一个凹谷温度区。

4.6.2　热轴搅动速率的影响

设定了 3 个试验工况以确定热轴搅动速率对污泥干燥速率的影响，3 个工况的搅动速率分别为 0、7、17r/min，同时保持导热油温度 T_{oil}=180℃和空气流量 Q=1.3m^3/h 不变。图 4-29 所示为试验结果和理论计算值的对比，由于 0 r/min 工况不在渗透模型应用范围之内，因此没有进行模拟计算。显然，搅动条件下的污泥干燥速率远高于静止条件（n=0 r/min）下的污泥干燥速率。渗透模型表明搅动速率仅对混合数 N_{mix} 有影响，拟合结果表明热轴转速 n=7r/min 和 n=17r/min 对应的混合数分别为 N_{mix}=8.5 和 N_{mix}=14。仔细观察图 4-29 可以发现，在含水率区间 2.0～2.5kg/kg（干基水分，湿基含水率 66.7%～71.4%）和 0.2～0.8kg/kg（干基水分，湿基含水率 16.7%～44.4%）内，搅动速率对干燥速率的影响相比含水率区间 0.8～2.0kg/kg（干基水分，湿基含水率 44.4%～66.7%）更加明显。原因是在 2.0～2.5kg/kg（干基水分）和 0.2～0.8kg/kg（干基水分）含水率区间内，热轴对污泥的搅动效果良好，因此热轴搅动速率的作用更加明显；而在 0.2～0.8kg/kg（干基水分）含水率区间内，由于污泥黏壁现象严重，搅动效果恶化，因此不能有效体现搅动速率的作用。

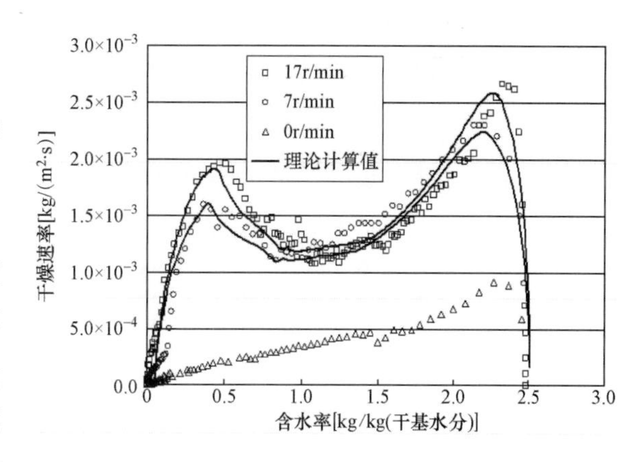

图 4-29　不同搅动速率下的污泥干燥速率

4.6.3　载气流量的影响

设定了 3 个试验工况以确定载气（空气）流量（Q）对污泥干燥速率的影响，3 个工况的载气流量分别为 0.5、1.0、1.3m^3/h，同时保持导热油温度 T_{oil}=180℃和热轴转速 n=17r/min 不变。试验结果如图 4-30 所示，可见试验结果和理论计算结果吻合得较理想。试验结果也表明，在 0.5～1.3m^3/h 的流量范围内，载气流量对污泥干燥速率没有明显影响。实际上，载气流量仅对污泥表面的空气和污泥之间的对流换热系数（h_c）有影响，根据式（4-19），对流换热系数（h_c）和干燥速率成正

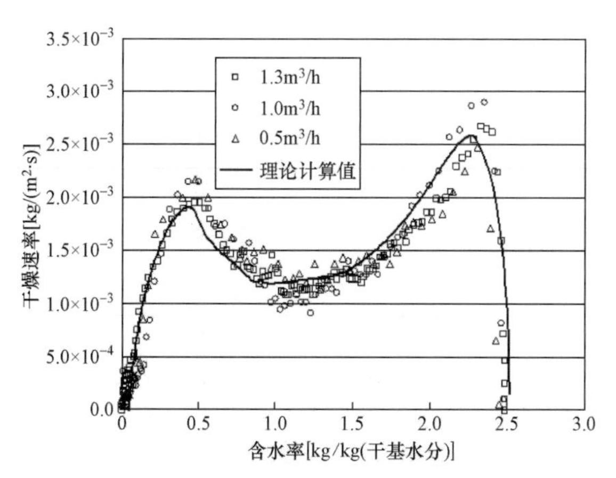

图 4-30　载气流量对干燥速率的影响

比。根据 Tsotsas 和 Schlünder[89] 给出的计算方程，对 h_c 和 Q 之间的关系进行了计算，最后得到如式（4-29）所示的关联式

$$h_c=15.042+0.048Q^{1.989} \tag{4-29}$$

从式（4-29）可以算出，当载气流速从 0.5m^3/h 升至 1.3m^3/h 时，对流换热系数 h_c 仅增加了 0.46%，这就是干燥速率变化微小的原因。从式（4-19）和式（4-29）可以推论出：当气体流量继续不断增大时，最终将会明显促进污泥干燥速率的提高。但值得注意的是，大幅度提高载气流量势必会携带走大量的干污泥颗粒，给干化尾气处理和系统的安全运行带来困难。

4.7 干化影响因素的研究

4.7.1 不同添加剂对污泥干化特性的影响

污泥干化+焚烧技术路线是公认的一条非常有效的污泥处置路线。就污泥焚烧而言，由于污泥含水率高、热值低，因此焚烧过程往往要添加辅助燃料。常用的辅助燃料为燃煤或工业废油，如依托浙江大学热能工程研究所污泥流化床焚烧技术的韩国清洲淤泥焚烧所采用的辅助燃料即为工业废油[55]。此外，污泥含硫量高，某些工业废水产生的污泥，如印染污泥、制革污泥的含硫量则更高。四堡污泥、七格污泥和滇池淤泥的干基含硫量都达 1.5%以上，而郓城印染污泥的含硫量最高，达到了 4.75%，因此污泥焚烧过程必须添加 CaO 或 $CaCO_3$ 等脱硫剂。在污泥干化焚烧系统工程中，若改变上述燃煤、废油或 CaO 等添加剂的传统给料位置，转而从干化系统中添加，如果这些添加剂在干化系统中能够促进污泥的干燥速率，那么污泥干化后这些添加剂并不会流失，在焚烧过程中仍旧能够加以利用，如此一来，这些添加剂就能起到双重效果，能够对整个干化焚烧系统进行优化。

试验所采用的污泥为杭州四堡污泥，所研究的添加剂包括生石灰、重油、煤粉和干污泥。其中，生石灰纯度为分析纯，呈粉末状，平均粒径为 50.2μm；重油来自废轮胎热解，热解油的元素分析和理化特性分析见表 4-4。

表 4-4　　热解油的元素分析和理化特性分析

分析项目	测试结果	分析项目	测试结果
热解温度（℃）	600	S（质量分数，%）	1.27
C（质量分数，%）	86.14	O+其他（质量分数，%）	2.35
H（质量分数，%）	9.54	C/H	0.752
N（质量分数，%）	0.7	密度（kg/m^3，标况下）	955.0

续表

分析项目	测试结果	分析项目	测试结果
API 重度	16.1	高位热值（MJ/kg）	41.55
黏度（$\times10^{-6}m^2/s$）	2.35	水分（质量分数，%）	0.906
闪点（℃）	11.0		

煤粉的平均粒径为 40.2μm。煤粉的工业和元素分析见表 4-5 和表 4-6。

表 4-5　　原煤的工业分析

样品名称	工业分析				高位热值（kJ/kg）
	水分 *M*（%）	灰分 *A*（%）	挥发分 *V*（%）	固定碳 FC（%）	
原煤	1.33	37.93	6.65	54.10	20 860

表 4-6　　原煤的元素分析　　%

样品名称	元素分析				
	C	H	N	S_t	O
原煤	54.10	2.48	1.22	0.33	2.61

4.7.2　煤的影响

为研究煤对污泥干燥速率的影响，将煤和湿污泥以质量比 1:20 和 1:100 预混后分别进行干燥，以观察不同煤添加量对污泥干化的影响。图 4-31 所示为煤的添加对污泥失重的影响。与湿污泥失重曲线的对比结果表明，煤的添加对污泥失重没有显著影响。图 4-32 所示为煤的添加对污泥干燥速率的影响，污泥干燥过程中虽然干燥速率波动幅度较大，但总的来看三条干燥速率曲线基本重合，煤对污泥干燥速率的影响并不能明显体现出来。

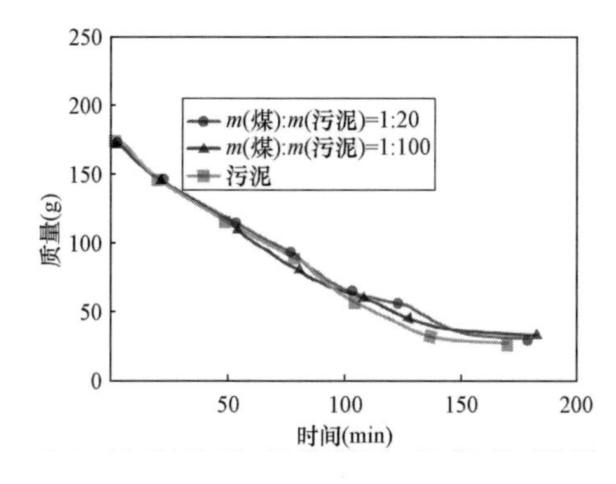

图 4-31　煤的添加对污泥失重的影响（干燥温度为 160℃）

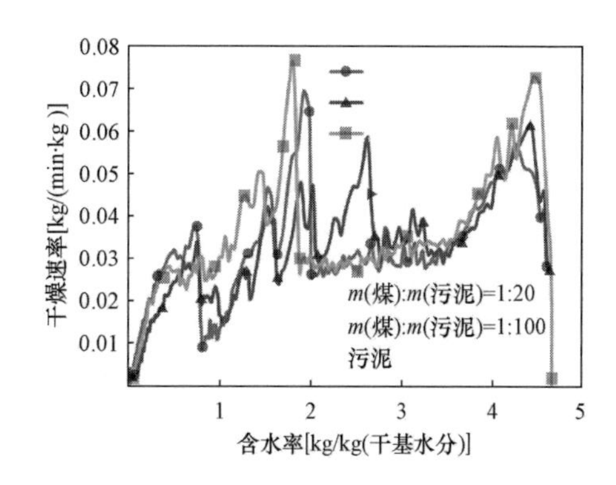

图 4-32　煤的添加对污泥干燥速率的影响（干燥温度为 160℃）

污泥的干燥速率很大程度上取决于污泥水分分布结构，污泥水分组成为自由水、间隙水、表面结合水和内部结合水。加入添加剂的目的就是试图通过添加剂的作用破坏污泥结合水结构，提高自由水和间隙水的含量。通过试验可以得出结论：在设定的煤-污泥比例工况范围内，煤并不能对污泥进行改性，不能有效破坏污泥水分结构。

4.7.3 生石灰（CaO）的影响

通常情况下，将 CaO 添加到湿污泥中是为了对污泥进行稳定化处理[99,100]，同时改善污泥的填埋特性[101,102]。也有报道指出，CaO 的添加可以改善污泥的脱水性能[103]。而到目前为止还没有针对 CaO 对污泥干化影响的相关报道。该试验设定了 4 个不同的 CaO 和污泥的配合比工况，采用电子天平按比例称取定量的 CaO 粉末和湿污泥，放入烧杯内搅拌混合均匀，然后再投入干化装置进行干化。图 4-33 所示为 CaO 的添加对污泥失重的影响。由图可知，当湿污泥中没有 CaO 添加剂时，其失重时间是最慢的；当 CaO 和污泥的质量比 m(CaO): m(污泥)=1:200 时，失重时间明显缩短；进一步提高 CaO 的添加比例，则失重时间进一步缩短。图 4-34 所示为 C_aO 的添加对污泥干燥速率的影响。试验结果表明，少量 CaO 的添加（1/200）即可显著提高污泥的干燥速率。CaO 对干燥速率的影响主要是通过改变污泥的水分结合形态来实现，CaO 极易吸收污泥中的水分反应生成氢氧化钙，破坏污泥细胞壁，使部分结合水分释放。而且从图中可以看到，CaO 对干燥速率的影响主要在 1.8～4.65kg/kg（干基水分，湿基含水率 64.3%～82.3%）这一区间。在这一区间内，随着 CaO 添加比例的增大，污泥的干燥速率明显提高；而在 0～1.8kg/kg（干基水分，湿基含水率 0～64.3%）含水率区间内，CaO 的添加对干燥速率没有明显的影响。CaO 对干燥速率的影响程度随着其添加比例的变化也明显不同，如图 4-35 所示，当 CaO 的添加比例在 0～10g/kg 范围内时，CaO 含量的增加对干燥速率的提高效果非常显著；而在 10～100g/kg 范围内，CaO 含量的增加对干燥速率的提高效果明显减小。

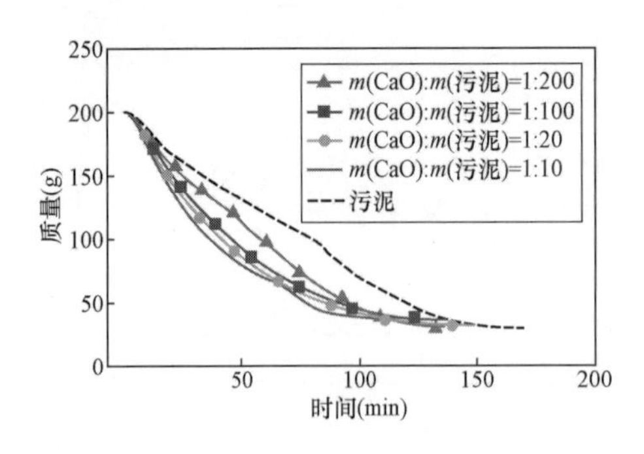

图 4-33　CaO 的添加对污泥失重的影响
（干燥温度为 160℃）

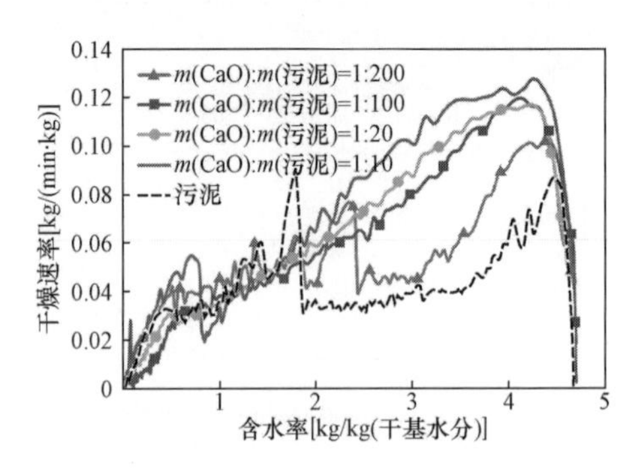

图 4-34　CaO 的添加对污泥干燥速率的影响
（干燥温度为 160℃）

作为污泥焚烧排放烟气的脱硫剂，表 4-7 给出了各种污泥的含硫率和当 Ca/S 摩尔比为 1:1 时每吨湿污泥所需的 CaO 添加量，其中四堡污泥的 CaO 添加量为 6.1g/kg。如图 4-35 所示，在含水率 1.8～4.65kg/kg（干基水分）范围内，每千克湿污泥干燥过程中添加 6.1g CaO 可以将四堡污泥的干燥速率提高 72.5%，污泥干化后所含 CaO 并不会流失，进入焚烧炉后仍然能够起到脱硫效果。由此可见，在干化过程中添加适量 CaO 对干化焚烧系统运行经济性的影响是显而易见的。

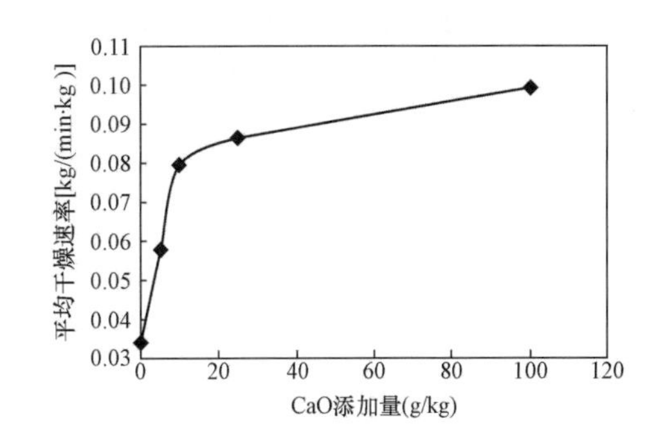

图 4-35　CaO 的添加对污泥平均干燥速率的影响
（含水率 1.8～4.65 kg/kg 内的平均干燥速率）

表 4-7　不同污泥的 CaO 添加量要求

污泥种类	干基硫含量（%）	含水率（%）	Ca/S 摩尔比	CaO 添加量（g/kg）
四堡污泥	1.59	78.16	1:1	6.1
七格污泥	3.09	78.70	1:1	11.5
平湖污泥	1.66	80.99	1:1	5.5
水头污泥	0.42	77.01	1:1	1.7
郓城污泥	4.75	72.74	1:1	22.7
滇池淤泥	1.09	77.60	1:1	4.3
西湖淤泥	0.54	74.64	1:1	2.4

4.7.4　重油的影响

试验设定了两个重油混合工况以确定重油对污泥干化特性的影响。图 4-36 所示为不同工况下的污泥失重曲线。由图可知，3 个工况下污泥的失重曲线基本重合。图 4-37 所示为 3 个工况下的污泥干燥速率曲线，和失重曲线一样，污泥的干燥速率曲线也非常接近。因此试验结果表明，在设定的试验工况范围内，重油对污泥的干化特性没有明显影响。和煤或 CaO 等添加剂不同，重油在加热干燥过程中会释放挥发性有机质，因此会给干燥尾气的处理带来负担。由此看来，在污泥干化过程中添加油类物质并不可取。当然，有一种极端情况，即当油的比例很高时，污泥完全浸泡在油中，此时污泥的干燥速率将会非常高，这种干燥方式实际上属于油炸干燥[24，104，105]，是一种新型污泥快速干燥方法。

重油的添加虽然不能促进污泥的干化，却能有效降低干化机搅动轴的搅动

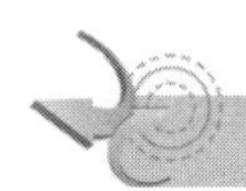

功率。图 4-38 所示为 3 个工况下搅动轴的搅动速率随污泥含水率的变化曲线，由图可知，当油和泥质量比为 1:20 时，轴功率最低，表明重油起到了很好的润滑效果。对于桨叶式污泥干化机，这种油添加剂的润滑效果一方面可以降低干化机的搅动轴能耗；另一方面，搅动轴功率降低是由于桨叶和污泥之间的摩擦系数减小，摩擦系数减小可以降低干化机桨叶表面的磨损，延长桨叶式干化机的使用寿命。

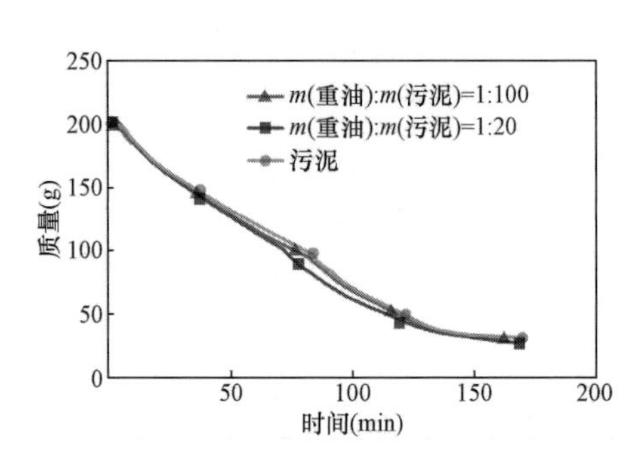

图 4-36　重油的添加对污泥失重的影响

（干化温度为 160℃）

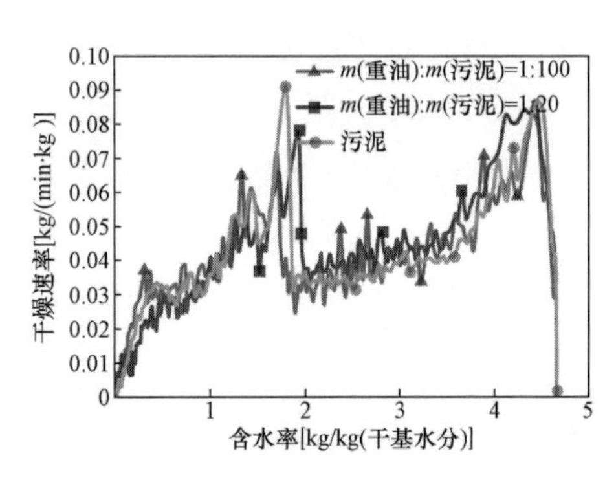

图 4-37　重油的添加对污泥干燥速率的影响

（干化温度为 160℃）

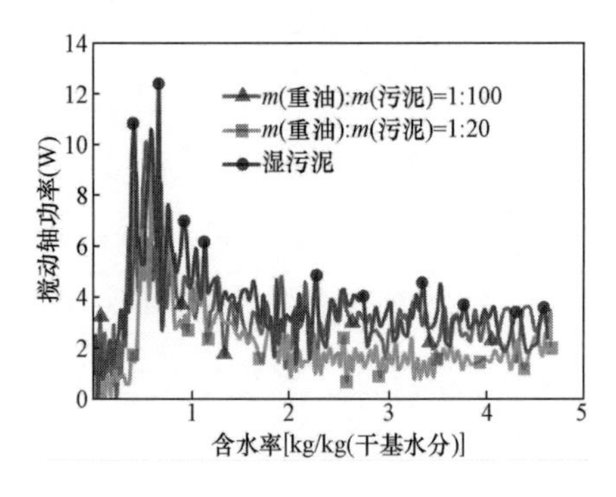

图 4-38　重油的添加对污泥干化机搅动轴功率的影响

4.7.5　干污泥返混的影响

如前所述，污泥在桨叶式干化机内的干燥过程中会经历结团区，在结团区由于传热效果恶化，干燥速率极低。因此在污泥全干化工艺中，为了避免经历结团区，往往将湿污泥和干污泥先进行预混，使得混合后的污泥越过结团区，然后再送入干化机进行干燥[106]。由于干污泥返混后，混合污泥的形态及含水率都发生改变，因此势必会对混合干化特性产生影响。试验中对不同干污泥返混比例对湿干燥特性的影响进行了研究，试验所用的干污泥来自四堡湿污泥的全干化，试验结果如图 4-39 和图 4-40 所示。其中，图 4-39 所示为不同返混比例工况下湿污泥的含水率变化曲线，纵坐标表示混合污泥中湿污泥部分的含水率。由图可知，随着干污泥返混比例不断增加，湿污泥含水率的下降速度也不断加快。图 4-40 所示为不同返混比例工况下的湿污泥干燥速率，当污泥含水率大于 2.5kg/kg（干基水分，湿基含水率 71.4%）时，干燥速率明显随着干污泥返混比例的升高而增大。

CaO 提高湿污泥的干燥速率是通过对湿污泥进行改性，改变湿污泥水分分布结

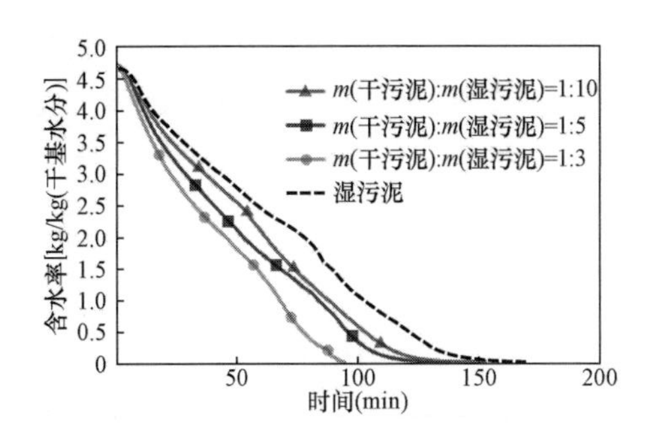

图 4-39　不同返混比例工况下湿污泥的含水率变化曲线（干燥温度为 160℃）

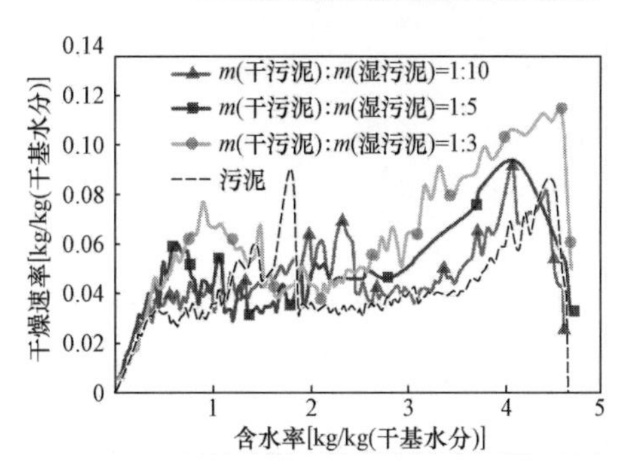

图 4-40　不同返混比例工况下的湿污泥干燥速率（干燥温度为 160℃）

构实现的，而干污泥返混则不然。高份额的干污泥和湿污泥混合后，混合污泥呈颗粒状，黏稠的湿污泥包裹在干污泥颗粒外表面，使得污泥干化的换热面积明显增加。此外，随着干污泥返混比例的增大，一方面不仅能进一步增大湿污泥的换热面积；另一方面，以干污泥颗粒为核心的湿污泥包裹层也变得更薄，故水分的扩散和传热阻力更小。因此，随着干污泥返混比例升高，干燥速率明显加快。干污泥返混工艺虽然可以有效提高污泥的干燥速率，但一般仅用于污泥全干化工艺，而且干污泥返混系统增加了返料、提升、混合搅拌等装置，系统更加复杂；此外，湿污泥干化过程中，干污泥也同时吸收了大量的热量，这部分热量最后随着干污泥一起排出干化机，因此增加了污泥干化的能耗。所以，在选择干污泥返混工艺时必须综合考虑上述各方面情况。

4.7.6　不同热源对污泥干化特性的影响

常规空心桨叶式干化机以饱和水蒸气或者导热油作为干燥热源，饱和水蒸气的优点在于换热系数高［约 10 000 W/（m^2 • K)］、热容量大，饱和蒸汽放热后冷却为饱和水仍能重复利用。饱和蒸汽热源的缺点首先在于蒸汽热源压力高，例如 160℃的饱和水蒸气压力达到了 0.62MPa，且热源温度越高压力越大，因此对干燥设备的耐压性能要求较高；其次，蒸汽热源的生产需配备相应的锅炉设备，因此蒸汽成本相对较高。导热油的换热系数较饱和水蒸气小得多［400～500W/（m^2 • K)］，但导热油为常压干燥热源，因此对干燥设备材质的要求比蒸汽热源低。此外，导热油价格高昂，一般在小型干化设备中或在缺乏蒸汽热源的情况下采用。基于此背景，研究了第三种热源，即烟气热源在空心桨叶式干化机内的应用。通常情况下烟气热源在直接干化工艺中采用，如带式干化机、回转干化机、闪蒸干化机等，而在间接式干燥设备中用得非常少，这是由于烟气换热系数很低的缘故。而空心桨叶式干化机内流动状态特殊，烟气在空心热轴及叶片内的换热系数能否用现有的管内换热系数经验关联式进行计算还有待试验证明。因此，将通过试验测定烟气在空心桨叶式干化机内的换热系数，旨在为烟气热源在空心桨叶式干化机内的应用可行性提供基础数据和工程指导。

4.7.7 烟气热源换热系数测定系统

试验所搭建的试验台装置如图 4-41 所示。系统装置包括燃烧器、出风装置、空心桨叶式干化机、换热器和引风机，测量仪器包括热电偶、温度计、流量计与烟气分析仪。以燃烧器燃烧柴油产生的烟气作为该试验的烟气热源。进入干化机热轴的高温烟气加热干化机内溶液，而后烟气经换热器冷凝至 30℃左右，最后由引风机带走。

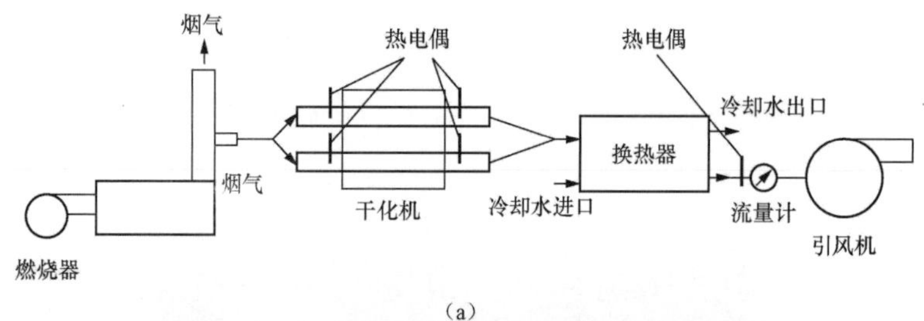

（a）

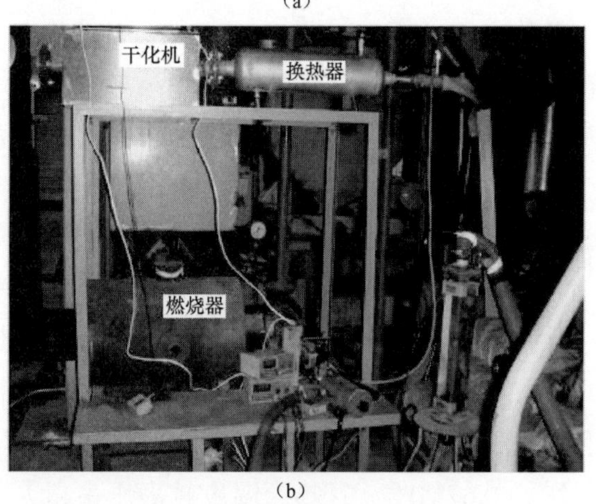

（b）

图 4-41　烟气热源干化试验台装置示意图

（a）烟气热源干化试验台结构示意图；（b）烟气热源干化试验装置图

4.7.8 空心桨叶式干化机结构图

图 4-42 所示为试验中所采用的空心桨叶式干化机的三维立体结构图。该干化机内部结构主要包括 1 根前后贯通的空心热轴，轴上平均布置 4 组楔形桨叶。干化机的尺寸参数见表 4-8，其具有如下特点：

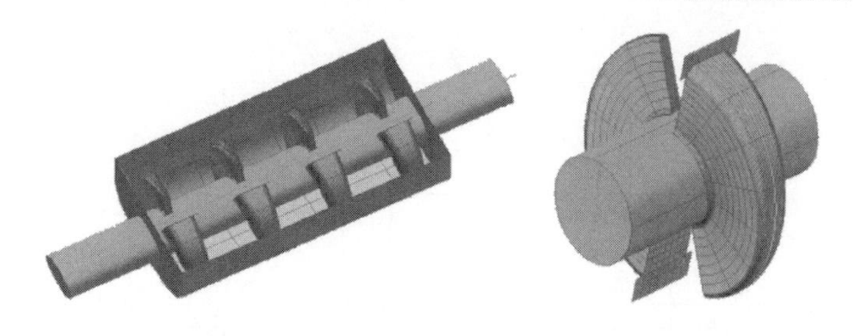

图 4-42　空心桨叶式干化机三维立体结构图

（1）设计此干化机仅为能够较简便地测出烟气侧的换热系数，并不为干化污泥，采用单轴设计即可满足要求。

（2）因不需搅动污泥，空心热轴可保持静态。相比于热轴转动，轴的静止更便于进行热轴两端烟气的出入接口及热轴和夹套连接处的密封。

（3）干化机外壳用发泡剂包裹，予以保温。

表 4-8　　空心桨叶式干化机尺寸参数

项目名称	数值	说　明
壁厚（mm）	2.0	工程经验值，便于加工
热轴直径（mm）	60.0	根据烟气量和工程经验综合确定
叶片间距（mm）	91.2	根据热轴直径和工程经验综合确定
叶片直径（mm）	144.0	根据热轴直径和工程经验综合确定
轴长（容器内，mm）	340.2	叶片与容器壁间隙+叶片间距之和
叶片窄边宽（mm）	7.2	根据热轴直径和工程经验综合确定
叶片宽边宽（mm）	33.6	根据热轴直径和工程经验综合确定
单片叶片面积（m^2）	0.022	由单片叶片尺寸算得
热轴及叶片总表面积（m^2）	0.8	热轴面积+单个叶片面积×4
热轴截面面积（m^2）	0.003	由热轴直径算得
有效容积（L）	6.5	热轴容积与 4 组叶片内容积之和

为说明此干化机热轴和桨叶的内部结构，援引两幅可实际用于干化污泥的双轴烟气式空心桨叶干化机的整体剖面图，见图 4-43。图 4-43（a）为干化机的侧剖面图，图 4-43（b）则为干化机 *A-A* 方向的剖面图。这两幅图表明了干化机的空心热轴和桨叶的内部结构，以及烟气在热轴内的走向。如图 4-43（a）所示，热烟气一路进入空心轴的热烟气侧，经空心轴壁上的流入孔流入空心桨叶，以对流和辐射的方式将热量传递给桨叶前盖板、桨叶后盖板、桨叶扇形斜面、桨叶三角形圆弧盖板，完成热量输送的冷烟气经空心轴壁上的流出孔流入空心轴的冷烟气侧。图 4-43（b）则表明了在每扇桨叶内部有若干片桨叶翅片和 3 块导流板，它们的存在加强了烟气的扰动和紊流，提高了传热效果。

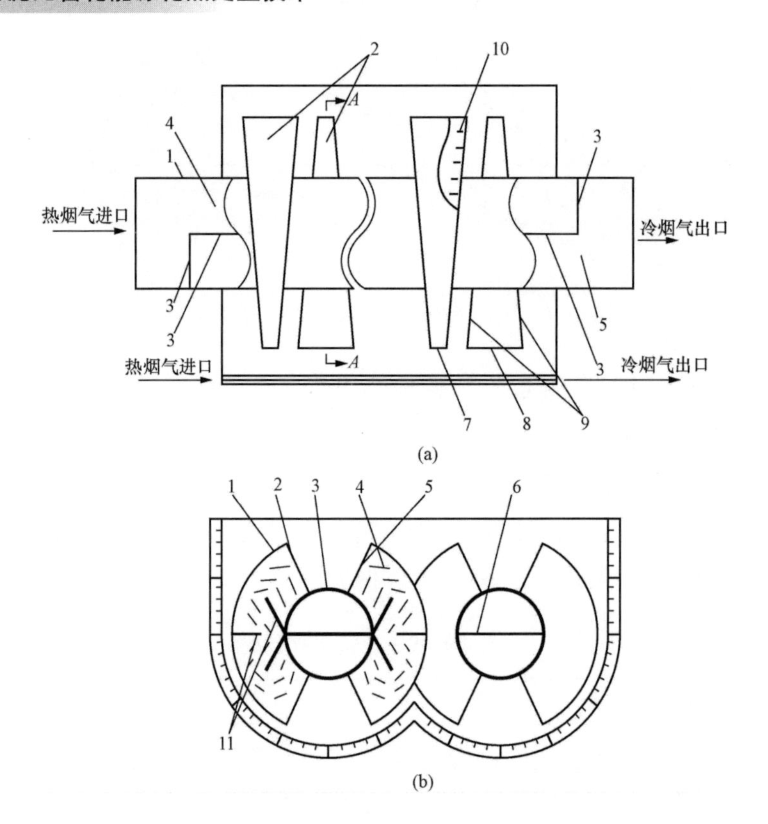

图 4-43　楔形空心桨叶式干化机剖面图

（a）侧剖面图；（b）A-A 方向

1—空心轴；2—空心桨叶；3—轴心（文中未提及）；4—热烟气侧；5—冷烟气侧；6—桨叶三角形圆弧盖板；7—桨叶前盖板；8—桨叶后盖板；9—桨叶扇形斜面；10—桨叶翅片；11—导流板

4.7.9　烟气热源换热系数

图 4-44 所示为不同烟气温度范围内烟气侧换热系数随烟气流速的变化曲线。可以看出，烟气侧换热系数与烟气流速的关系曲线在 6 个不同的烟气温度水平上有着大致相同的变化趋势。随着烟气流速从 3m/s 增加到 13m/s，烟气侧换热系数由平均 18.7W/（m^2·K）增大到平均 53.3W/（m^2·K），增长幅度平均为烟气流速增加 1m/s，烟气侧换热系数增大 3.65 W/（m^2·K）。图中曲线数据为理论计算结果，由下式计算得到[107]，即

$$Nu_f = 0.027 Re_f^{0.8} Pr_f^{1/3} \left(\frac{\mu_f}{\mu_w} \right)^{0.14} \tag{4-30}$$

式中：Nu_f、Re_f、Pr_f 分别为烟气努塞尔数、雷诺数和普兰特数；$(\mu_f/\mu_w)^{0.14}$ 为不均匀物性场的修正项。

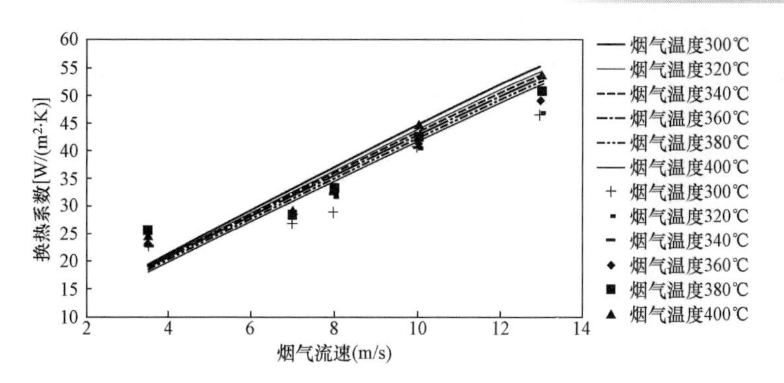

图 4-44　烟气侧换热系数随烟气流速的变化曲线（曲线数据为理论计算值，点数据为试验结果）

由图 4-44 可知理论计算值和试验结果基本吻合，表明采用关联式（4-30）计算烟气侧换热系数是可行的。根据理论计算结果，在流速不变的情况下，烟气换热系数随着烟温上升而微弱减小。温度的影响在图 4-44 所示的试验结果中并不显著，因此作了图 4-45 所示的温度对换热系数影响的曲线图。试验结果表明，烟气温度对所测换热系数的影响并不明显。关联式（4-30）的计算结果表明，随着烟气温度从 300℃上升至 400℃，烟气换热系数只有非常微弱的上升，加之试验过程中的误差影响，导致试验结果中烟气温度的影响特性并不明显。

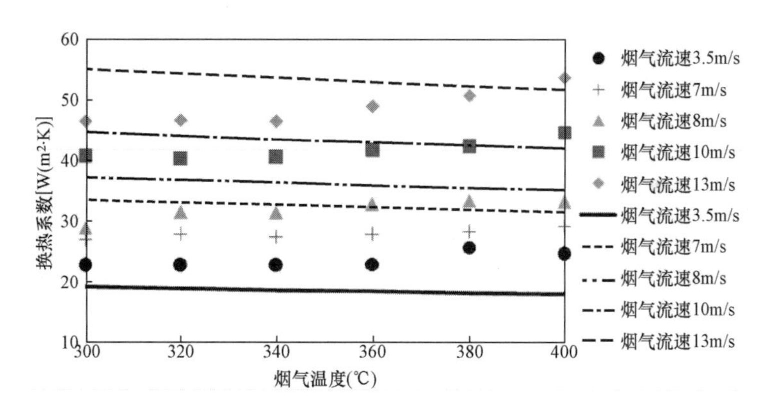

图 4-45　烟气侧换热系数随烟气温度的变化曲线（曲线数据为理论计算值，点数据为试验结果）

4.7.10　不同干化热源热阻对比分析及对干化特性的影响

前面已经详细介绍了污泥在桨叶式干化机内的干化特性及其原理，根据渗透模型，污泥在空心桨叶式干化机内的干化过程实际上是一个由传热热阻控制的过程。以七格污泥为例，在黏稠区，由式（4-13）～式（4-18）计算得污泥和干化机之间的接触热阻为 1/696.4（$m^2 \cdot K$）/W；不锈钢的热导率取 16W/（$m \cdot K$），则 5mm 厚的不锈钢导热热阻为 1/3200（$m^2 \cdot K$）/W；饱和水蒸气的传热热阻取经验值 1/10 000（$m^2 \cdot K$）/W；导热油的传热热阻为 1/445（$m^2 \cdot K$）/W。图 4-46 所示为不同干化热源综合传热热阻中各热阻所占百分比，以饱和水蒸气为热源的传热系统中，污泥与壁面接触热阻占了主要份额；在导热油热源干化系统中，导热油传热热阻和接触热阻相当；而在烟气热源干化系统中，在如图所示的3.5～13m/s烟气流速范围内，烟气侧的传热热阻均占总热阻的90%以上。

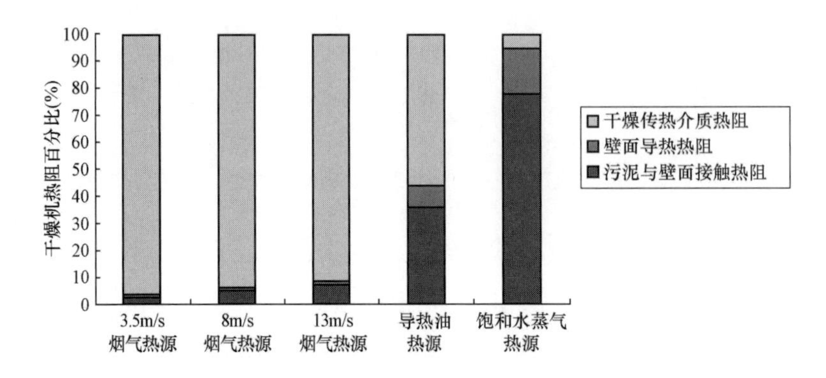

图4-46　不同干化热源综合传热热阻中各热阻所占百分比

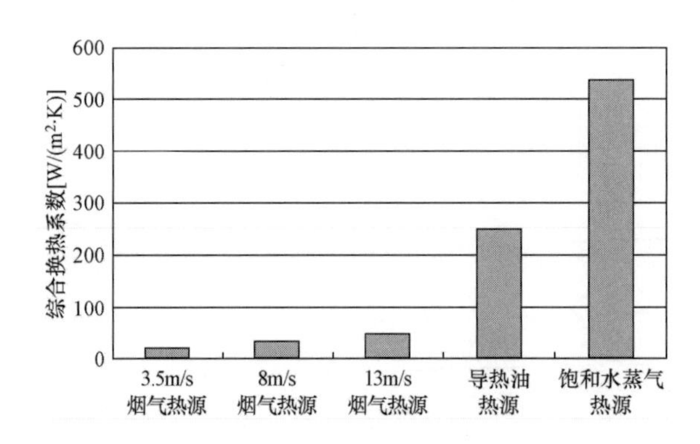

图4-47　不同干化热源综合换热系数的比较

图4-47所示为不同干化热源综合换热系数的比较。当烟气流速从3.5m/s增大至13m/s时，综合换热系数从18.1W/（m^2·K）增大至48.8W/（m^2·K），但仍然远远小于导热油和饱和水蒸气的综合换热系数。

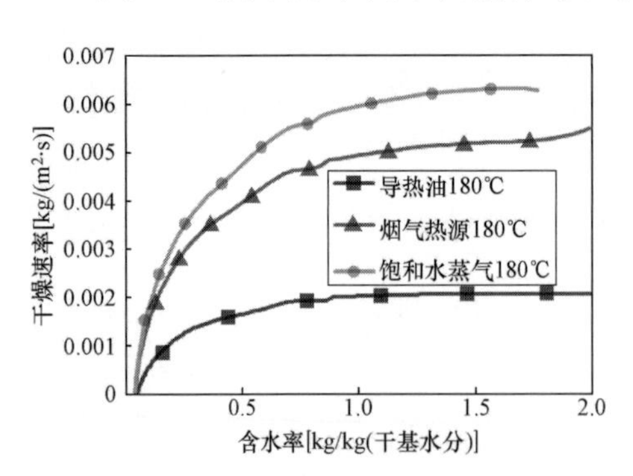

图4-48　不同干化热源下的污泥干燥速率

不同的热源由于其换热系数不同，所得到的干燥速率必然也存在很大差异。利用常压渗透模型对不同热源情况下的污泥干燥速率作了理论计算，污泥物性参数仍以前面所介绍的杭州七格污泥为例。计算结果如图4-48所示，虽然烟气热源综合换热系数不到导热油的1/5和饱和水蒸气的1/10，但以导热油和饱和水蒸气为热源的干燥速率却

没有等比例增大，仅为烟气干燥速率的 2～3 倍，其原因是在计算污泥干燥速率时，除了综合传热热阻还需考虑污泥渗透热阻，污泥渗透热阻大小一般为 1/200（m^2·K）/W 左右，因此饱和水蒸气和导热油的传热优势被削弱。值得注意的是，理论计算时假设热源温度恒定不变，而实际上导热油和饱和烟气等显热热源干化过程中温度是不断降低的，因此实际的烟气热源温度要求更高。

图 4-49 所示为每蒸发 1kg 水理论上需要消耗的各种热源的质量（不计热损失），并假设烟气热源进出口干化机温降为 60℃，导热油进出口干化机温降为 50℃。由图可知，至少需要消耗 34kg 180℃烟气才能蒸发掉 1kg 水，烟气消耗量是饱和水蒸气消耗量的 30 倍以上。以含水率 80%的湿污泥干化处理量 100t/d 为例，将污泥干化至含水率 40%需要蒸发水 66.6t/d，理论上需要消耗 180℃的烟气热源 2 264.4t/d，折合烟气体积为 $2.66\times10^6 m^3/d$。

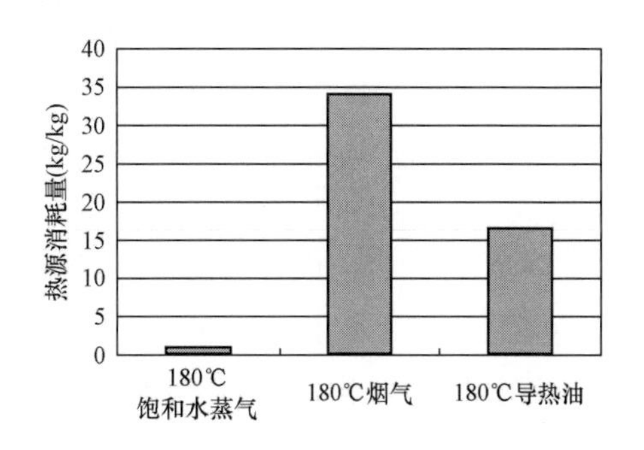

图 4-49　每蒸发 1kg 水所需热源的理论消耗量
（假设烟气温降为 60℃，导热油温降为 50℃）

第5章 污泥的流化床焚烧技术

5.1 污泥的热解动力学方程

5.1.1 污泥差热分析曲线

污泥的水分含量很高，但干基的热值有的很高，达 12 000kJ/kg；也有的很低，每千克只有几百千焦，因而污泥的热解动力学特性与煤等常规燃料有很大的不同。选取宁波及四堡污泥在日本进口的、采用红外加热技术的 TGD-500RH 差示热天平及其配套的 DPS-3B 数据处理机上进行了热重分析（*TG*）、微分热重分析（*DTG*）、差热分析（*DTA*）。试验所用的物料加热速率分别为 30℃/min 及 50℃/min 两种，所用污泥均已烘干。

试验中所得到的宁波污泥在加热速率为 30℃/min 和 50℃/min 时的典型差热分析曲线分别见图 5-1 和图 5-2。图 5-3 和图 5-4 所示为四堡污泥在加热速率为 30℃/min 和 50℃/min 时的差热分析曲线。

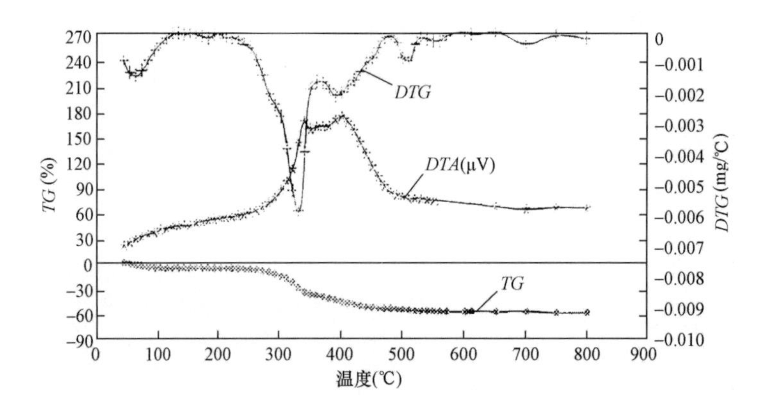

图 5-1 宁波污泥差热分析曲线（30℃/min）

由 *TG*、*DTG*、*DTA* 曲线可以看出，对宁波污泥而言，在 T_4=570℃时基本燃尽，燃尽时间约 18min。整个燃烧过程可分为三个阶段：①水分析出阶段（0～T_1），温度范围为 40～120℃，对应时间为 1～4min，在 70℃（2.3min）有一峰值，此时水分析出速度最快。此后一段时间 T_1～T_2（230℃）基本不出现失重和热效应。②挥发分析出阶段（T_2～T_3），温度为 370℃，出现的时间为 8.3～12.3min，挥发分析出最大

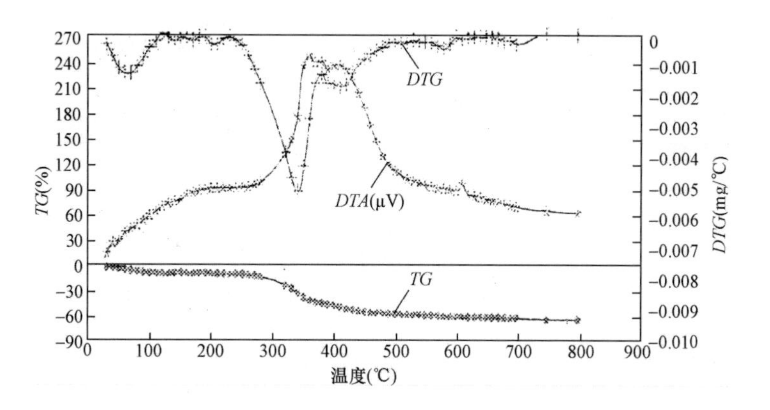

图 5-2 宁波污泥差热分析曲线（50℃/min）

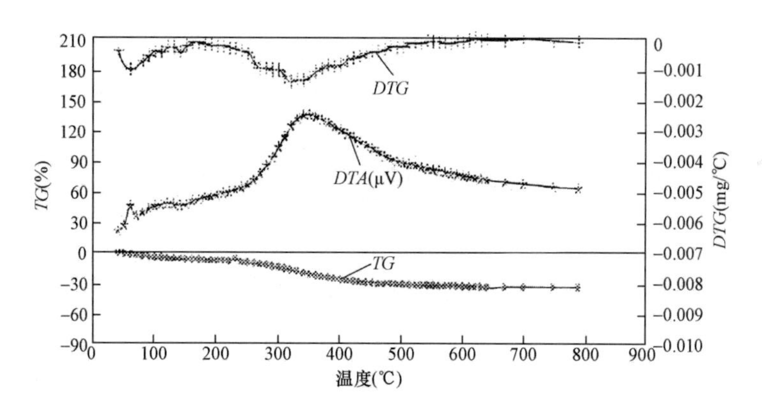

图 5-3 四堡污泥差热分析曲线（30℃/min）

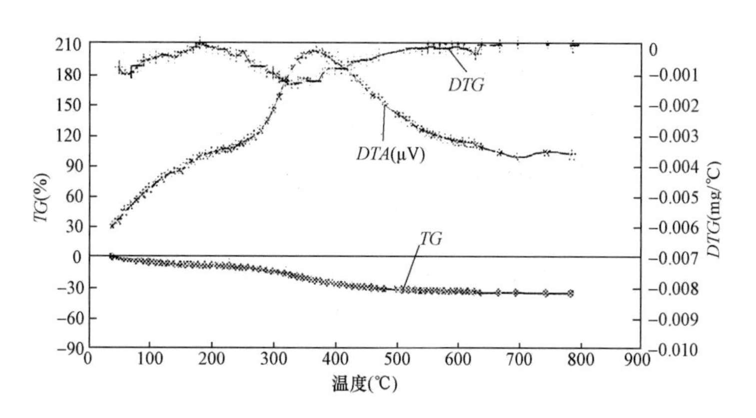

图 5-4 四堡污泥差热分析曲线（50℃/min）

速率所对应的温度为 400℃，时间为 13.3min。③焦炭燃尽阶段 T_3～T_4，其温度范围 370～590℃，对应时间为 22.3～19min。其后的峰值有两个，但不是非常明显。另外三种工况的特征值见表 5-1。

表 5-1 污泥物理化学过程特征值

序　号		1	2	3	4
样品名称		宁波污泥		四堡污泥	
样重（mg）		4.50	4.57	4.54	4.51
升温速率（℃/min）		30	50	30	50
水分蒸发结束	温度 T_1（℃）	120	120	150	180
	时间 t_1（min）	4.00	4.00	5.00	6.00
挥发分开始析出燃烧	温度 T_2（℃）	230	200	180	180
	时间 t_2（min）	7.67	6.67	6.00	6.00
污泥燃烧放热峰值	H_f（μV）	172	245	135	202
	时间（min）	13.3	12	11.3	12.0
污泥燃烧结束	温度 T_4（℃）	570	600	580	600
	时间 t_4（min）	19	20	19.3	20
总失重率 ΔG_t（%）		60.73	61.77	32.82	33.78
污泥燃烧时间（min）		19	20	19.2	20
污泥燃烧平均速率（mg/min）		0.236 8	0.228 5	0.236 5	0.225 5

由宁波、四堡污泥在不同加热速度下的 *TG* 图可以看出，两者相差很小，说明加热速率从 30℃增加到 50℃，对热重曲线的影响不是很明显。但如果加热速度变化较大，影响会进一步增大。放热峰值对两种污泥来说均随加热速率的增加而升高。

宁波污泥在水分蒸发结束至挥发分开始析出之间有 2～3min 时间基本上不出现失重和热效应，而四堡污泥则基本上没有这种现象出现。这大概与宁波污泥内在水分含量较高有关。从 *DTG* 曲线看，宁波污泥的水分蒸发速率最高点达 1.39×10^{3}mg/℃，而四堡污泥较低，只有 7.71×10^{4}mg/℃，说明大量内在水分析出后，宁波污泥内部温度难以很快上升，导致挥发分析出推迟。

由于宁波污泥的干基挥发分为 42.75%，比四堡污泥（37.82%）高，因而挥发分快速析出的峰值也明显是宁波污泥高。以加热速率 30℃/min 为例比较可以看出，宁波污泥达 5.84×10^{3}℃/min，而四堡污泥为 1.38×10^{3}℃/min，宁波污泥为四堡污泥的 4 倍多。

另外，四堡污泥的固定碳含量只有 6.27%，比宁波污泥（26.53%）低，因而四堡污泥的 *DTA* 曲线只有一个峰值，而宁波污泥则有两个峰值出现，这第二个峰值可以判定为固定碳燃烧速率的最高值。

两种污泥的总失重率与污泥灰分含量之和接近 100%，说明污泥热天平试验是正确的，而宁波污泥和四堡污泥的燃烧时间较接近，为 19～20min。燃烧速率也在 0.22～0.23mg/min，两者相差不大。

5.1.2　污泥热解动力学参数的计算

根据差热曲线可以方便地获得污泥的动力学参数。

一般固相反应动力学方程为

$$\frac{\mathrm{d}\omega}{\mathrm{d}t}=k(1\quad\omega)^n \tag{5-1}$$

式中：ω 为固体反应速率；k 为反应速率常数。

按阿累尼乌斯（Arrhenius）公式，有

$$k=k_0\exp(-E/RT) \tag{5-2}$$

式中：k_0 为频率因子常数，min^{-1}；E 为反应活化能；R 为理想气体常数；T 为反应温度。

由差热分析的 TG 曲线可以求得

$$\omega=\frac{TG-TG_0}{TG_{\max}} \tag{5-3}$$

式中：TG_0 为某物质未反应时的失重率，%；TG 为某物质在温度为 T 时的失重率，%；$TG_{\max}$ 为某物质反应结束时的失重率，%。

$$\frac{\mathrm{d}\omega}{\mathrm{d}t}=\mathrm{d}\left(\frac{TG-TG_0}{TG_{\max}}\right)\Big/\mathrm{d}t=\frac{1}{TG_{\max}}\frac{\mathrm{d}TG}{\mathrm{d}T}\frac{\mathrm{d}T}{\mathrm{d}t} \tag{5-4}$$

按 DTG 定义

$$DTG=\frac{\mathrm{d}(TG)}{\mathrm{d}T}\quad（\%/℃）$$

并令 $\varPhi=\mathrm{d}T/\mathrm{d}t$，$\varPhi$为升温速率，%/℃，则式（5-4）可变为

$$\frac{\mathrm{d}\omega}{\mathrm{d}t}=\frac{DTG}{TG_{\max}}\varPhi \tag{5-5}$$

联立式（5-1）、式（5-2）、式（5-5）得

$$\frac{DTG-TG_0}{TG_{\max}(1-\omega)^n}=\frac{k_0}{\varPhi}\exp(-E/RT) \tag{5-6}$$

两边取对数得

$$\ln\{DTG/[TG_{\max}(1-\omega)^n]\}=-(E/RT)+\ln(k_0/\varPhi) \tag{5-7}$$

如果反应级数 n 正确，由式（5-7）在左端对 $1/T$ 作图可以得到直线，由此直线的斜率可求出反应的活化能，截距可求出频率因子。

图 5-5 和图 5-6 分别给出了 n=1 时宁波污泥（30℃/min）、四堡污泥（50℃/min）的阿累尼乌斯图。可以看出，热解反应不能近似为简单的一级反应。

图 5-7 和图 5-8 为 n=2 时宁波污泥及四堡污泥的阿累尼乌斯图。由于在低温阶段（从开始加热至 T_1），热解的速率很低，因此这里主要考虑高温段（T_2～T_4）的热解过程，用线性回归的方法可计算出宁波污泥及四堡污泥的热解动力学参数，其结果列于表 5-2 中。

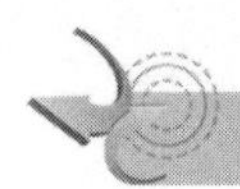

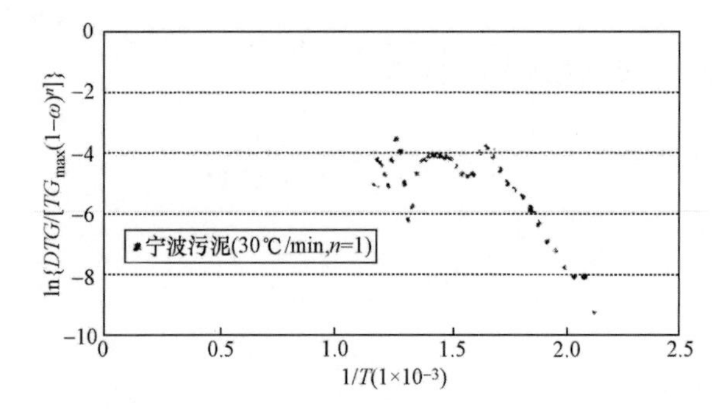

图 5-5　宁波污泥的阿累尼乌斯图（n=1）

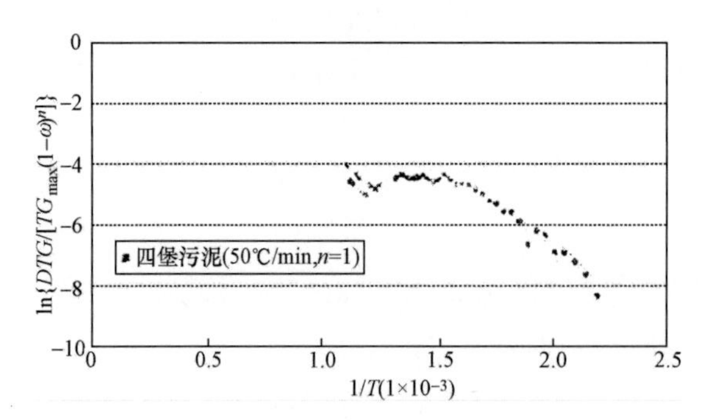

图 5-6　四堡污泥的阿累尼乌斯图（n=1）

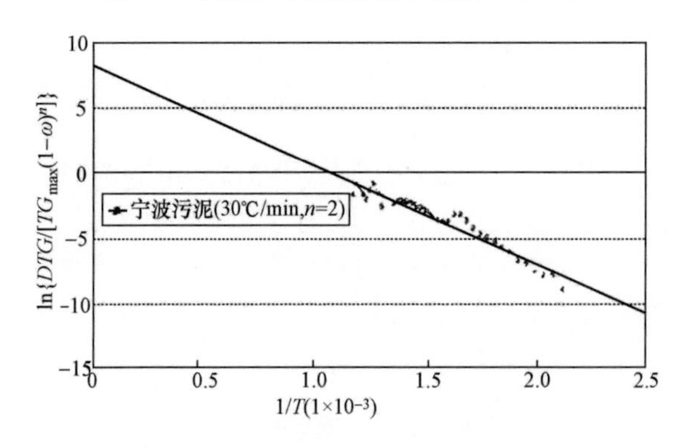

图 5-7　宁波污泥的阿累尼乌斯图（n=2）

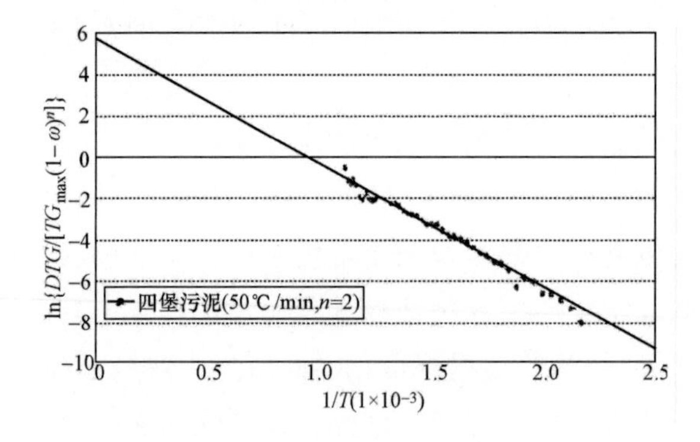

图 5-8　四堡污泥的阿累尼乌斯图（n=2）

表 5-2　　宁波污泥及四堡污泥热解动力学参数

样品名称	升温速率（℃/min）	温度范围（℃）	活化能（kJ/mol）	频率因子（s^{-1}）	反应级数
宁波污泥	30	200～600	63.88	20.23	2
四堡污泥	50	200～600	50.49	278	2

因此，宁波污泥的热解动力学方程为

$$\frac{d\omega}{dt}=2023\exp\left(-\frac{7683}{T}\right)(1-\omega)^2 \tag{5-8}$$

四堡污泥的热解动力学方程为

$$\frac{d\omega}{dt}=278\exp\left(-\frac{6073}{T}\right)(1-\omega)^2 \tag{5-9}$$

5.2　污泥燃烧过程中水分蒸发和挥发分析出模型

5.2.1　模型的基本假定

由于污泥的含水率高（一般均在 70%以上，即使经过一些脱水和干化措施，水分含量仍大于 30%），因而水分蒸发过程在污泥的整个燃烧过程中占有很大的比重。另外，在干基含量中，挥发分占据可燃成分的绝大多数，可见挥发分的析出也是一个同样重要的过程。如何用数学方法描述并预测污泥的水分蒸发和挥发分析出，对于分析污泥在流化床中的焚烧特性，并为今后建立污泥在流化床中燃烧的综合数学模型，都具有重要的意义。

显然，由于所研究的污泥颗粒均为毫米数量级，因此，其水分蒸发和挥发分的析出也不是简单的液滴蒸发和动力生成过程。借鉴以往研究者的成果，提出了一个适用于多孔介质污泥，综合考虑传热、传质过程的水分蒸发和挥发分析出模型。该模型主要具有以下特点：

（1）考虑大颗粒污泥内部的温度场及水分、挥发分生成后未能及时逸出所形成的压力场。

（2）水分蒸发从外向内逐层进行。蒸发表面处的水蒸气通过多孔的外层干燥环向外逸出，其通量应为扩散通量和黏滞通量之和。

（3）在蒸发表面内的水球中，由于温度水平较低且挥发分在液体中扩散系数极小，因而可认为挥发分仅在干燥环内生成，其通量亦为扩散通量和黏滞通量之和。

（4）由于污泥含水率高，且结构疏松，因而在燃烧过程中形成的孔隙率很大，且孔均为大孔，气体在干燥环内的扩散以分子扩散为主，努森扩散（气体在多孔固体中扩散时，如果孔径小于气体分子的平均自由程，则气体分子对孔壁的碰撞，较之气体分子之间的碰撞要频繁得多）忽略不计。

（5）扩散过程是水蒸气、挥发分和空气的三组分扩散。

（6）挥发分析出的一次动力学采用二级反应单方程模型。

5.2.2 模型的基本守恒方程

模型的关键是求取大颗粒污泥在流化床中焚烧时内部的温度场及压力场，因而所涉及的方程也主要有两组，即能量守恒方程及组分守恒方程，其中组分守恒方程可以分别求取水蒸气和挥发分在污泥球内部的压力。

5.2.2.1 能量守恒方程

能量守恒采用球的一维非稳态导热方程，即

$$\frac{\partial T}{\partial \tau}=\alpha\left(\frac{\partial^2 T}{\partial r^2}+\frac{2}{r}\frac{\partial T}{\partial r}\right)+\frac{\dot{Q}}{\rho c} \tag{5-10}$$

式中：T 为热力学温度，K；τ为时间，s；α为热扩散率，m^2/s；r 为球的半径，m；$\dot{Q}$ 为热流量，W；ρ为密度，kg/m^3；c 为比热容，J/（kg・K）。

由于模型假定水蒸气的蒸发过程为逐层进行，因而能量方程对于蒸发表面以内及以外有不同的形式。在蒸发表面以内，有

$$\frac{\partial T}{\partial \tau}=\frac{\lambda_w}{\rho_w c_w}\left(\frac{\partial^2 T}{\partial r^2}+\frac{2}{r}\frac{\partial T}{\partial r}\right)+\frac{\dot{Q}}{\rho c}\quad (0<r<r_w) \tag{5-11}$$

式中：λ_w、ρ_w、c_w 分别为蒸发表面以内湿污泥的热导率、密度及比热容；r_w 为蒸发面半径。

在蒸发面以外的干燥环区域，则有

$$\frac{\partial T}{\partial \tau}=\frac{\lambda_m}{\rho_m c_m}\left(\frac{\partial^2 T}{\partial r^2}+\frac{2}{r}\frac{\partial T}{\partial r}\right)+\frac{\dot{Q}}{\rho c}\quad (r_w<r<r_p) \tag{5-12}$$

式中：λ_m、ρ_m、c_m 分别为蒸发面以外干燥球的热导率、密度及比热容；r_p 为颗粒外表面半径。

$$\dot{Q}=-\left(n_{h20}c_{ph20}\frac{\partial T}{\partial r}+n_v c_{pv}\frac{\partial T}{\partial r}\right)-\Delta H_v\,\dot{m}_v \tag{5-13}$$

式中：n_{h20}、n_v 分别为水蒸气和挥发分通量，kg/（m^2・s）；c_{ph20}、c_{pv} 分别为水蒸气和挥发分的比定压热容，J/（kg・K）；ΔH_v 为挥发分的生成热，J/kg；$\dot{m}_v$ 为挥发分的生成速率，kg/（m^3・s）。

所需的边界条件为

$$\left.\begin{aligned}&\frac{\partial T}{\partial r}=0,\ r=0\\&\lambda_m\left(\frac{\partial T}{\partial r}\right)\Big|_{m,0}=\lambda_m\left(\frac{\partial T}{\partial r}\right)\Big|_{w,0}+n_{h20}L,\ r=r_w\\&\lambda_m\left(\frac{\partial T}{\partial r}\right)\Big|_{m,r_p}=h(T_\infty-T_p)+\varepsilon\sigma(T_\infty^4-T_p^4)-(n_{h20}c_{ph20}+n_v c_{pv})\frac{\partial T}{\partial r},\ r=r_p\end{aligned}\right\} \tag{5-14}$$

式中：L 为球表面积；h 为颗粒表面对流换热系数，W/（m^2·K）；T_∞ 为流化床燃烧温度；T_p 为颗粒表面温度（干燥环部分）；ε 为颗粒表面黑度；σ 为玻耳兹曼常数。

5.2.2.2　质量守恒方程

组分 A 的一维球体质量守恒方程如下

$$\frac{\partial \rho_A}{\partial \tau}+\frac{1}{r^2}\frac{\partial (n_A r^2)}{\partial r}=\dot{m}_A \tag{5-15}$$

式中：ρ_A 为组分 A 的浓度，kg/m^3；n_A 为组分 A 的质量通量，kg/（m^2·s）；$\dot{m}_A$ 为组分 A 的生成速率，kg/（m^3·s）。

对于该模型，由于水分、挥发分析出时会形成空隙，因而在干燥环部分可列出组分方程为

$$\frac{\partial}{\partial \tau}\left(\frac{\theta M_A X_A p}{RT}\right)+\frac{1}{r^2}\frac{\partial (n_A r^2)}{\partial r}=\dot{m}_A \tag{5-16}$$

式中：θ 为干燥部分空隙率；M_A 为组分 A 的摩尔质量，kg/mol；X_A 为组分 A 的质量份额；R 为摩尔气体常数，J/（mol·K）；p 为压强，Pa；T 为组分 A 的温度；其余符号含义同上。

水分的质量守恒方程为

$$\frac{\partial}{\partial \tau}\left(\frac{\theta M_{H_2O} X_{H_2O} p}{RT}\right)+\frac{1}{r^2}\frac{\partial (n_{H_2O} r^2)}{\partial r}=0$$

边界条件为：

（1）$r=r_w$，$p_{H_2O}=e^{A-\frac{B}{T+C}}=e^{18.303\,6-\frac{3816.44}{T-46.13}}$（mmHg）；

（2）$r=r_p$，$n_{H_2O}=\beta\rho_m(X_{H_2O,p}-X_{H_2O,\infty})$，其中 β 为对流传质系数，m/s；$X_{H_2O,\infty}=0$。

挥发分的质量守恒方程为

$$\frac{\partial}{\partial \tau}\left(\frac{\theta M_v X_v p}{RT}\right)+\frac{1}{r^2}\frac{\partial (n_v r^2)}{\partial r}=\dot{m}$$

边界条件为：

（1）$r=r_w$，$n_v=0$；

（2）$r=r_p$，$n_v=\beta\rho_m(X_{v,p}-X_{v,\infty})=\beta\rho_m X_{v,p}$，$X_{v,\infty}=0$。

5.2.2.3　通量方程

根据水分蒸发和挥发分析出时颗粒内部浓度梯度和压力梯度共存的情形，暂计及多孔扩散机理和黏滞流机理引起的通量，并以下式表示

$$n_A=n_A^{(D)}+n_A^{(v)}=\text{（扩散通量）}+\text{（黏滞流通量）} \tag{5-17}$$

其中，黏滞流通量由下式求取

$$n_A^{(v)}=-X_A\frac{M_A B_o p}{RT\mu_m}\frac{\partial p}{\partial r} \tag{5-18}$$

式中：B_o为达西常数，其值与多孔介质结构有关；μ_m为气态混合物黏度；X_A为组分A的质量份额。

设D_{AM}^{M}为组分A在多组分气体（水分、挥发分、空气）中的扩散系数，则扩散通量为

$$n_A^{(D)}=-\frac{D_e M_A p}{RTp_{im}}\frac{\partial p}{\partial r} \tag{5-19}$$

其中

$$D_e=\frac{\theta}{\tau}D_{AM}^{M}$$

式中：p_{im}为各组分的分压；D_e为组分A在多孔介质中的有效扩散系数；θ为孔隙率；τ为曲折因子，其值也与多孔介质的结构有关。

挥发分和水蒸气组分的通量方程、质量守恒方程及能量方程构成了模型的基本方程，加上一些辅助方程和初值条件，模型能封闭进行数值求解，从而能求得燃烧过程中颗粒内部水蒸气和挥发分的压力分布$p(r, t)$、温度分布$T(r, t)$及水分和挥发分的通量$n_{H_2O}(r, t)$、$n_v(r, t)$，并可计算水分、挥发分析出总量及析出速率。

5.2.2.4 网格的划分

网格的划分采用沿半径的均匀网格，温度节点和压力节点分别错开。

5.2.2.5 模型的求解

污泥及流化床的操作条件见表5-3，所用床料为石英砂。污泥种类为宁波造纸污泥。

挥发分和水蒸气组分的通量方程、质量守恒方程及能量方程构成了模型的基本方程，加上一些辅助方程和初值条件，采用沿半径的均匀网格，模型可进行数值求解，从而求得燃烧过程中颗粒内部的温度分布、压力分布，水分和挥发分通量，从而计算出水分、挥发分析出总量。

表5-3　　模型求解的操作条件

参数名称	数值	参数名称	参数
污泥水分（%）	77.11	床温（℃）	900
污泥挥发分（%）	13.51	污泥初温（℃）	30
污泥初始孔隙率	0.781	冷态流化风速（m/s）	0.39
污泥球质量（g）	1.795	床料粒径（mm）	0.315～0.63
污泥球直径（mm）	14	静止床高（mm）	150

5.2.2.6 计算与实测值比较

图5-9和图5-10所示为水分蒸发和挥发分析出的理论计算值与试验值的比较，由图可以看出，计算值与试验值吻合较好。理论计算显示，污泥水分在投入炉后50s内快速析出，然后趋于平缓，至100s后水分析出基本结束。挥发分在

初期析出较缓慢，在入炉后 40～80s 内快速析出，然后趋于平缓，至 120s 已基本析出完毕。

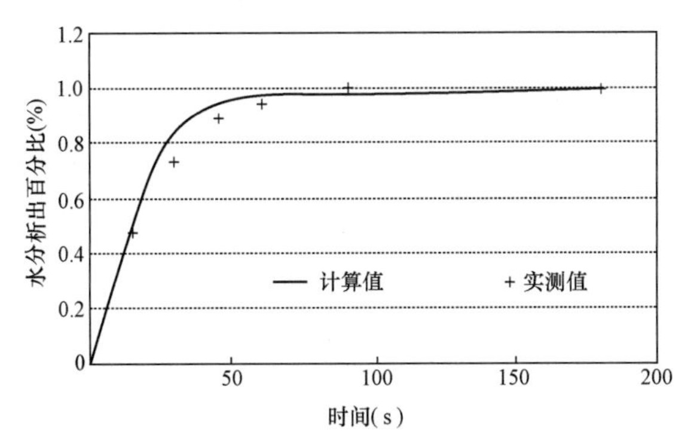

图 5-9　水分蒸发计算值与实测值的对比

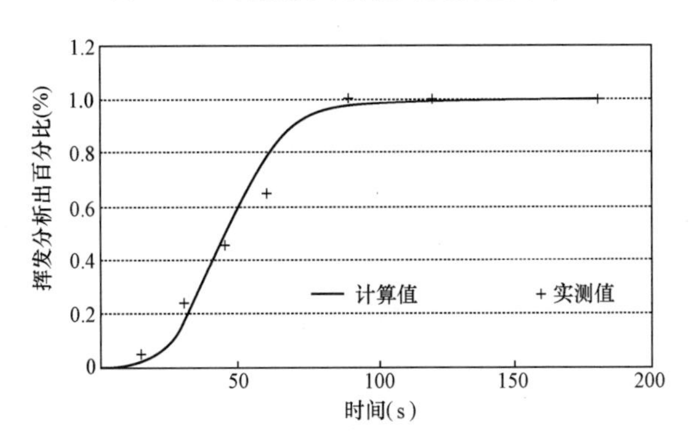

图 5-10　挥发分析出计算值与实测值的对比

图 5-11 所示为污泥球在不同时间的内部温度分布。可以看出，污泥球内部存在温度梯度，且热量是逐层向里传递，最后当水分挥发分析出结束时，温度渐趋均匀。温度分布计算表明，采用多孔介质传热传质的假定是恰当的。

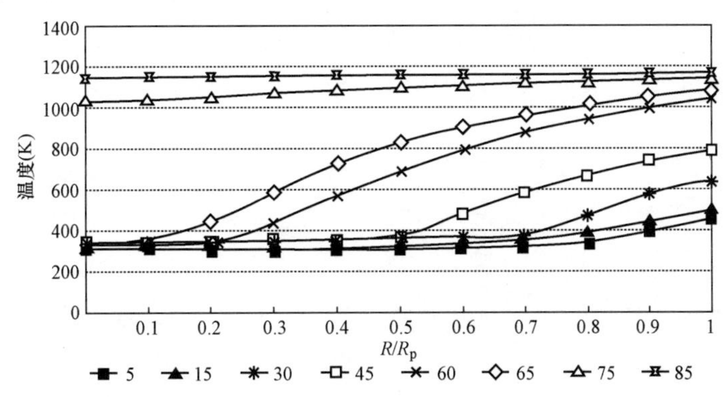

图 5-11　污泥球在不同时间的内部温度分布

R—该位置点到污泥球中心的距离；R_p—污泥球半径；R/R_p—相对半径，从小到大代表从里到外的位置点

5.3 污泥的理论燃烧温度

图 5-12 所示为不同水分污泥的理论燃烧温度（t_a），即没有任何散热时完全燃烧可能达到的最高温度。计算时假定过量空气系数为 1.2，针对两种不同的送风温度，实线对应于 0℃，虚线对应于 300℃。流化床燃烧的正常温度一般在 850℃左右，随着水分的增加，理论燃烧温度会显著下降，当污泥水分在 50%时，其理论燃烧温度还超过 1300℃，这对流化床而言，扣除燃烧损失和散热损失，合理的床温还是有保证的，但当水分升至 65%以上时，理论燃烧温度降至 900℃以下，纯烧污泥难以维持床温，采用热空气送入，情况也改善不多。

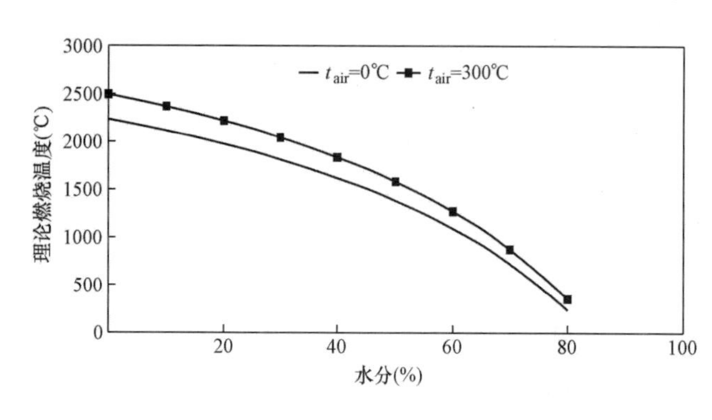

图 5-12　不同水分污泥的理论燃烧温度

5.4 污泥燃烧过程的微观分析

图 5-13 所示为污泥水分为 80%，床温为 900℃条件下 30、90、120、300s 时 1000 倍的电子照片（放大 1000 倍）。

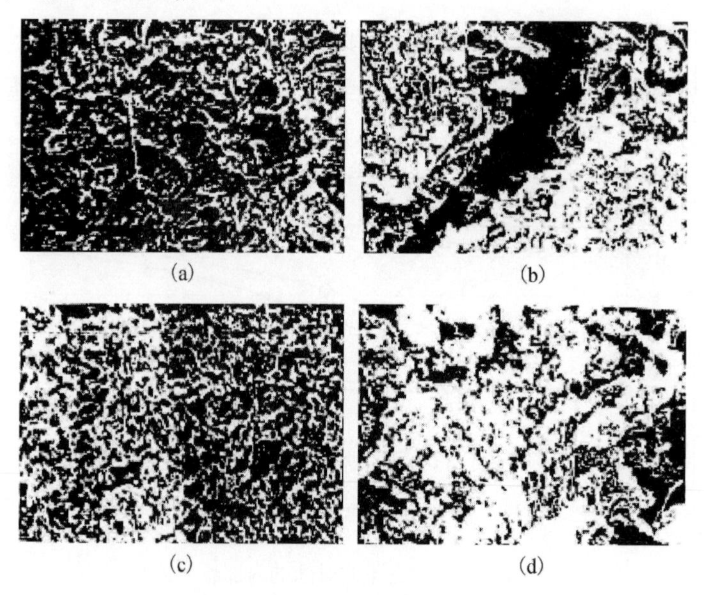

图 5-13　污泥不同时间的电子照片（放大 1000 倍）

（a）30s；（b）90s；（c）120s；（d）300s

污泥燃烧至 30s 时，由于水分大量析出，孔洞大量出现；至 90s 时，水分析出已接近完成，挥发分正在大量析出，致使形成了大孔及明显的沟；至 120s 时，水分、挥发分析出都已基本结束，沟已有所破坏，形成较密的灰球，球体开始变白；至 300s 时，球体反而又变得更加致密，说明整个球体在燃烧后期又有所收缩，且由于不断受到磨损，孔径也变小，这以后，燃烧过程基本结束。

图 5-14 所示为污泥团在整个燃烧过程中的剖面颜色变化情况，从中可以明显看出污泥焚烧的不可分割的三个阶段。

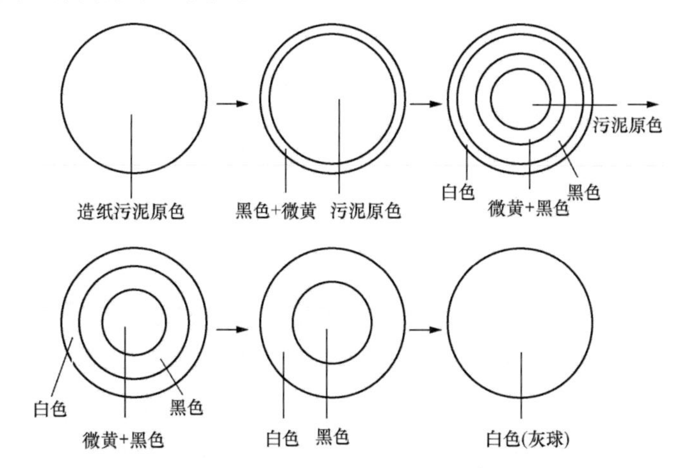

图 5-14　污泥团在整个燃烧过程中的剖面颜色变化情况

5.5　污泥在流化床中的燃烧过程

5.5.1　试验方法

对于污泥的燃烧，所感兴趣的是根据大粒度给料时污泥水分蒸发、挥发分析出特性，以及污泥粒径密度的变化规律（它对污泥在流化床中的混合有影响），得出运行工况和给料方式对燃烧好坏的影响。事实上，污泥的工业分析中固定碳含量很少，它的燃烧在整个过程中的地位便显得不是十分重要。

要动态地得出水分、挥发分的析出特性并不是件容易的事，因此采用结团特性研究中所采用的快速取样方法。所有待做试验的污泥球，事先采用人工制好，并置于密闭的小盒中，每个小盒为一组，当中盛有几只小污泥球，污泥球的直径分别用卡尺量出，并取它们直径的平均值作为该组污泥球的直径，取它们质量的平均值作为该组污泥球的质量。同一组污泥球在流化床中停留相同的时间后快速取出，并迅速量取它们的直径，称取质量，然后再置于密闭小盒中待作工业分析。根据不同时刻取出污泥样的质量和工业分析数据，可算出该时刻水分蒸发百分比、挥发分析出

百分比和固定碳燃烧的百分比，从而得出不同情况下水分蒸发、挥发分析出和固定碳燃烧的规律，污泥球的直径变化规律、密度变化规律也可以从上面的数据中得出。

试验考虑了床温、运行风速、给料粒径等参数的变化对燃烧的影响。由于需要考虑稳定运行的要求，上述参数均在一定范围内变化。其中，温度为 850℃，运行风量为 $4m^3/h$（相当于 0.39m/s 的冷态流化风速），给料粒径为 14mm 时的工况为基本工况。试验过程中，每一次变工况只改变其中的一个参数，其他两个则按照基本工况的条件。对于温度，选择了 700、800、900℃三个变工况试验点，而对流化风速，则选取了相当于 0.49m/s 冷态流化风速的 $5m^3/h$ 风量（下面直接采用风量来代替流化风速）。粒径选取 11mm 和 18mm 作为变工况试验点。试验中切开部分烧过的污泥观察了其内部情形，进一步了解了水分、挥发分析出后污泥物理形态发生的变化。

5.5.2 污泥在流化床中的失重过程

污泥在流化床中的焚烧过程基本上是水分蒸发同时伴随挥发分的析出，同时表面部分干化烧透后逐渐地被流化的床料磨损，这两者都是造成失重的原因。失重的过程也并不是线性变化的，开始速度较大，经过一段时间后曲线趋于水平，如图 5-15 所示。这时可以认为污泥已经烧透，所剩余的大部分是灰分（此时工业分析的结果也可以证明这一点），它在流化床中将保持较长的一段时间，并最终被磨损而成为细小的颗粒。

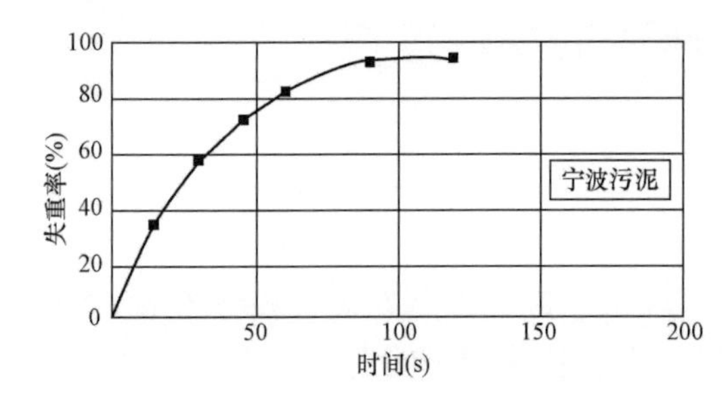

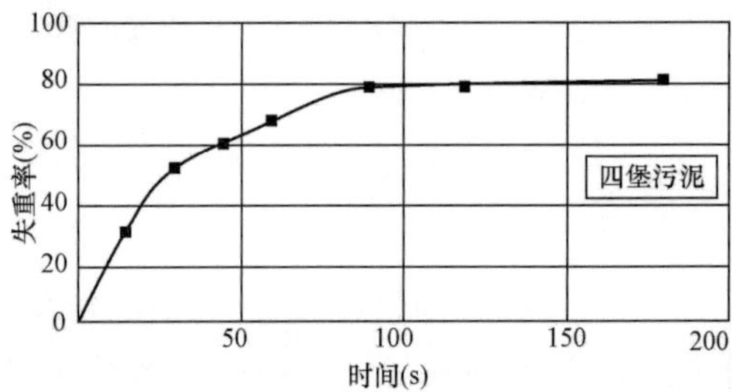

图 5-15　污泥的失重过程

温度、给料粒径和流化风速对失重的影响分别示于图 5-16、图 5-17 和图 5-18 中，图中所显示的规律是容易理解的。可以看出，温度对失重（也就是燃烧）过程有显著的影响。温度高，失重（燃烧）快；反之亦然。

粒径对失重的影响则表明小粒径的污泥团有利于快速焚烧，但需要注意的是，这会增加给料系统的复杂程度以及会导致更大的扬析损失，并由此产生因燃烧不完全而引起的二次污染，增加尾部烟气处理装置的负担等。

流化风速的影响似乎并不太明显。

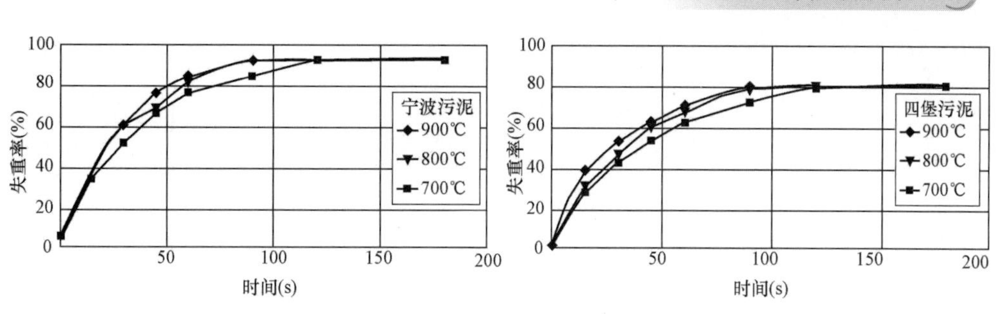

图 5-16　温度对污泥失重过程的影响

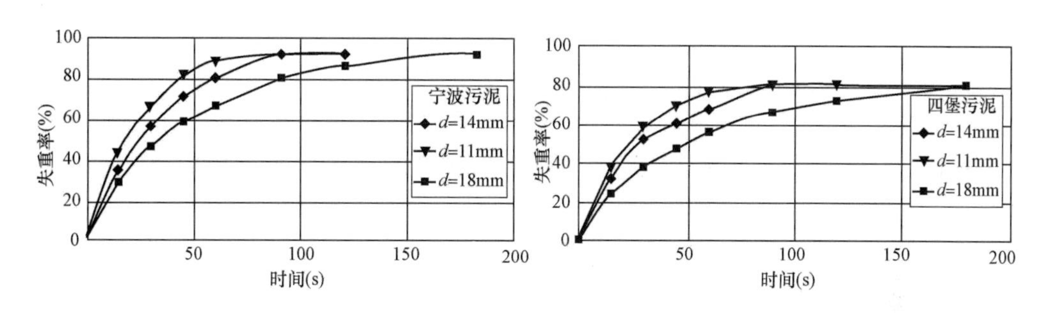

图 5-17　粒径对污泥失重过程的影响

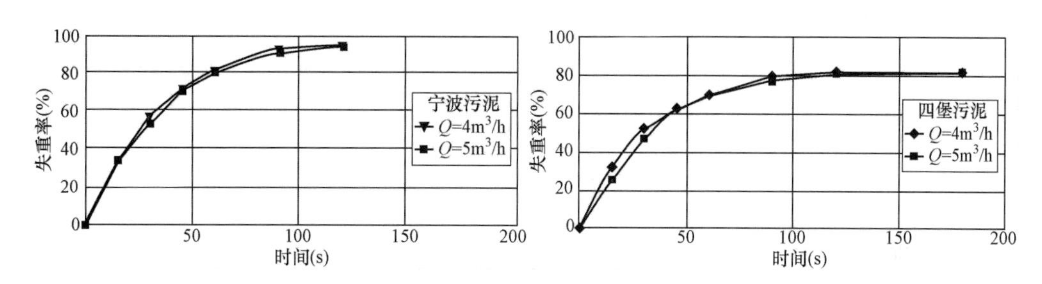

图 5-18　流化风速对污泥失重过程的影响

图 5-19 和图 5-20 所示为温度和给料粒径对失重速度的影响。加热初期，温度高的失重速度也大，但经过一段时间后，低温条件下的失重速度开始超过高温。分析原因，主要是由于低温条件下污泥球内部残留的可燃物含量高的缘故。

粒径对失重速度的影响与温度的影响相似。

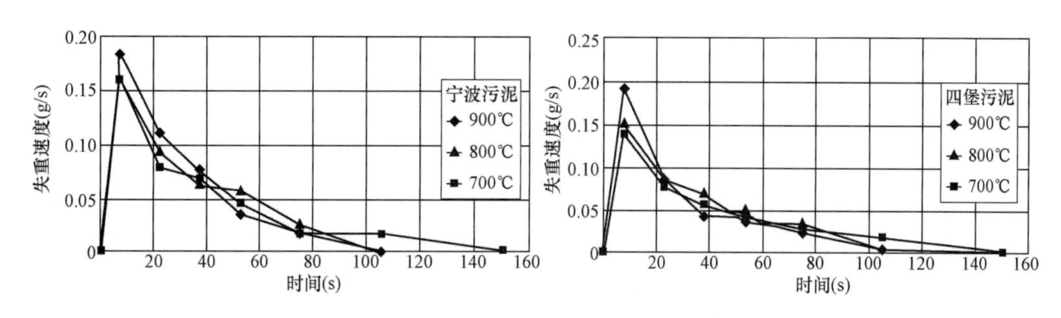

图 5-19　不同温度下污泥的失重速度

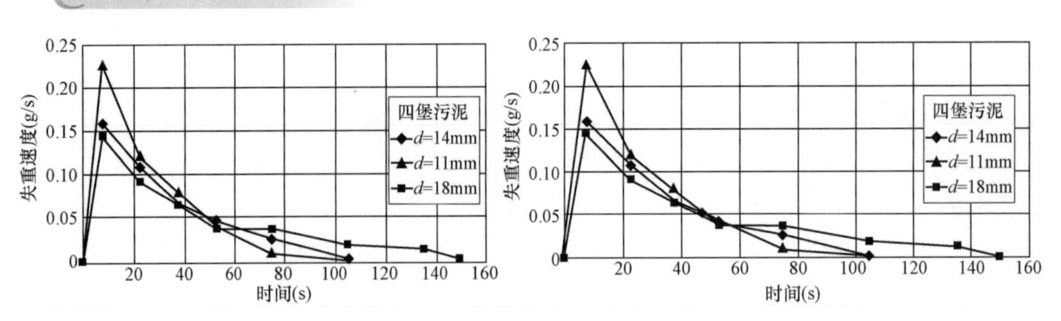

图 5-20　不同粒径下污泥的失重速度

5.5.3　污泥在流化床中的粒径及密度变化

污泥在流化床中失重的同时伴随着污泥球粒径的减小。不同温度、不同初始粒径、不同流化风速对粒径变化的影响分别示于图 5-21、图 5-22 和图 5-23 中。容易看出，温度和初始粒径的影响是主要的，而流化风速的影响则不明显。

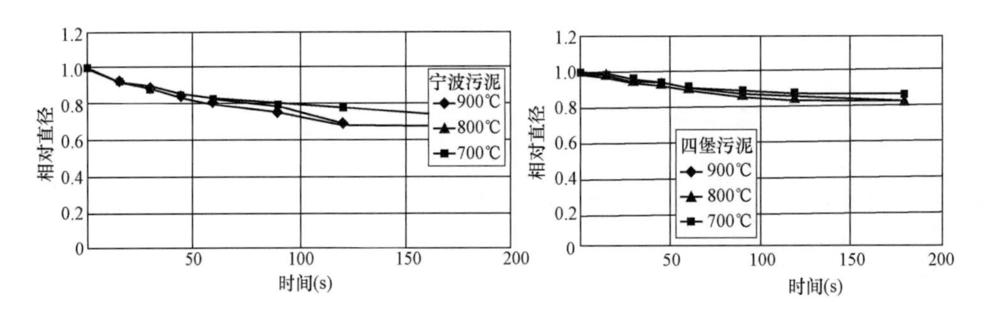

图 5-21　不同温度下污泥的粒径变化

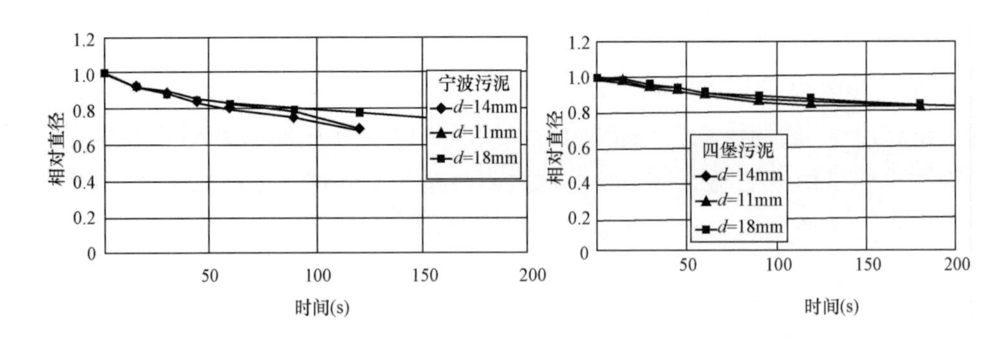

图 5-22　不同初始粒径下污泥的粒径变化

污泥球的密度（指表观密度，下同）随着燃烧过程的进行迅速降低，而且降低到最低点又会有所回升。仔细观察燃烧过的污泥的内部形态，发现中间是空的。这是因为污泥在燃烧过程中，内部水蒸气、挥发分大量生成，但由于扩散传质阻力使得这些气体不能及时地逸出，因而内部压力增高，形成了孔洞。孔洞的容积在一定

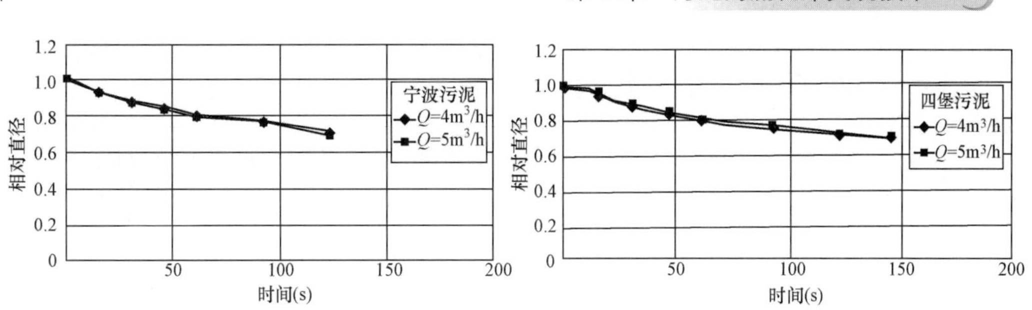

图 5-23　不同流化风速下污泥的粒径变化

的时间内达到最大。此后随着内部挥发分、水分压力的降低，造成污泥球向内收缩，因而表观密度增大。就好像一个充满了气的气球，如果里面的气体逐渐漏掉，气球的体积也随之缩小，是同一个道理。试验还发现，高温小粒径污泥，其密度回升的时间也早些。进一步的分析表明，密度回升点总是发生在失重曲线转向水平的时刻，这时候内部水分、挥发分的含量均已经很少了，这也为上面的解释提供了旁证。

图 5-24 和图 5-25 分别示出了不同温度、不同初始粒径下污泥密度的变化过程，较高的温度和较小的初始粒径对应着较快的密度下降过程。从图中还可以看出，在整个燃烧过程中，污泥密度变化的范围很大，这一特点使得在用流化床焚烧处理污泥时床料的选择变得十分重要。掌握污泥在燃烧时粒度和密度的变化规律，对于选取合适的床料，从而保证在燃烧的大部分过程中，污泥均能很好地在床层内混合均匀，具有重要的意义。

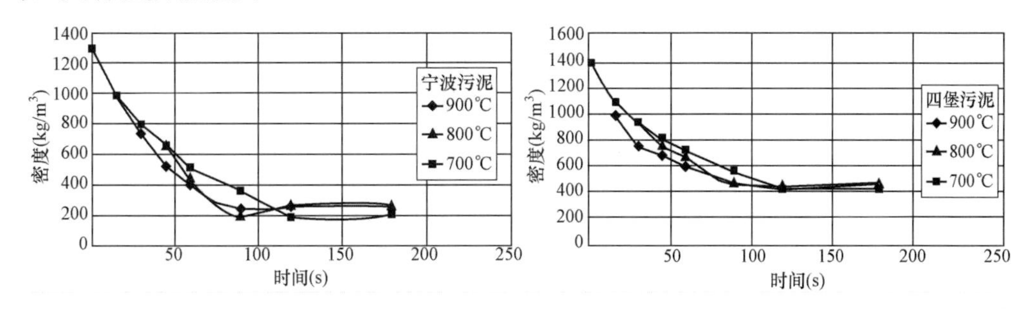

图 5-24　不同温度下污泥的密度变化

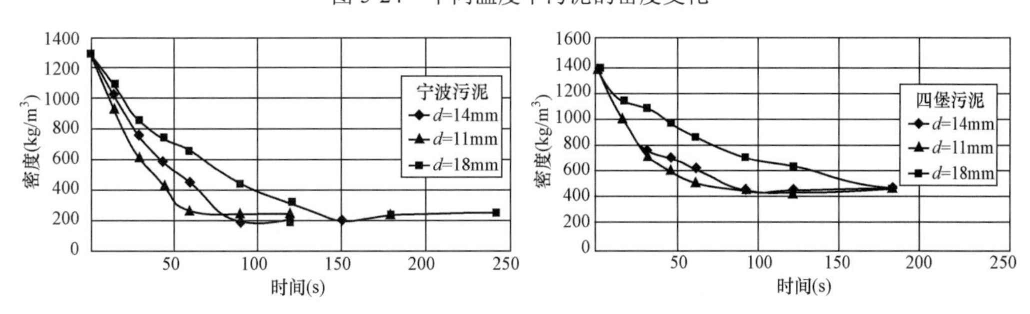

图 5-25　不同初始粒径下污泥的密度变化

5.5.4 污泥在流化床中的水分蒸发过程

由于污泥的含水量很高，因而水分蒸发在整个燃烧过程中占有很大的比重。在污泥投入流化床的初期阶段，水分几乎呈直线式快速析出，后期则逐渐平缓。比较水分蒸发曲线与失重曲线，可以看出两者十分相似，所不同的是水分蒸发曲线转向水平的时间更早一些。同样，温度的提高有助于水分的更快析出，小粒径的污泥蒸发速度则比大粒径的要迅速得多，如图 5-26～图 5-28 所示。

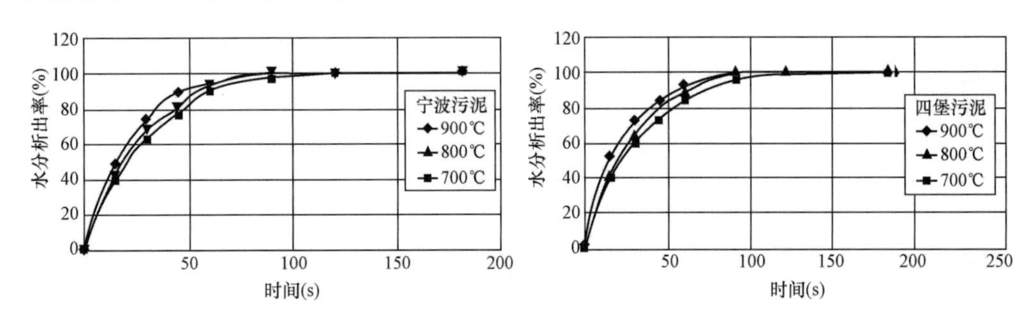

图 5-26　温度对水分蒸发的影响

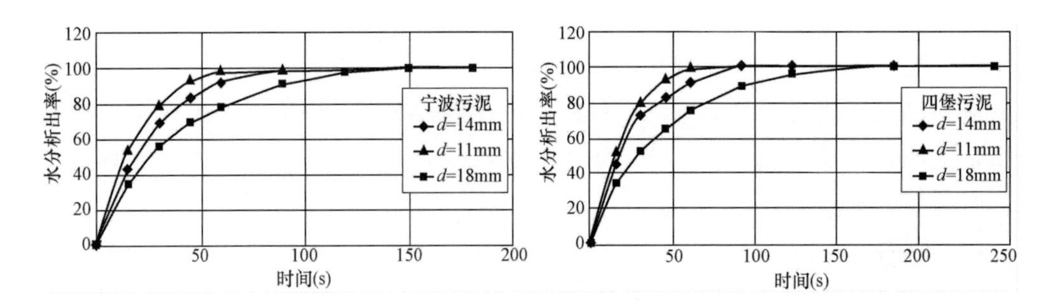

图 5-27　初始粒径对水分蒸发的影响

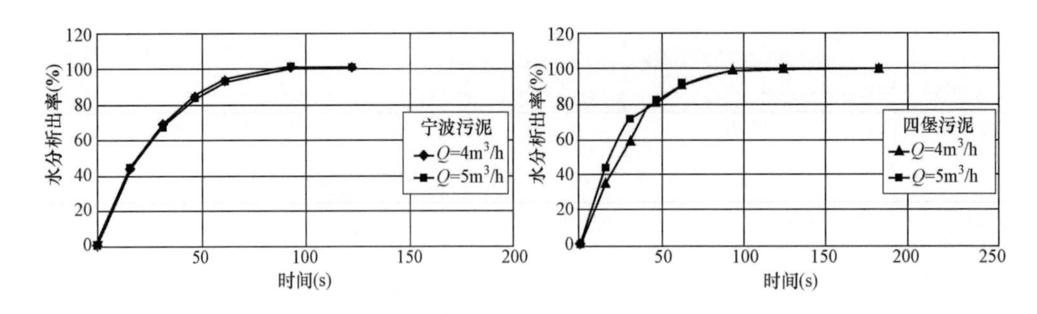

图 5-28　流化风速对水分蒸发的影响

由于水分蒸发具有初期速度极快的特点，因此在用流化床焚烧这种含水量大的固体废弃物时，必须有足够的措施来保证大量析出的水分不会把床层浇灭。首先要注意的一点是给料的稳定性和均匀性，给料的波动会造成床温的波动，从而给运行

带来不利的影响。另外，还要保证燃烧初期污泥与床料较好地混合。

与煤相比，污泥是较轻的一种燃料（特别是到燃烧后期），大量的潮湿污泥堆积在床层表面会使沸上温度急剧下降而导致熄火。

为了比较粒径不同的污泥球的水分蒸发速度，将单位时间的水分蒸发速度除以污泥球外表面积，得到不同温度和初始粒径下单位面积的水分蒸发速度，如图 5-29 和图 5-30 所示，同样，它们的规律与失重过程也是很相像的。高温小粒径污泥初期蒸发速度快，经过一段时间后，其速度逐渐小于低温、大粒径污泥。

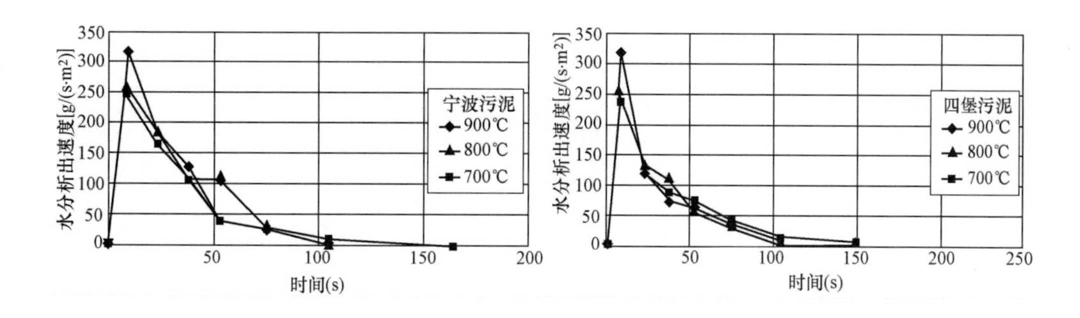

图 5-29　不同温度下的水分蒸发速度

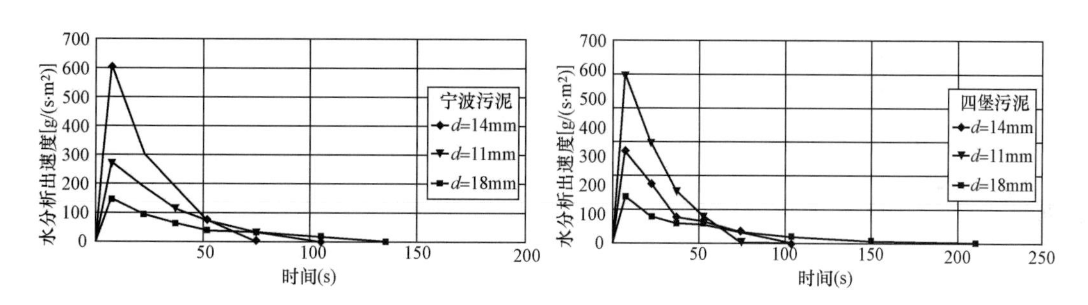

图 5-30　不同初始粒径下的水分蒸发速度

5.5.5　污泥在流化床中的挥发分析出过程

由污泥的工业分析可知，污泥中可燃物的绝大部分都是挥发分，因而挥发分的燃烧过程具有十分重要的意义。与水分的蒸发过程不同，挥发分的析出在燃烧初期比较缓慢，曲线较为平坦，这是因为初期水分大量蒸发，污泥的温度较低的缘故。随着燃烧过程的进行，挥发分的析出速度逐渐增大，并在一定的时间内保持不变（这时曲线的斜率为定值），最后随着燃烧接近尾声，挥发分的析出速度又降低为零。温度、初始粒径、流化风速对挥发分析出过程的影响规律与水分蒸发过程十分相似，如图 5-31～图 5-33 所示。

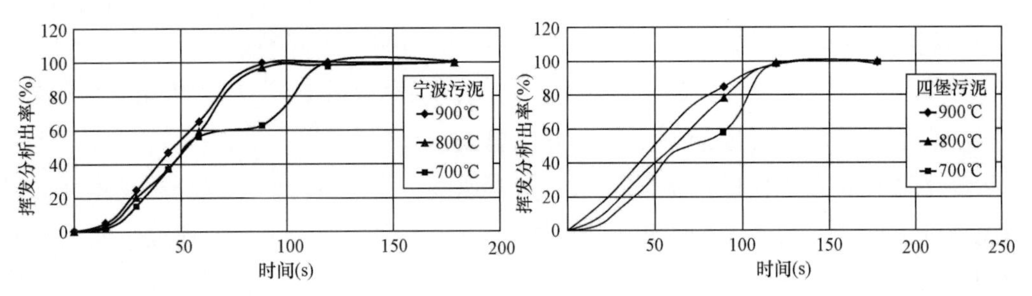

图 5-31　温度对挥发分析出过程的影响

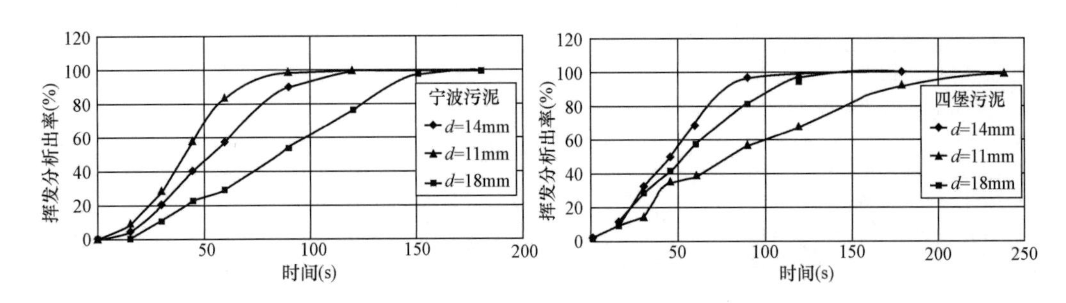

图 5-32　初始粒径对挥发分析出过程的影响

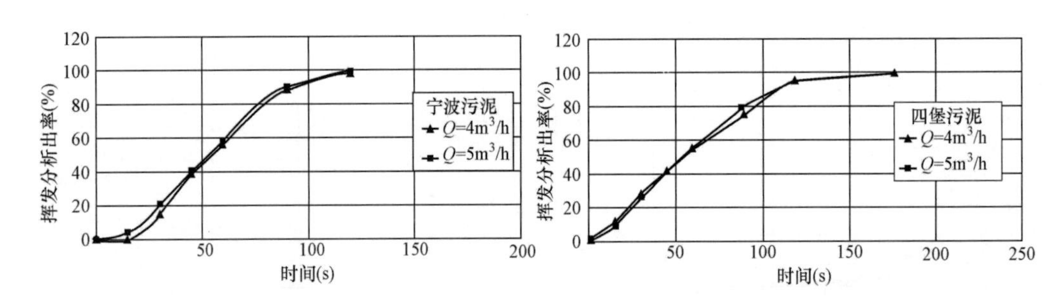

图 5-33　流化风速对挥发分析出过程的影响

由于污泥中的可燃物在燃烧中大部分以气态挥发分的形式出现，因而必须组织好炉内的动力场，以有效地对这些气体成分进行焚烧破坏。适当地在床内加一部分二次风不失为一个有效的方法，它不但可以增加炉内的湍流度，而且可以延长燃料在炉内的停留时间。

5.5.6　污泥在流化床中的固定碳的变化

图 5-34 和图 5-35 示出了不同温度和不同初始粒径下固定碳的变化规律。在这里总体趋势与水分蒸发、挥发分析出过程相似，但在燃烧初期却显得有些杂乱。分析其原因，可以认为是由于燃烧初期污泥温度较低，析出的挥发分不能完全燃烧而沉积在污泥团表面形成炭黑所致。试验中也发现初期的焚烧污泥团表面有细黑颗粒，从另一个角度验证了推测。另外，固定碳在整个应用基中所占比例很低，工业分析

数据的误差也是其中的一个原因。

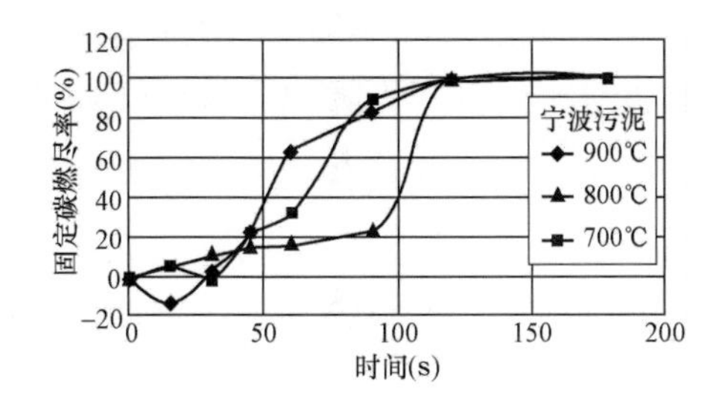

图 5-34　不同温度下固定碳的变化

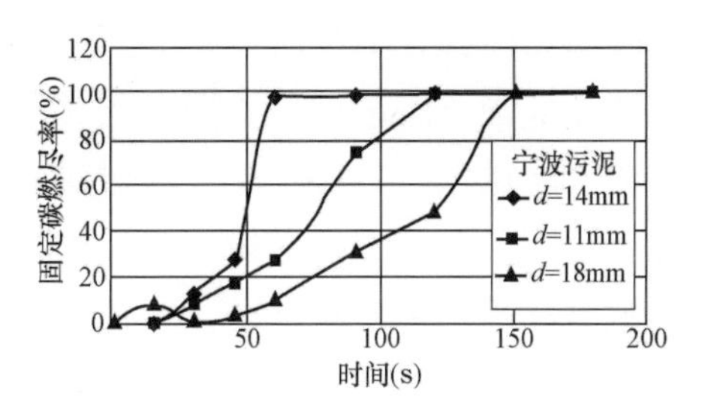

图 5-35　不同粒径下固定碳的变化

5.6　流化床污泥焚烧锅炉的开发

污泥不同于常规的燃料。污泥焚烧应着重考虑污泥的以下特点：

（1）污泥细颗粒含量高、飞灰量大，处置不当会形成很高的可燃物扬析损失，尾部受热面积灰严重。

（2）污泥的热值较低，在非正常工况时热值和含水率会产生波动，对运行的稳定产生影响。

（3）污泥中灰和酸性物质会加剧受热面腐蚀。

因此，污泥焚烧锅炉的设计必须兼顾以下原则：

（1）根据污泥的含水率和燃烧份额，合理布置炉内受热面，保证温度分布均匀。

（2）采用全顺列、大节距的尾部受热面布置方式，防止污泥焚烧飞灰量大而产生的积灰。

（3）尾部受热面材质需要考虑足够的防腐蚀和防磨损措施。

浙江大学热能工程研究所开发了鼓泡流化床和循环流化床炉型的污泥焚烧锅炉。对于处理量较小的场合采用鼓泡流化床锅炉，对于处理量较大的场合采用循环流化床锅炉。

含水率 80%左右的湿污泥直接或脱水干化后给入炉内，根据污泥的热值和含水率情况可以添加煤或者其他辅助燃料。采用石英砂作为炉内的惰性流化介质（又称床料），使污泥给入炉内不致引起流化床温度的较大波动，通过空气预热器出来的热风使流化床内的介质强烈湍混，使污泥温度迅速升高、燃尽，燃烧释放出来的热量又被床料吸收，烟气被引风机牵引依次通过受热面，温度下降，其热量传递给各受热面中的水，使水转化为蒸汽。污泥焚烧后的灰基本上成为飞灰，通过尾部除尘装置收集下来。

所开发的高效低污染流化床污泥燃烧技术的主要特点如下。

1. 污泥结团燃烧技术

污泥是由各种细小的颗粒和水一起形成的一种固状物体，要用一般的焚烧方法来处理是很困难的。试验表明，对于相当一部分污泥而言，当其被从较大体积的聚集态送入流化床时，并不是还原成细粉，而是往往迅速形成具有一定强度和耐磨性的较大块团。此外，污泥还会通过包覆或粘连床内的其他颗粒而形成较大的块团，这种现象称为凝聚结团现象，它能有效地减少扬析损失，这与煤水混合物在流化床中燃烧时的凝聚结团现象具有很大的相似之处。

通过研究发现，凝聚结团现象已经成为一个提高燃烧效率、减轻二次污染的有利因素。在适当的床温下，污泥能很好地结团，并且存在最大的强度，随着床温的升高，最大强度出现的时间也逐渐提前。经过一定时间后，各强度都趋于一较小值。污泥结团强度依床温的变化规律对于组织污泥的流化床焚烧是极其有利的。污泥中固定碳、挥发分燃烧时，有着较高的结团强度，从而减少了飞灰损失。当污泥中可燃物燃尽时，结团强度也急剧减小，此时污泥灰壳易被破碎成细粉而以飞灰形式排出床层，从而实现无溢流稳定运行和获得较高的燃烧效率。

2. 采用异比重床料保证稳定燃烧

为了消除大粒度凝聚团对稳定运行的威胁，开发了异比重流化床技术。所谓异比重流化床，指的是由重度差异较大的不同颗粒组成的流化床系统。试验表明，在由重度不同的颗粒组成的流化床系统中，床内颗粒沿高度的分布将主要受床内颗粒重度的支配，即重度大的颗粒将趋于在床层下部分布，而重度小的颗粒将趋于在床层上部分布，尽管其粒度有时要比重度大的颗粒大得多。

异比重燃烧技术的这个特点可以利用来防止大凝聚团在流化床内的沉积。在实用上，选择重度大、耐磨性好、价廉易得的物料作为流化床的基本床料，由这种床料组成的流化床具有较高的表观密度，因而对污泥凝聚团会呈现一种“浮力效应”，使得运行中出现的大凝聚团即使其粒度达几十毫米甚至上百毫米（为床料平均粒度的几十倍）也不会在床内沉积，而只要这些大凝聚团不沉积于温度水平低的布风板区域，它们就有机会通过燃尽、磨损和破碎等过程而逐渐消亡。因此，在一定的范围内，大粒度凝聚团的生成对流化床的稳定运行已不会构成威胁。

异比重流化床对凝聚团呈现“浮力”，并不意味着凝聚团将“浮”在流化床表面燃烧。试验表明，尽管重度小的颗粒有偏析于床层上部的趋势，但只要布风板设计合理，床内小重度颗粒相对含量不大，流化质量良好，则这样的偏析就很轻微，凝聚团仍能在流化床内正常地循环运动，从而对燃烧过程不会产生实质上的影响。

采用的异比重流化床中大重度床料占了绝大部分（质量份额超过 90%）。试验

表明，此时流化床特性主要取决于所选择的床料而很少受燃料凝聚团的影响。这样，一方面可以通过选择床料的颗粒度来达到需要的断面热强度；另一方面，又可以仅根据所选择的床料来组织流化工况而不必顾及燃料凝聚团的影响，从而使复杂的多因素问题大大简化，使运行调整变得简单、灵活。

3. 床料粒度选择

污泥是一种高水分的燃料，其密度在燃烧过程中要发生较大的变化。根据浙江大学污泥流化床混合试验研究，对于两组元流化床，两种物料的颗粒粒度、密度、比例及运行风速等因素对物料在床内的分布产生影响，其中以密度及粒度影响最大。一般来说，污泥在床内为低比重大粒度物料，需选用小颗粒大比重物料作基本床料，此时床内颗粒的分布规律将主要受密度影响。污泥流化床采用石英砂为床料，其粒径的选择往往取决于其临界流化风速。为达到较低的流化风速，床料粒径的选取也相应比燃煤流化床低，如日本 Oji 纸业公司为 0.8mm，加拿大 McGill 大学流化床采用 0.7～1.3mm，加拿大能源与矿物中心流化床试验台采用 1.7mm。因此，污泥焚烧时选取的床料平均粒径为 0.5～1.5mm。

4. 炉内加钙防止床料凝结

流化床污泥焚烧技术的关键在于如何防止床料的凝结以及对正常流化的影响。污泥，特别是一些工业污泥本身带有一定量的低灰熔点物质，如铁、钠、钾、磷、氯和硫等成分，这些物质的存在极易导致灰高温熔结结团，如磷与铁可以进行反应：$PO_4^{3-}+Fe^{3+}\longrightarrow FePO_4$，并产生凝结现象。一种简单有效的方法是在流化床中添加钙基物质，通过反应 $3Ca^{2+}+2FePO_4\longrightarrow Ca_3(PO_4)_2+2Fe^{3+}$ 来克服 $FePO_4$ 的影响。

另一方面，碱金属同样可以影响灰熔点，并发生以下反应

$$3SiO_2+2NaCl+H_2O\longrightarrow Na_2O{\cdot}3SiO_2+2HCl$$
$$3SiO_2+2KCl+H_2O\longrightarrow K_2O{\cdot}3SiO_2+2HCl$$

为防止碱金属氯化物对流化的影响，添加一定量的钙基物质可使得上述反应生成物进一步反应生成高灰熔点的共晶体，即

$$Na_2O{\cdot}3SiO_2+3CaO+3SiO_2\longrightarrow Na_2O{\cdot}3CaO{\cdot}6SiO_2$$
$$Na_2O{\cdot}3SiO_2+2CaO\longrightarrow Na_2O{\cdot}2CaO{\cdot}3SiO_2$$

因此，在污泥流化床燃烧时，将采取炉内加钙基物质及控制炉内燃烧温度等必要的措施防止床料凝结现象的产生，这也是浙江大学污泥流化床焚烧技术的特点之一。

以鼓泡流化床污泥焚烧锅炉为例，污泥焚烧锅炉由燃烧设备、给污泥设备、床下点火装置、二次风装置、汽水系统（包括锅筒、对流管束、连接管路等）、空气预热

器、固定结构件、钢架、平台扶梯、炉墙、护板、门类等组成。各主要系统包括：

（1）燃烧系统。根据污泥的特点在前墙设置了特殊设计的进料装置，避免堵塞和进料不畅。进料装置出口布置了不锈钢膨胀节、不锈钢溜管等，保证污泥通畅、均匀地进入焚烧炉膛。

为了保证燃烧温度，采用绝热炉膛的布置方式。

一次风经空气预热器被加热，再经风帽小孔进入流化床燃烧室，保证流化床内颗粒的充分流化，形成基本燃烧床层。通过对风帽小孔结构的特殊设计，可防止床料流入风室中，影响正常的运行。一次风风室进口布置自动调节门，使启动运行时调节起来非常方便。

二次风经空气预热器被加热，由布置在两侧墙的高速喷口喷入炉膛，并使气流在炉膛内形成旋流，保证炉膛内的燃烧强烈。二次风喷口距布风板 1500～2000mm，喷口采用耐热不锈钢。

一、二次风风量的比例为 0.4:0.55，另有 0.05 为播料风。锅炉在运行中可以调节一、二次风的风量来控制燃烧，既达到了完全燃烧的目的，又可以控制 SO_2 和 NO_x 的生成与排放。

（2）汽水系统。汽水系统主要由上下锅筒、对流管束、下降管、上升管及附件组成。

在设计下降管、上升管时充分考虑采用较高的截面比，保证在任何运行负荷情况下的水循环安全、可靠。

上、下锅筒采用 20g 钢板卷制焊接而成，两端设有压制封头和检查人孔。上锅筒内设有各种内件，包括二级汽水分离装置、加药管、排污管、紧急放水等，保证蒸汽品质和合格的运行水质。此外，还设有各种必要的阀门仪表，包括高低读水位计、水位自动控制接口、压力表、安全阀、放气阀等，保证运行安全、可靠。下锅筒内设有导流板和排污管。

对流管束由于受到烟气横纵向冲刷，因此也选择厚壁锅炉管，通过胀接的方法与上、下锅筒进行连接。

（3）空气系统。设计将燃烧空气分成一次风和二次风，分别由两个风机提供。空气预热器采用并联布置，可以将一、二次风同时加热至 200℃，分别从燃烧风室和炉膛中部的二次风喷口进入。

空气预热器采用钢管式，卧式顺列布置，高压空气走管内，烟气走管外，一方面比较容易保证密封性能，另一方面对防止管子磨损和积灰也非常有利。采用不锈钢管还可以防止负荷变化时产生的低温腐蚀。采用一级并联布置，可以同时保证有足够的传热温差，使出口空气温度同时达到设计要求。

一、二次风离开空气预热器进入炉膛前，分别布置有自动调风门，可以根据燃

烧需要进行远程调节。一次风同时也作为点火时的混合风，可以将点火燃烧器产生的高温烟气调节到需要的温度范围，避免高温烧坏燃烧设备。

（4）固定支撑系统。焚烧炉整体采用炉膛和水平烟道悬吊、尾部烟道支撑的结构。所有荷载都传递到支撑梁和立柱上，并最终传递到土建基础上。

炉膛部分荷载通过顶部的许多根高强吊杆传递到顶部板梁，外部设有刚性梁加固，并装有限位装置。

水平烟道部分荷载通过上锅筒两端的吊杆传递到顶部板梁，上、下锅筒通过膜式水冷壁包墙和对流管连接成一个整体。

尾部烟道受热面管、炉墙等通过金属连接件将荷载传递到护板，然后传递到支撑梁和立柱。

（5）点火系统。包括冷却风混合器、自动点火和熄火保护系统、燃烧烟道等关键部分，可以保证点火方便、调节比大、燃烧完全。点火时一次风风箱温度控制在700℃左右。

（6）监测控制系统。为满足污泥流化床运行控制需要，除在汽水侧布置常规测点外，按需要还在烟风道上布置一些测点，主要包括一次风室的温度压力测点、布风板上的温度测点、密相区出口的温度压力测点、炉膛出口处烟气的温度压力测点、对流管出口温度压力测点、对流管出口处的氧化锆测氧仪、空气预热器出口的温度压力测点。

第6章 污泥干化过程的污染物排放特性

6.1 污泥干化过程污染物排放特性的试验研究

6.1.1 污泥干化污染物排放的测试方法

对两种不同类型的污泥进行了干化排放特性研究，两种污泥分别为城市污泥和造纸污泥，均由厌氧/好氧（A/O）污水处理工艺在污水处理过程中产生，经机械脱水后至含水率80%左右。

采用芬兰GASMET公司生产的基于傅里叶变换红外光谱的GASMET Dx4000烟气分析仪对干化气体进行在线分析。GASMET Dx4000烟气分析仪如图6-1所示，它主要由两个单元构成：一个是采样单元，用于样品气体的采集和过滤处理；另一个是气体分析单元，采用FTIR检测器对气体成分浓度进行连续测量。试验所测得的气体红外光谱谱图采用仪器自带的专用软件Calcmet Software 2005进行处理。冷凝液中的铵浓度和硫酸根浓度采用Metropm-792 Basic离子色谱仪进行测定，冷凝液的pH值和COD值则分别采用LP115FK pH计和5B-3快速COD测量仪进行测定。

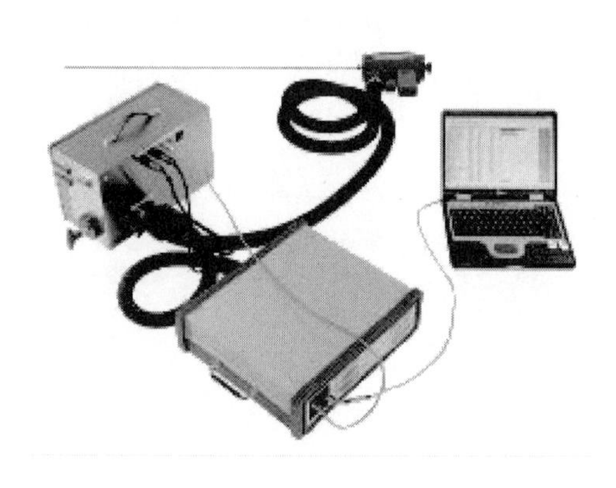

图6-1 GASMET Dx4000烟气分析仪

6.1.2 间歇式污泥干化过程的污染物排放特性

如图6-2所示，间隙式污泥干化试验在一管式炉内进行，管式炉的加热区长度为400mm。石英管的长度和内径分别为1150mm和24mm。试验开始时，称取5g湿污泥放置在石英舟上，将石英舟推至管式炉加热段中心部位，设定炉内温度为160℃不变。石英管内干空气流速为3.2L/min，从石英管出来的干化气体进入GASMET Dx4000烟气分析仪进行连续的气体测试。每个工况都进行重复试验，以保证试验结果的可靠性。

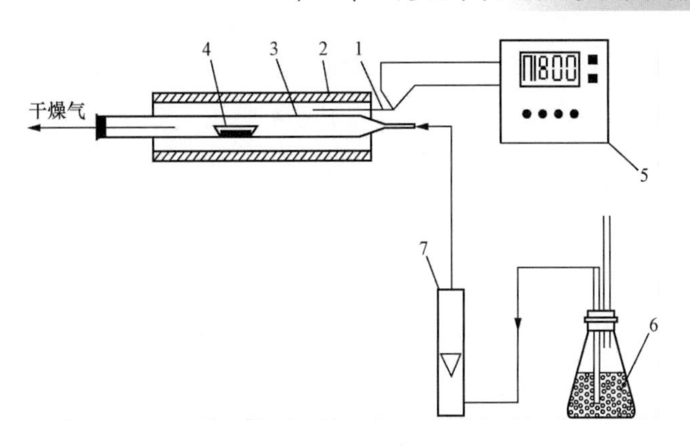

图 6-2　污泥批式干化试验装置示意图

1—热电偶；2—管式炉；3—石英管；4—石英舟；5—控制面板；6—变色硅胶；7—流量计

试验中，污泥的干化过程可以描述如下：首先，炉内污泥的温度从环境温度升至试验温度；随后，污泥的干化表面不断收缩，伴随着污泥水分蒸发和挥发性化合物析出，污泥体积逐渐减小。污泥的干燥速率利用 GASMET Dx4000 烟气分析仪所测定的干化气体的含湿量进行换算，根据气体的含湿量可以折算出每一时刻污泥的含水率变化。图 6-3 所示为造纸污泥和城市污泥的干燥速率曲线，在干化的初始阶段，由于污泥的升温而导致污泥干燥速率快速上升。由于两种污泥的性状不同，可以看出造纸污泥的干燥速率明显高于城市污泥。

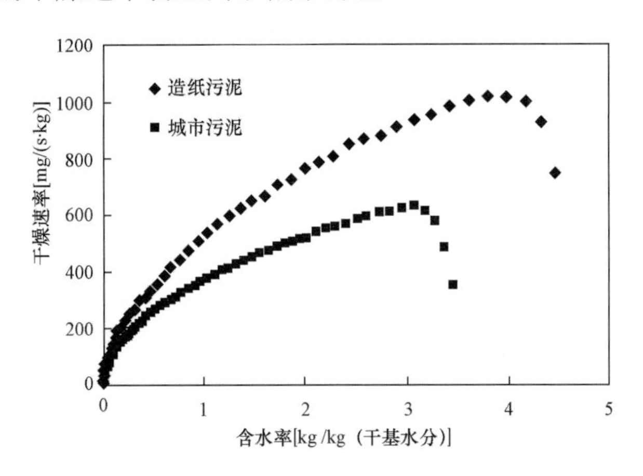

图 6-3　造纸污泥和城市污泥的干燥速率曲线（干化温度为 160℃，干空气流速为 0.108m/s）

美国教授 Vesilind 和 Ramsey[25] 的研究指出，当污泥的干化温度为 150℃时，污泥将会散失10%的热量。由此表明，污泥干化过程中，水分的蒸发和挥发分的析出是同步进行的，而且当干化温度高于 150℃时，挥发分的析出占重要作用。在该试验中，污泥的干化温度通过电加热装置控制在 160℃，每个工况进行重复性试验，由于污泥样品不均匀及仪器的测量误差而导致重复试验结果存在一些差异，但试验结果表明这种差异小于 50%，因此试验结果是可靠的，后面分析讨论的试验结果均来自两个重复性试验结果中的一个。图 6-4 所示为试验中干化气体的红外光谱图，根据光谱图可以定性 4 种高浓度的挥发性化合物，除了水以外分别为氨气（NH_3）、庚烷（C_7H_{16}）、二氧化碳（CO_2）和挥发性脂肪酸（volatile fatty acids，VFAs）。

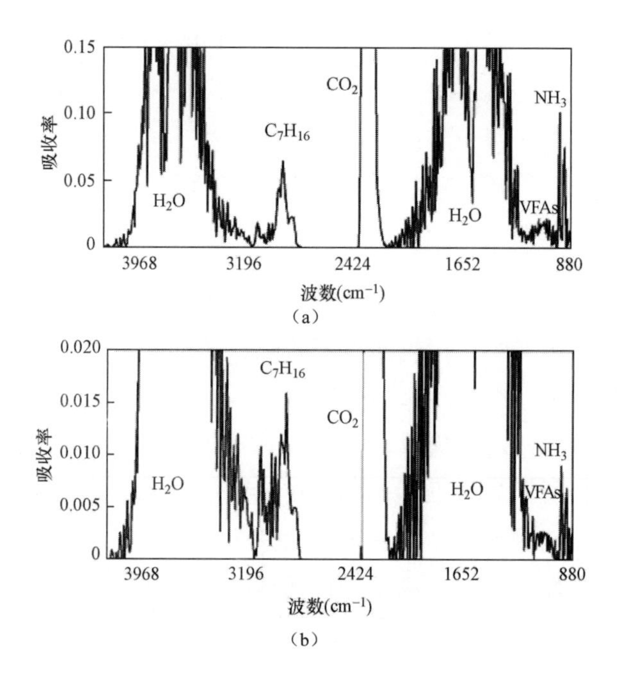

图 6-4　城市污泥［含水率为 0.11kg/kg（干基水分）时］和造纸污泥［含水率为 0.02kg/kg（干基水分）时］干化气体的红外光谱图（干化温度为 160℃，干空气流速为 0.108m/s）

（a）城市污泥；（b）造纸污泥

6.1.2.1　氨气排放特性

如图 6-5 所示，城市污泥和造纸污泥的干化气体中氨气的排放速率曲线可分为 3 个阶段，分别为：①排放速率上升阶段，由干化初始阶段污泥温度上升引起；②排放速率恒定阶段，城市污泥和造纸污泥的恒定区域分别在 0.75～2.33kg/kg（干基水分）和 0.49～1.63kg/kg（干基水分）范围内；③排放速率下降阶段，这一阶段氨气的排放速率下降迅速。为了研究氨气的排放机理，采用离子色谱法对城市污泥和造纸污泥溶液中铵离子（NH_4^+）的浓度进行了检测。检测结果表明，城市污泥溶液中铵离子浓度为 5.46g/kg，显著高于造纸污泥溶液中 0.28g/kg 的铵离子浓度，这可能是城市污泥中氨气的排放速率显著高于造纸污泥的原因。此外，有研究表明在污泥进行干化时，可通过污泥中蛋白质成分的热水解反应而排放氨气[26]。当污泥中的蛋白质溶解时，可以水解为多肽、二肽和氨基酸，氨基酸进一步水解产生有机酸、氨气和二氧化碳[108]。

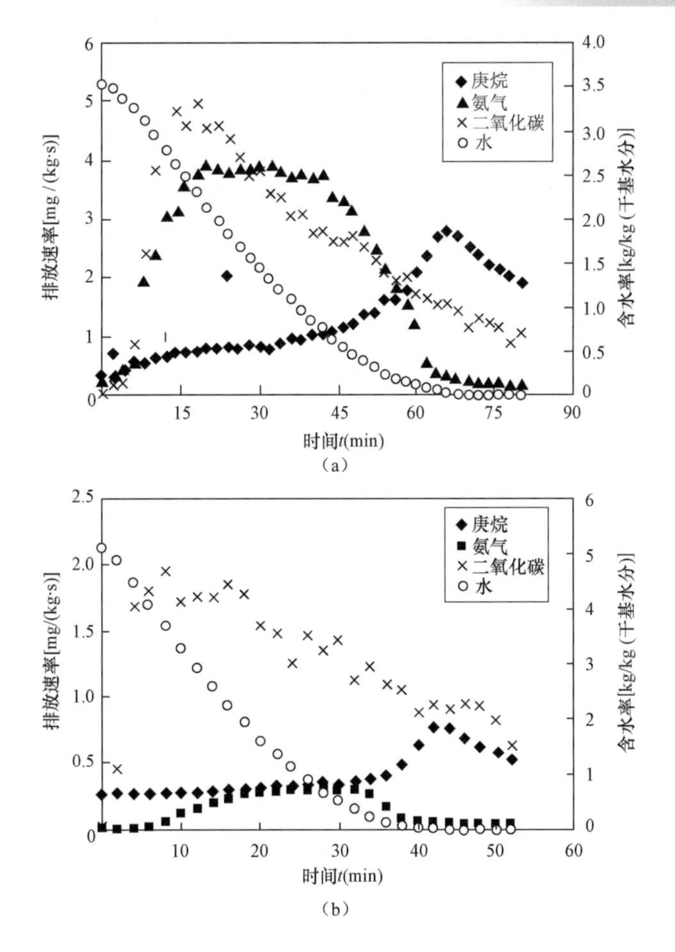

图 6-5　城市污泥和造纸污泥干化气体中庚烷、二氧化碳和氨气的排放速率及污泥含水率随时间变化曲线（干化温度为 160℃，干空气流速为 0.108m/s）

（a）城市污泥；（b）造纸污泥

6.1.2.2　庚烷排放特性

庚烷的排放速率曲线如图 6-5 所示，和氨气的排放曲线对比可知两者的排放特性存在很大差异。污泥的含水率对污泥干化过程中有机挥发性化合物的排放特性有重要影响。美国学者 Rudolfs 和 Baumgartner[109] 的研究表明，只有当污泥中 80%～90%的水分干化以后污泥中的有机挥发分才开始释放。但这一结论是基于干化过程中水分在污泥颗粒中呈均匀分布这一假设而成立的。然而，在实际干化过程中，水分不可能在污泥颗粒中始终保持均匀分布，通常情况下是污泥颗粒表面水分先蒸发，然后干化液面向污泥颗粒内部逐渐收缩。因此可以推测，庚烷最先是从污泥颗粒的干表面开始挥发。如图 6-5 所示，当城市污泥含水率大于 0.43kg/kg（干基水分）时，随着污泥含水率的增大，庚烷的排放速率缓慢增加；当城市污泥含水率小于 0.43kg/kg（干基水分）时，庚烷的排放速率开始快速增加；当城市污泥达到全干化时，庚烷的排放速率达到最大值，该峰值大小为 2.80mg/（s • kg），随后庚烷的排放速率逐渐减小直至恒定值。对于造纸污泥，只有当污泥干化至含水率小于 0.11kg /kg（干基水分）时，庚烷的排放速率才显著增大，造纸污泥庚烷的排放峰值为 0.76 mg/（s • kg），明显小于城市污泥的排放值。由此可知，庚烷的排放速率随着污泥含水率的减小而增大，由于庚烷含有热值，因此污泥干化过程中热值损失将随着污泥含水率的降低而增大。

庚烷的生成可能有两个途径：一个可能是污泥中本身存在庚烷，当污泥加热干化时，储存于污泥中的庚烷经受热而释放出来；另一个可能是由更高级的有机化合物受热分解而得。实际上，庚烷是一种沸点为 98.5℃的挥发性有机化合物，假如污泥本身储存有庚烷，那么在污泥干化过程的开始阶段，庚烷就会受热随着干化水蒸气大量释放出来。然而试验结果表明，在 0～40min 这段干化时间内，庚烷始终保持较低及微弱增加的水平，直到污泥全干化时才达到排放峰值。因此可以推测，庚烷主要是由更高级的有机化合物受热分解产生的。

6.1.2.3 挥发性脂肪酸排放特性

如图 6-6 所示，污泥干化过程中有 3 种挥发性脂肪酸被检测到，分别为丙酸、甲酸和乙酸。图 6-6（a）所示为城市污泥干化气体的挥发性脂肪酸排放速率曲线。结果表明，在干化的初始阶段，挥发性脂肪酸的排放速率快速上升；随后，挥发性脂肪酸的排放速率随着含水率的降低逐渐下降。对于造纸污泥而言，甲酸的排放速率明显小于丙酸和乙酸，几乎可以忽略不计；丙酸在 0.8～3.8kg/kg（干基水分）含水率范围内的排放速率比较稳定。

大量研究结果表明，挥发性脂肪酸可以通过有机质的热水解反应得到[110~112]，城市污泥、造纸污泥或塑料废弃物等在热水解过程中都会产生挥发性脂肪酸。然而，有关污泥干化过程挥发性脂肪酸的排放特性鲜有报道。王兴润等人[26]的研究结果表明，污泥干化中排放的挥发性脂肪酸也是通过污泥热水解反应生成的。但是，由于污泥干化过程的温度和压力均明显小于污泥热水解处理过程，因此干化过程排放的挥发性脂肪酸浓度也明显小于污泥热处理过程排放的浓度。此外，当污泥含水率随着干化而不断降低时，干化过程的热水解反应也逐渐减弱，因此挥发性脂肪酸的排放浓度也逐渐降低。如图 6-6 所示，当污泥达到全干化时，就不再有挥发性脂肪酸排放。

6.1.2.4 二氧化碳排放特性

在污泥干化过程中，采用干空气作为载气。因此，干化气体中的总二氧化碳浓度包括干化过程排放的二氧化碳浓度和载气中存在的二氧化碳浓度。图 6-5 所示的干化气体二氧化碳浓度是由总二氧化碳浓度减去载气中的二氧化碳浓度而得。由图 6-5 可知，和其他的挥发性化合物排放速率相比，二氧化碳的排放速率是显著的。

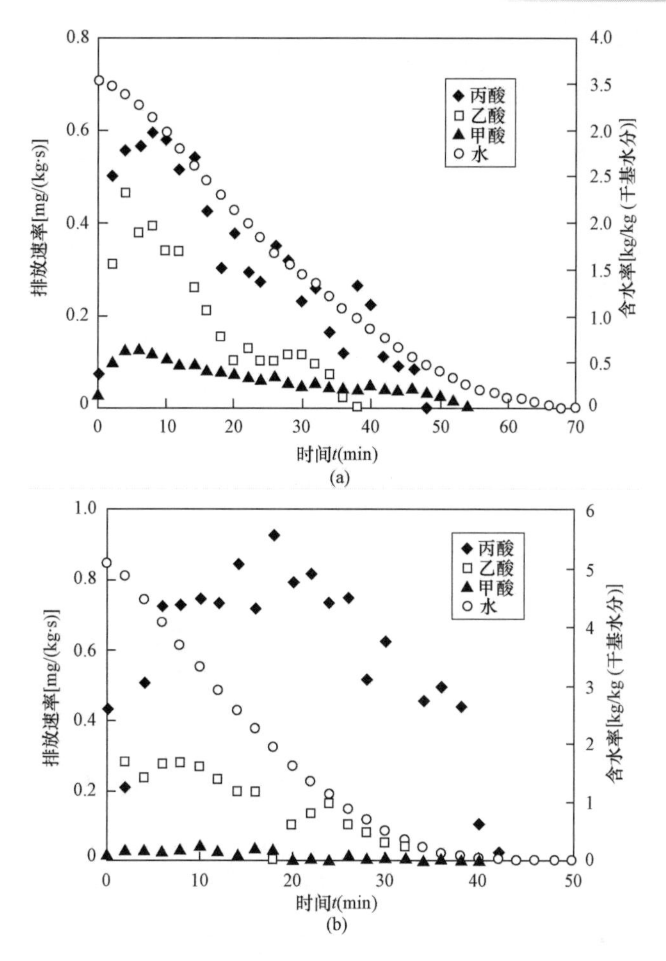

图 6-6　城市污泥和造纸污泥干化气体中有机酸的排放速率及污泥含水率随时间变化曲线

（干化温度为 160℃，干空气流速为 0.108m/s）

（a）城市污泥；（b）造纸污泥

在城市污泥和造纸污泥干化的初始阶段，二氧化碳的排放速率有一个快速上升的区域，当达到峰值后，二氧化碳的排放速率开始随着时间稳步下降。城市污泥二氧化碳的排放速率明显高于造纸污泥的排放速率，城市污泥二氧化碳的排放峰值为造纸污泥的 2 倍多。

二氧化碳的生成至少有两个途径：一个在前面已经提到过，即通过氨基酸的水解反应生成；另一个可能的途径是通过重碳酸盐的分解生成。根据参考文献［113］对污泥溶液中的 HCO_3 浓度进行了检测。方法中，水溶液中的 HCO_3 、CO_3^2 和 HO^- 浓度采用酚酞试剂和甲基橙试剂经盐酸溶液进行标定。检测结果表明，在城市污泥和造纸污泥溶液中均没有 CO_3^2 和 HO^-，城市污泥和造纸污泥溶液中 HCO_3 的浓度分别为 15.4g/kg 和 12.7g/kg，因此有理由推测，污泥干化气体中部分二氧化碳是由重碳酸盐的分解产生。

6.1.3 污泥连续干化过程的污染物排放特性

污泥连续干化污染物测试试验在如图 6-7 所示的空心楔形桨叶式污泥干化机内进行。干化机由夹套、空心双轴和楔形桨叶组成，油箱内的导热油采用电阻丝进行电加热，加热后的导热油经油泵送入干化机的夹套、空心热轴和空心桨叶对污泥进行间接传热干化。油箱内电阻丝的加热功率为 18kW，干化机的处理量为 30kg/h。干化过程中，湿污泥从干化机的给料端连续给入，经干化机不断搅拌、干化，从干化机的出口端连续输出干污泥产品。干化过程中产生的水蒸气采用引风机引出，经冷凝器冷凝后排出。冷凝液采用收集器进行收集待测。在冷凝器的气体进口和出口分别设置了气体采样口 A 和 B，用于干化气体的测试。

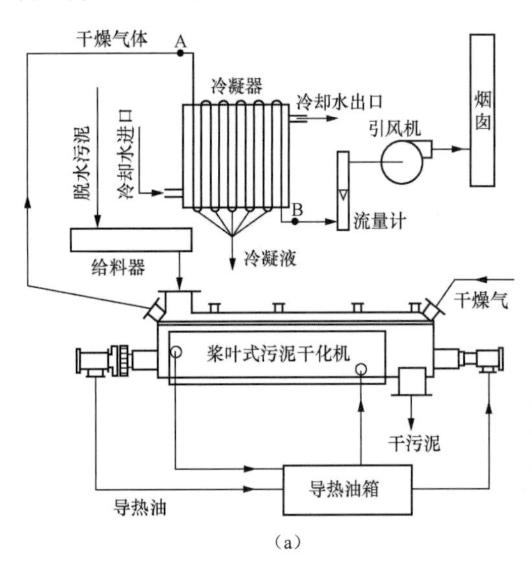

（a）

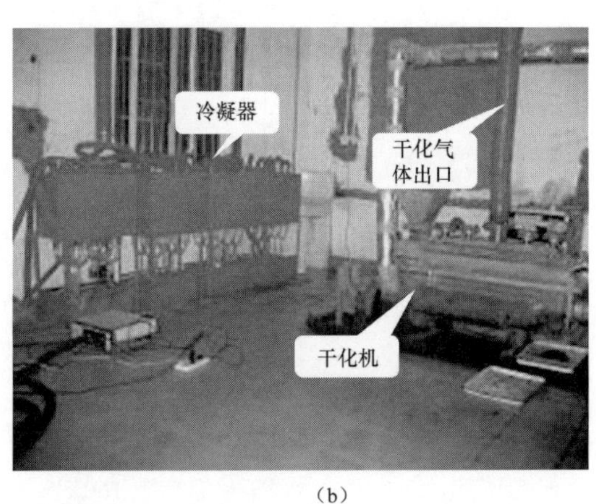

（b）

图 6-7 空心楔形桨叶式污泥连续干化系统

（a）示意图；（b）实物图

在污泥连续干化试验中，污泥从给料口连续给料，经干化后从干化机出口连续排料，当空心热轴的转速为 2.5r/min 时，污泥在干化机内的停留时间约为 30min。表 6-1 所列为试验过程中的各个运行参数。城市污泥和造纸污泥都分别有 4 个试验工况，每个工况都是当污泥干化稳定运行 30min 时才开始气体成分测试工作，每项测试工作时间持续 60min，干化气体中的挥发性化合物浓度为 60min 内的平均值。

表 6-1 污泥连续干化试验干化系统运行参数

污泥种类	城市污泥				造纸污泥			
测试项目号	1	2	3	4	5	6	7	8
导热油温度（℃）	140	150	160	170	140	150	160	170

续表

污泥种类	城市污泥				造纸污泥			
污泥给料速率 (kg/h)	15	14.5	13.5	16.8	13.2	12.8	12.4	15.1
进口污泥含水率［kg/kg（干基水分）］	3.7	3.7	3.7	3.7	4.9	4.9	4.9	4.9
出口污泥含水率［kg/kg（干基水分）］	1.9	1.1	1.0	1.0	0.4	0.3	0.3	0.4
热轴转速（r/min）	2.5	2.5	2.5	2.5	2.5	2.5	2.5	2.5
空气流量（m^3/h，标况下）	17.7	15.8	16.4	15.6	18.4	18.2	17.8	17.2

在污泥连续干化试验中，主要有 5 种挥发性化合物排放，这 5 种挥发性化合物分别为氨气、庚烷、二氧化碳、挥发性脂肪酸和甲烷。图 6-8 所示为不同干化温度下干化气体冷凝前 5 种挥发性化合物的排放速率。由图可知，无论是城市污泥还是造纸污泥，二氧化碳的排放速率均明显高于其他 4 种组分。随着干化温度升高，各组分的排放速率也明显升高。当干化温度从 140℃升到 170℃时，氨气的排放浓度上升了 120%。如图 6-8 所示，造纸污泥的氨气排放速率显著低于城市污泥，二氧化碳

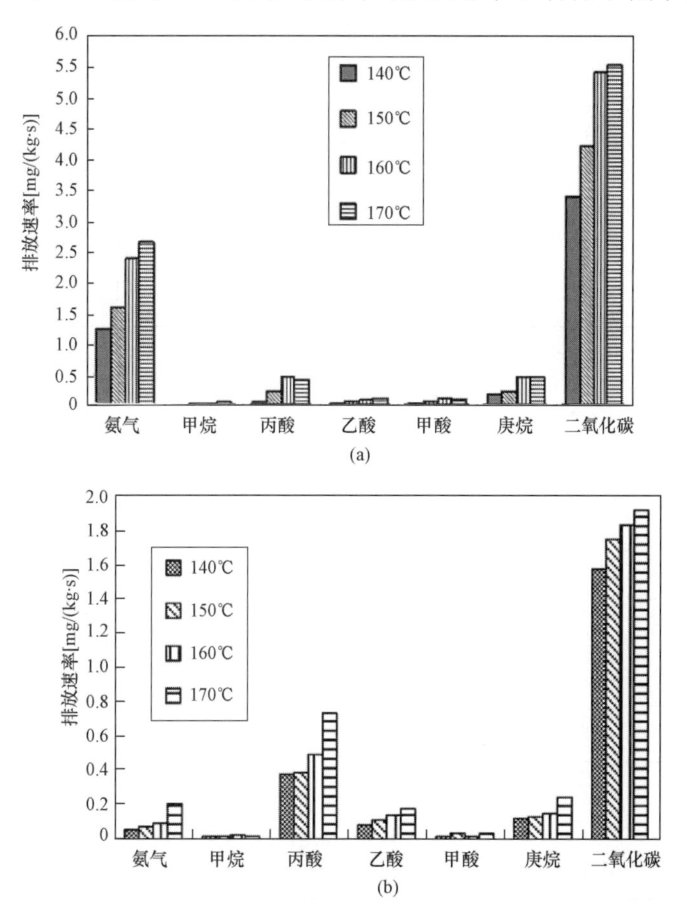

图 6-8　不同干化温度下城市污泥和造纸污泥干化气体中挥发性化合物的排放速率（干化气体冷凝前）

（a）城市污泥；（b）造纸污泥

和挥发性脂肪酸是造纸污泥干化过程排放的最主要的两类化合物。对于造纸污泥，除了甲烷和甲酸以外，其他气体组分的排放速率均随干化温度的升高而升高，而且当温度从160℃上升到170℃时，丙酸的排放浓度明显上升。值得注意的是，在连续干化试验中检测到了甲烷的排放，而在间歇式试验过程中并没有检测到。其原因是间歇式干化试验中，污泥样品仅有5g，甲烷的排放总量低于仪器的检测限，因此在试验中没有发现甲烷的排放。

上述各种挥发性化合物对人体和环境都具有不同程度的危害[114]。氨气是一种兼具刺激性气味、毒性和腐蚀性的气体，人体吸入后会对神经系统产生刺激性作用；庚烷是一种无色、有毒，并具有类似汽油气味的液体；挥发性脂肪酸是常见的一类恶臭污染性气体[115, 116]；二氧化碳和甲烷是常见的温室气体。除了上述5种主要的挥发性化合物以外，像该试验中没有进行检测的有机硫化物、硫化氢和胺类化合物等，均属于有毒恶臭污染性气体，因此污泥干化气体的排放控制和处理显得尤为重要。

如图6-7所示，为干化系统配备了冷凝器，用于干化水蒸气和挥发性化合物的

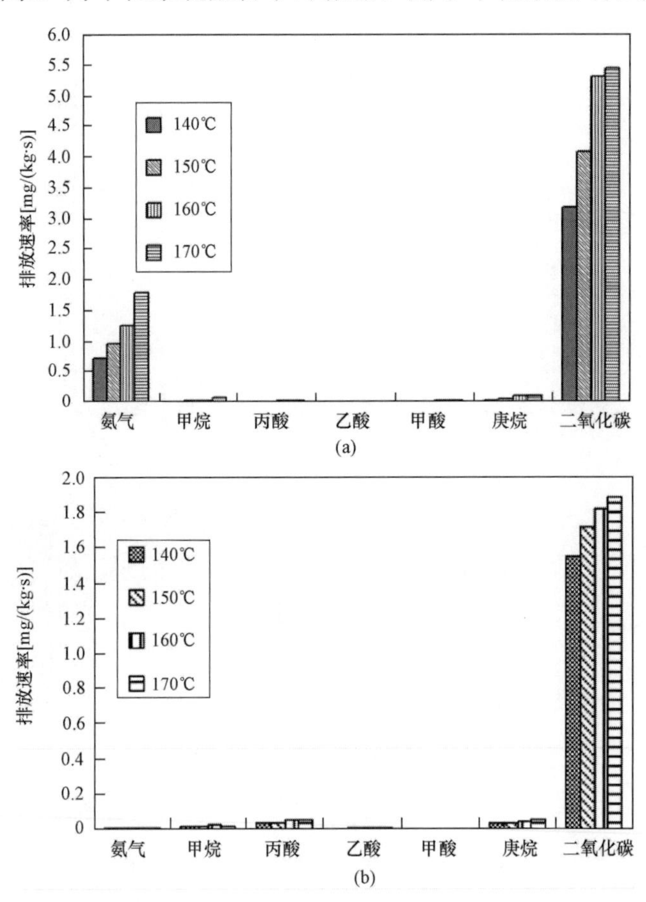

图6-9 不同干化温度下城市污泥和造纸污泥干化气体中挥发性化合物的排放速率（干化气体冷凝后）

（a）城市污泥；（b）造纸污泥

冷凝。图 6-9 所示为干化气体经冷凝器冷凝后各种挥发性化合物的排放速率。由图可知，超过 90%的挥发性脂肪酸和 70%的庚烷能够被冷凝器收集。但是，城市污泥所排放的氨气只有 33%～47%被冷凝器收集，这是由于氨气排放浓度太高，冷凝器无法完全冷凝吸收所致。甲烷和二氧化碳在冷凝前后的排放速率几乎没有变化。因此，冷凝后仍然有部分挥发性气体排出，需要对冷凝气体进行进一步的处理。

对冷凝液的 pH 值进行了测定，检测结果表明它和挥发性化合物的排放速率有很强的相关性。如表 6-2 所示，城市污泥干化冷凝液的 pH 值呈碱性，这是由于城市污泥干化过程中氨气排放浓度很高的缘故；相反地，造纸污泥干化冷凝液的 pH 值呈碱性，这是由于造纸污泥干化过程中挥发性脂肪酸排放浓度很高的缘故。然而，干化温度对冷凝液 pH 值的影响却并不明显。如表 6-2 所示，城市污泥冷凝液的 COD 值明显高于造纸污泥，表明城市污泥的干化冷凝液中含有更多可化学氧化的有机质，同时城市污泥相比造纸污泥具有更高的氨气和庚烷排放浓度也是其 COD 值更高的原因之一。试验采用离子色谱对冷凝液的铵离子浓度和硫含量进行了检测，由于离子色谱无法直接测量冷凝液中的硫化物和有机含硫化合物，因此采用双氧水将冷凝液中的硫化物氧化为硫酸根离子后再进行检测。表 6-2 中结果表明，城市污泥冷凝液中的铵离子浓度和硫酸根浓度显著高于造纸污泥，其中城市污泥的铵离子浓度为造纸污泥的 30～70 倍，冷凝液的含硫量为造纸污泥的 3.6～8.6 倍。冷凝液中硫的检出也证明了干化过程中含硫化合物的排放，而这些含硫化合物无法用 GASMET Dx4000 烟气分析仪检测到。由表 6-2 可推测含硫化合物的排放浓度远小于氨气的排放浓度。

表 6-2　城市污泥和造纸污泥干化冷凝液特性分析

污泥种类	城市污泥				造纸污泥			
导热油温度（℃）	140	150	160	170	140	150	160	170
冷凝液温度（℃）	36.2	42.3	49.7	52.3	41.1	44.2	49.3	52.3
冷凝液 pH 值	9.62	9.73	9.8	9.71	5.81	5.53	5.41	5.34
冷凝液 COD 值（mg/L）	650.4	772.2	1 079.5	1 012.5	497.0	528.0	528.5	724.8
冷凝液铵离子浓度（mg/L）	796.8	822.8	898.8	856.1	11.5	17.9	22.7	30.5
冷凝液含硫量（mg/L）	8.4	9.5	10.0	11.1	1.1	1.1	1.5	3.1

从上面的试验结果分析可知，城市污泥和造纸污泥干化气体的排放特性存在很大差异，城市污泥排放的气体组分浓度高于造纸污泥，尤其是氨气的排放浓度。这些排放差异主要是由于两种污泥物理化学性质的差异造成的。城市污泥的排放源非常复杂，包括生活污水、工业污水、医疗废水、街道雨水及商业污水等；而造纸污泥的排放源很单一，主要来自造纸厂的造纸废水。城市污泥的组分也非常复杂，包括脂类、蛋白质、碳氢化合物、腐殖质和脂肪酸等[117]，而造纸污泥则主要由纤维

素、高度木质化物质和其他一些取决于造纸工艺的添加剂成分[118]组成。没有对城市污泥和造纸污泥的组成成分进行分析，但从表3-3的工业分析结果和表3-4的元素分析结果可以看出，城市污泥干化过程中相比造纸污泥更高的氨气和含硫化合物排放浓度与城市污泥的高含氮量和高含硫量相关。

6.2 污泥在大型工业干化机内干化污染物排放测试结果

6.2.1 干化系统概况

为了解实际工业应用的污泥干化设备的污染物排放情况，在100t/d处理量的污泥干化系统上进行了实际测量。图6-10所示为污泥干化装置，整个系统主要由干化面积为220m^2的空心浆叶式污泥干化机、皮带式污泥给料机、尾气处理装置和引风机组成。污泥干化后作为燃料在热电厂的燃煤流化床锅炉内进行焚烧处理。如图6-10所示，为防止干化过程中恶臭气体的排放，干化气体先经喷淋塔除去绝大部分的干化水蒸气和挥发性有机污染物，从喷淋塔出来的气体再进入活性炭吸附装置进一步吸收残留有机气体。干化机尺寸参数和运行参数见表6-3。干化机热源为来自热电厂的150℃饱和水蒸气。

表6-3　干化机尺寸参数和运行参数

干化机尺寸参数		干化机运行参数	
干化机换热面积（m^2）	220	污泥处理量（t/h）	4.0
设计温度（℃）	250	饱和水蒸气温度（℃）	150
电动机功率（kW）	75	热轴转速（r/min）	12
设计压力（MPa）	0.4	喷淋水量（t/h）	5
质量（kg）	59 000	干化气体量（m^3/h）	1200

图6-10　100t/d空心浆叶式污泥干化机装置图

表6-4给出了干基污泥的工业元素和热值分析。

表6-4 污泥工业元素及热值分析（干基）

项目	数值	项目	数值
水分（%）	1.54	氢（%）	4.44
灰分（%）	34.87	氮（%）	2.54
挥发分（%）	63.59	硫（%）	1.86
固定碳（%）	ND	氧（%）	16.68
碳（%）	38.07	低位热值（kJ/kg）	15 798

注 ND—低于检测限。

6.2.2 干化污染物排放特性

污泥干化前后的含水率分别为82.6%和55.2%，图6-11所示为污泥干化前后形态的变化。污泥干化前呈墨黑色黏稠状，而干化后则呈棕灰色颗粒状。

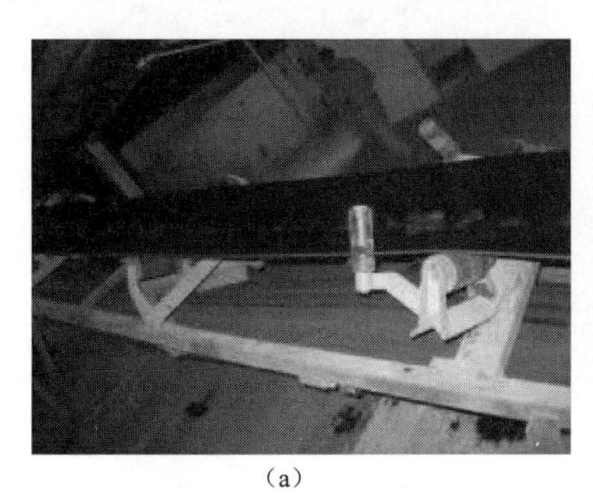

（a）

（b）

图6-11 制革污泥干化前后形态

（a）干化前；（b）干化后

采用GASMET Dx4000在线红外光谱气体分析仪对干化气体处理前后的污染物排放浓度进行了测试。图6-12所示为干化气体进入喷淋塔前所测的气体成分，主要包括水蒸气、甲烷、丙醛、氨气和庚烷。除了丙醛，其他如氨气、庚烷和甲烷在前面城市污泥和造纸污泥的干化试验中都有测出。其中，氨气和庚烷的平均排放浓度分别为247.4mg/m^{3}和271.4mg/m^3，明显高于甲烷和丙醛的排放浓度。

图6-13所示为活性炭后引风机前所测的干化气体的污染物浓度。由图可知，在经过喷淋塔和活性炭吸附装置后，各种污染物的排放浓度显著下降。其中，氨气的平均排放浓度下降为12.6mg/m^3，为处理前的5.1%；庚烷的平均排放浓度下降为9.8mg/m^3，为处理前的3.6%；甲烷的平均排放浓度下降为12.5mg/m^3，为处理前的36.7%；丙醛排放浓度下降为8.5mg/m^3，为处理前的22.1%。活性炭吸附饱和后采用加热法进行解吸附，解吸附产生的高浓度有害废气采用滑电弧放电等离子体进行

降解处理。活性炭解吸附后可重复利用。

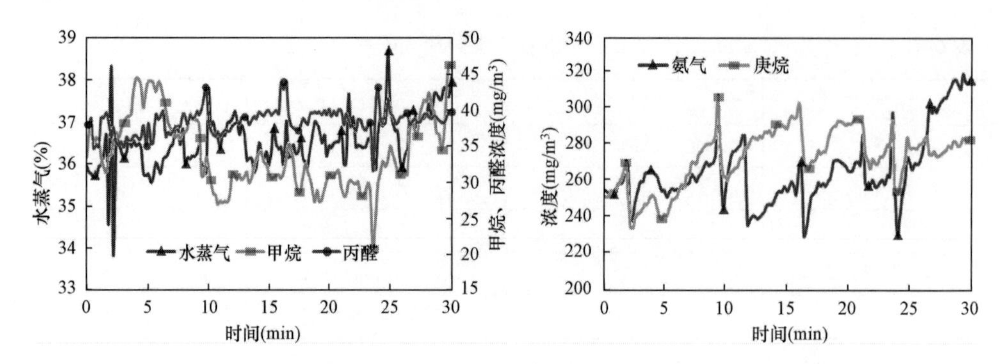

图 6-12　干化气体处理前的污染物浓度

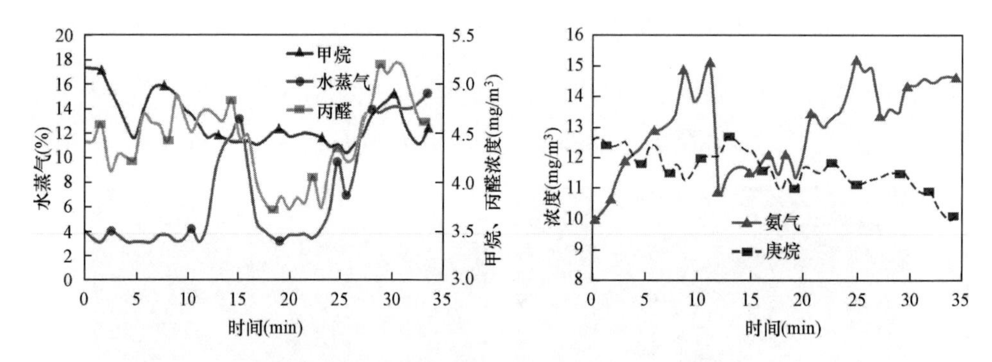

图 6-13　干化气体处理后的污染物浓度

第7章 流化床内污泥焚烧痕量污染物排放特性

7.1 污泥在小型流化床焚烧炉内焚烧的污染物排放

7.1.1 污泥焚烧污染物排放的测试方法

原始污泥为取自城市污水处理厂的机械脱水污泥，湿污泥和干基污泥的工业分析、元素分析和热值分析见表 7-1 和表 7-2。采用 X 射线荧光光谱仪对干基污泥中的重金属含量进行了测定，测定结果见表 7-3。

表 7-1 污泥和煤的工业分析和热值分析

污泥种类	含水率 M_d（%）	挥发分 V_d（%）	固定碳 FC_d（%）	灰分 A_d（%）	干基热值 Q_d（kJ/kg）
原始污泥	78.96	9.32	0.56	11.86	3590
干化污泥	1.30	46.71	3.11	48.88	12 263
煤	1.33	6.65	54.09	37.93	20 860

表 7-2 污泥和煤的元素分析 %

污泥种类	碳	氢	氮	硫	氧	氯
	C_d	H_d	N_d	S_d	O_d	Cl_d
原始污泥	5.63	0.91	0.61	0.67	2.32	0.006 27
干化污泥	29.34	4.11	3.11	2.39	10.87	0.029 83
煤	54.10	2.48	1.22	0.33	2.61	0.006 36

表 7-3 污泥中的重金属含量 g/kg

重金属	Cd	Cr	Cu	Fe	Ni	Pb	Zn
含量	0.19	0.68	0.10	31.61	1.61	1.17	10.45

如图 7-1 所示，炉膛由刚玉陶瓷管制成，炉膛内径为 60mm，采用电阻丝分 3 段加热，炉膛高度为 1100mm，炉膛内部加热段高度为 745mm。炉膛外部设置石棉保温层，以减少散热损失并保证试验的安全。炉膛下部设置空气预热器，空气预热器和炉膛内部共布置 5 只测温热电偶，采用智能温控仪保证炉膛内温度稳定。由于

悬浮区、密相区和空气预热器各自独立地采用电阻丝加热，因此能够独立地控制悬浮区、密相区和一次风的温度。布风板由两张 120 目的不锈钢网呈 45°叠加而成。污泥由不锈钢螺旋给料机给入炉膛，螺旋给料机由可调速电磁电动机带动，螺旋臂加设冷却循环水套，以防止干污泥在行进过程中受热。选取粒径为 0.3～0.6mm 的石英砂为床料，污泥在距离布风板 350mm 处给入炉膛。采用基于傅里叶红外扫描分析原理的 GASMET Dx4000 在线烟气分析仪对焚烧过程排放的气体进行检测分析。

采用美国环境保护署 Method 23 采样标准采集烟气及飞灰中的二噁英[119]。采集装置如图 7-1 所示，该装置主要由滤筒、冷凝管、XAD-2 树脂、三口烧瓶、变色硅胶、抽气泵和煤气表组成。滤筒外壁采用加热带将温度控制在 200℃左右，以模拟真实的尾部温度；冷凝管的作用是降低烟气温度，提高 XAD-2 树脂的吸附效果；三口烧瓶的作用是收集冷凝液体，通过变色硅胶进一步对气体进行干化，最后煤气表显示的即为干烟气温度。烟气的湿度除了可以通过烟气分析仪检测外，也可以通过三口烧瓶和变色硅胶收集的总水量求得。

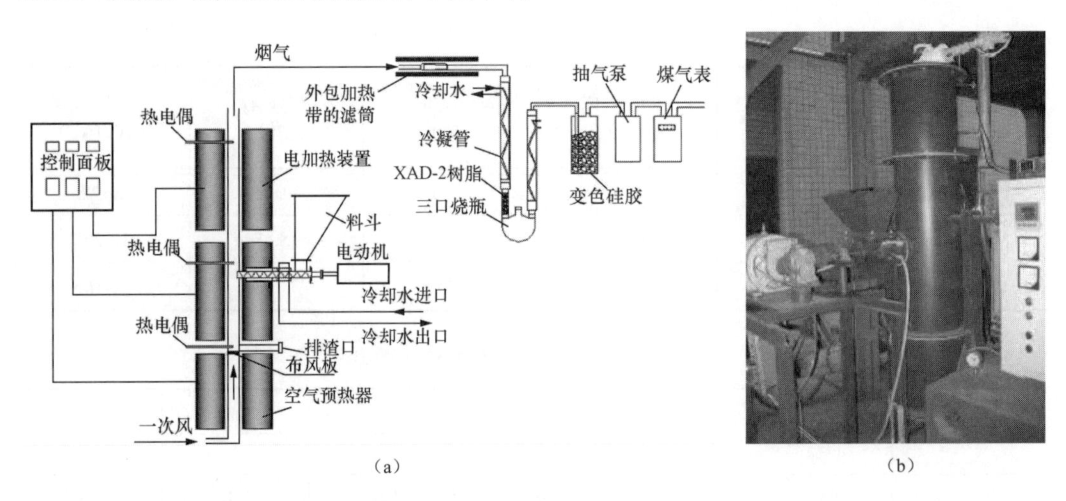

图 7-1　污泥流化床焚烧试验采集装置示意图

（a）流化床污泥焚烧系统示意图；（b）试验装置图

焚烧前先用桨叶式污泥干化机将湿污泥干化至含水率 40%，污泥干化后的粒径为 3～5mm。污泥在流化床内的焚烧温度控制在 850℃，焚烧试验包括污泥单独焚烧、污泥和煤混烧（污泥和煤的质量比为 1:1）及煤单独焚烧工况。在混烧试验工况中添加了 CaO 以控制 SO_2 的排放，焚烧过程中 CaO 和燃料混合均匀后由螺旋给料机给入炉内。

二噁英样品采用 USEPA Method 1613[120] 方法进行预处理，二噁英的分析仪器为日本株式会社生产的高分辨色谱和高分辨质谱联用仪，色谱和质谱的条件为：DB-5 石英毛细管柱，尺寸为 60m×0.25mm×0.25μm。色谱柱升温程序为：150℃保持

1min；以 25℃/min 的升温速率升至 190℃，再以 3℃/min 的升温速率升至 280℃；在 280℃时停留 20min。采用自动不分流进样，进样体积为 1μL。质谱条件：质谱分辨率 10 000，阳极 EI 条件（38eV 电子能）；选择离子监测（SIM）；所有标样均采购至加拿大惠灵顿同位素实验室。

多环芳烃样品检测方法为 Thermo Quest/Trace 2000 气相色谱法，检测的多环芳烃为美国环境保护署建议优先检测的 16 种有毒的 PAHs。多环芳烃的分析条件为：色谱填充柱为 DB-530m×0.25mm×0.25μm 石英毛细管柱，从 70℃以 8℃/min 的升温速率加热到 270℃，在此温度下保持 30min，汽化温度为 250℃。载气 He 的流量为 1mL/min，进样方式分流进样，分流比为 15:1。检测器为火焰离子检测器（flame ions detector，FID），检测器温度为 280℃。H_2 流量为 35mL/min，空气流量为 350mL/min，N_2 流量为 45mL/min，进样量为 1μL。物质的定性是通过保留时间来确定的，物质的定量使用外表法。实验用的标样均购自美国剑桥同位素实验室，溶剂为甲苯，浓度为（100±10）μg/mL，样品编号为 ES-4032。

首先采用 GASMET Dx4000 烟气分析仪对焚烧烟气中的常规污染物排放浓度进行了测定，每隔 30s 仪器自动记录一次数据。检测结果见表 7-4，表中的浓度为 30 min 内连续测量结果的平均值。污染气体分为无机污染物和有机污染物两大类。由于污泥中较高的含氮量和含硫量，污泥单独焚烧过程中（工况 B）SO_2 和 NO_x 的排放浓度均较高；由于燃煤的含硫量和含氯量较低，在污泥和煤混烧工况中（工况 A），SO_2 和 HCl 的排放浓度明显降低。

表 7-4　　焚烧烟气中常规污染气体排放浓度　　mg/m^3

污染物名称		试验工况				
		A	B	C	D	E
无机污染物	CO	128.5	23.1	97.3	109.4	110.2
	SO_2	2 248.1	4 417.1	1 215.7	234.0	19.0
	NO	116.3	209.1	140.2	161.1	133.0
	NO_2	0.4	1.4	1.2	0.6	1.8
	N_2O	165.8	97.5	106.3	79.7	21.5
	NH_3	1.7	7.3	0.9	1.0	1.5
	HCl	13.2	72.1	4.4	1.9	1.2
	HF	0	0.1	0.4	0.2	0.1
	HCN	12.2	14.3	15.4	7.9	3
有机污染物	CH_4	0.2	0.2	0.4	0.1	0.2
	C_3H_8	0.7	3.2	1.1	0.9	1.2
	C_6H_6	0.9	1.7	1.9	2.1	1.6
	C_6H_{14}	0.1	0.3	0	0.1	0.2
	C_7H_{16}	1.0	5.4	1.0	1.0	0.4

续表

污染物名称		试验工况				
		A	B	C	D	E
有机污染物	$C_6H_{13}N$	0.1	0.4	0.3	0.1	0.6
	$C_6H_{15}NH_2$	0.4	6.9	0	0.1	0

注 A—污泥和煤混烧（$m_{污泥}$:$m_{煤}$=1:1）；B—污泥单独焚烧［污泥含水率为0.67kg/kg（干基水分）］；C—污泥和煤混烧（$m_{污泥}$:$m_{煤}$=1:1，Ca/S=2）；D—污泥和煤混烧（$m_{污泥}$:$m_{煤}$=1:1，Ca/S=4）；E—煤单独焚烧。

表7-4中有机污染物包括甲烷（CH_4）、丙烷（C_3H_8）、苯（C_6H_6）、己烷（C_6H_{14}）、庚烷（C_7H_{16}）、环己胺（$C_6H_{13}N$）和苯胺（$C_6H_{15}NH_2$）等，相比其他工况，有机污染物的排放浓度在污泥单独焚烧工况中最高（工况B），这是由于污泥中挥发分含量很高的缘故。Ogada和Werther对污泥焚烧挥发分的析出特性已有详尽的研究报道[121]。

7.1.2 PAHs排放特性

目前，国内外有关垃圾或煤焚烧过程中PAHs的排放已有大量的研究报道[122~124]，但是有关污泥焚烧过程中PAHs的排放特性却鲜有研究报道。韩国Park等人[49]对韩国多个工业污泥流化床焚烧炉的PAHs排放情况进行了检测研究，结果表明污泥焚烧烟气处理前的PAHs排放浓度为3.9～524μg/m^3。对污泥焚烧烟气PAHs的排放特性进行了相关研究，表7-5和表7-6所列为USEPA建议优先检测的16种有毒的PAHs排放浓度。表7-5的结果表明，污泥单独焚烧排放的烟气中以3环PAHs的排放为主，污泥单独焚烧烟气中的16种PAHs的总排放浓度为106.7μg/m^3，明显高于煤燃烧的PAHs排放浓度，也明显高于煤和污泥混烧的PAHs排放浓度（工况A、C、D和E）。其原因可能是由于污泥高挥发分、低固定碳这一燃料特性决定的，因为此前浙江大学热能工程研究所曾对不同种类煤燃烧时PAHs的排放特性进行了研究，结果表明随着燃料挥发分的升高和固定碳的降低，PAHs的排放浓度也随之增大[125]。由表7-5可知，污泥和煤混烧烟气中的PAHs排放浓度（工况A）和煤单独焚烧的排放浓度相近，污泥和煤混烧过程中CaO脱硫剂对PAHs的排放影响并不明显。

表7-5　焚烧烟气中的PAHs排放浓度　μg/m^3

PAHs	试验工况				
	A	B	C	D	E
Naphthalene	0.04	2.58	0.72	0.10	ND
2环PAHs总浓度	0.04	2.58	0.72	0.10	ND
Acenaphthylene	0.48	1.84	1.11	0.02	0.38

续表

PAHs	试验工况				
	A	B	C	D	E
Acenaphthene	0.66	1.70	4.51	0.01	2.36
Fluorene	1.23	24.14	5.12	0.20	1.53
Phenanthrene	4.81	34.55	4.25	3.65	8.87
Anthracene	0.80	12.73	0.69	3.52	0.01
Fluoranthene	5.16	4.10	2.53	0.91	5.08
3 环 PAHs 总浓度	13.14	79.06	18.21	8.31	18.22
Pyrene	3.45	2.49	3.57	0.50	4.75
Banzo［a］anthracene	2.31	6.26	1.72	0.95	0.88
Chrysene	0.92	6.73	0.99	0.07	0.54
4 环 PAHs 总浓度	6.68	15.48	6.29	1.52	6.17
Benzo［b］fluoranthene	0.02	2.04	1.74	0.07	0.11
Benzo［k］fluoranthene	0.01	2.40	1.20	0.02	0.32
Benzo［e］pyrene	1.52	1.76	2.28	0.06	0.30
Benzo［a］pyrene	0.05	1.40	0.09	ND	0.05
Indeno［1，2，3-cd］pyrene	0.98	0.23	0.81	0.81	ND
Dibenzo［a，h］anthracene	ND	0.33	ND	0.59	0.19
5 环 PAHs 总浓度	2.58	9.56	6.12	1.55	0.97
∑PAHs	22.44	106.68	31.34	11.48	25.36
TEQ 浓度	0.67	3.88	0.99	0.83	0.48

注　ND—低于检测限。

飞灰中 PAHs 的浓度通常随着燃料的种类和焚烧设备的不同而存在很大差异。例如，台湾教授 Lee 等人[126]的研究表明，医疗废弃物焚烧飞灰中的 PAHs 浓度为 13.8～47μg/g，而煤燃烧飞灰中 PAHs 的排放浓度则随着燃烧工艺和煤种的不同，在 1.4～1 077.2μg/g 范围内波动。表 7-6 所列为不同燃烧工况情况下飞灰中 PAHs 的排放浓度。由表可知，污泥单独焚烧飞灰中以 5 环 PAHs 的排放为主，总排放浓度为 43.03μg/g，明显高于其他工况的排放浓度。当污泥和煤进行混烧时，飞灰中的 PAHs 排放浓度显著下降，主要原因是混烧过程抑制了 5 环 PAHs 的排放。

表 7-6　　焚烧飞灰中的 PAHs 排放浓度　　μg/g

PAHs	试验工况				
	A	B	C	D	E
Naphthalene	ND	ND	ND	ND	ND
2 环 PAHs 总浓度	ND	ND	ND	ND	ND

续表

PAHs	试验工况				
	A	B	C	D	E
Acenaphthylene	ND	ND	ND	ND	ND
Acenaphthene	0.01	ND	0.09	ND	0.01
Fluorene	0.03	0.16	0.02	ND	ND
Phenanthrene	2.44	0.53	0.57	0.09	1.35
Anthracene	0.06	0.08	ND	ND	0.01
Fluoranthene	1.11	0.45	0.98	0.11	0.59
3 环 PAHs 总浓度	3.65	1.22	1.66	0.20	1.96
Pyrene	0.65	0.13	0.74	0.11	1.12
Banzo [a] anthracene	0.18	0.03	0.17	0.07	0.24
Chrysene	0.42	0.30	1.16	0.18	0.56
4 环 PAHs 总浓度	1.25	0.46	2.07	0.36	1.92
Benzo [b] fluoranthene	0.41	1.64	1.71	0.51	0.25
Benzo [k] fluoranthene	ND	0.62	ND	0.03	0.01
Benzo [e] pyrene	0.07	0.01	0.12	0.84	0.12
Benzo [a] pyrene	0.85	0.01	ND	0.17	0.65
Indeno [1，2，3-cd] pyrene	ND	38.94	3.37	ND	ND
Dibenzo [a，h] anthracene	ND	0.13	ND	ND	ND
5 环 PAHs 总浓度	1.33	41.35	5.2	1.55	1.03
∑PAHs	6.23	43.03	8.93	2.11	4.91
TEQ concentration	0.96	4.30	0.66	0.33	0.77

注 ND—低于检测限。

7.1.3 PCDD/Fs 排放特性

表 7-7 和表 7-9 所列分别为污泥焚烧烟气和飞灰中的二噁英的排放浓度和毒性当量浓度。由表 7-7 可知，污泥单独焚烧烟气中 2，3，7，8 位氯代 PCDD/Fs 的排放浓度为 8.996ng/m^3，该浓度值比城市生活垃圾焚烧烟气中 2，3，7，8 位氯代二噁英的排放浓度低 1～2 个数量级[127,128]。德国教授 Werther[129]等人的研究指出，和城市生活垃圾焚烧时二噁英的高排放浓度相比，污泥中二噁英排放浓度很低的主要原因可能是污泥中含硫量很高的缘故。许多研究报道也表明硫能抑制燃烧过程中二噁英的生成。德国学者 Stieglitz 等人[130]在煤和垃圾的混烧试验中发现，S/Cl=1～5 能大大降低二噁英的排放；加拿大学者 Lutho 等人[131]的焚烧试验表明，当燃料中 S/Cl=10 时，可以抑制 90%的低温二噁英生成。由表 7-2 可以算得，污泥中的 S/Cl 的值高达 80.1，远高于垃圾中的比值。如表 7-7 所示，5 个燃烧工况中，污泥单独

焚烧烟气中的二噁英 I-TEQ 当量最高，达到 69.14 I-TEQ pg/m^3，这个排放浓度和 Werther[129]报道的德国污泥焚烧厂的二噁英当量浓度相近。当污泥和煤混烧时（工况 A），焚烧烟气中的二噁英排放浓度急剧下降为 1.536ng/m^3，对应的 I-TEQ 毒性当量浓度下降为 4.18 I-TEQ pg/m^3。Lu 等人[132]的研究指出，烟气中的氯可以和烟气中的多环芳烃反应生成二噁英的前驱物或者二噁英，表 7-8 所示为 5 个焚烧工况烟气中的 HCl 排放浓度。由表 7-5 和表 7-8 可知，污泥混烧烟气中的 HCl 和 PAHs 的排放浓度均明显低于污泥单独焚烧工况，这可能是混烧工况下二噁英排放浓度显著降低的原因之一。

如表 7-7 所示，在混烧工况中添加 CaO 脱硫剂（Ca/S=2，工况 C）可以使二噁英的排放浓度从 1 534.46pg/m^3 降低为 856.23pg/m^3。当 Ca/S=4 时，二噁英排放浓度进一步降低为 290.02pg/m^3。由此表明，CaO 具有抑制二噁英生成的作用。台湾教授 Wey 等人[133]的研究也表明，由于 HCl 和氯酚是二噁英生成的重要前驱物，因此 CaO 能通过抑制 HCl 和氯酚的生成来达到抑制二噁英生成的目的。如表 7-6 所示，尽管工况 A、C 和 D 的二噁英排放浓度差异较大，但它们的毒性当量浓度却非常接近，由此表明 CaO 主要是抑制了高氯代二噁英的生成。

表 7-7　　焚烧烟气中的 2，3，7，8-PCDD/Fs 排放浓度　　pg/m^3

PCDD/Fs	试验工况				
	A	B	C	D	E
2，3，7，8-TCDD	ND	ND	0.02	0.05	ND
1，2，3，7，8-PCDD	ND	ND	0.25	0.03	ND
1，2，3，4，7，8-HexCDD	1.64	3.68	1.01	0.58	0.12
1，2，3，6，7，8-HexCDD	2.30	18.31	2.18	4.35	2.52
1，2，3，7，8，9-HexCDD	ND	ND	5.69	0.12	3.46
1，2，3，4，6，7，8-HepCDD	77.87	178.96	32.43	25.63	0.25
OCDD	1 352.39	7 265.29	781.67	225.65	51.23
2，3，7，8-TCDF	ND	ND	0.12	1.23	0.34
1，2，3，7，8-PCDF	6.34	62.36	0.03	0.56	ND
2，3，4，7，8-PCDF	ND	59.93	0.89	3.25	0.23
1，2，3，4，7，8-HexCDF	6.33	37.61	5.18	0.89	1.12
1，2，3，6，7，8-HexCDF	4.64	146.03	10.23	1.21	ND
1，2，3，7，8，9-HexCDF	ND	15.19	ND	ND	2.85
2，3，4，6，7，8-HexCDF	ND	ND	ND	5.68	ND
1，2，3，4，6，7，8-HepCDF	17.72	416.45	2.58	5.14	3.37
1，2，3，4，7，8，9-HepCDF	ND	ND	ND	ND	1.16

续表

PCDD/Fs	试验工况				
	A	B	C	D	E
OCDF	65.23	752.11	13.95	15.65	45.53
∑PCDD/Fs	1 534.46	8 955.93	856.23	290.02	112.18
I-TEQ 浓度	4.18	69.14	4.18	3.67	1.30

注 ND—低于检测限。

表 7-8　　焚烧烟气中的 HCl 排放浓度

试验工况	A	B	C	D	E
HCl 排放浓度（mg/m^3）	13.2	72.1	4.4	1.9	1.2

飞灰中二噁英的排放浓度同样也随着燃料和焚烧设备的不同而存在很大差异。台湾教授 Chang 和 Chung[134] 的研究报道指出，城市生活垃圾焚烧飞灰中的二噁英浓度为 0.056～1.082ng/g，明显高于污泥燃烧飞灰的浓度。如表 7-9 所示，污泥单独焚烧飞灰中的二噁英浓度为 0.411 7ng/g，飞灰中二噁英的最低排放浓度是当 Ca/S=4 时的污泥混烧工况（工况 D)。同时由表可知，污泥单独焚烧和混烧飞灰中二噁英的毒性当量浓度范围为 0.002 58～0.004 39 I-TEQ ng/g，煤燃烧飞灰中的二噁英浓度高于污泥单独焚烧工况。此外，CaO 对飞灰中二噁英毒性当量浓度的影响并不明显。

表 7-9　　焚烧飞灰中的 2，3，7，8-PCDD/Fs 排放浓度　　$\times 10^{-3}$ng

PCDD/Fs	试验工况				
	A	B	C	D	E
2，3，7，8-TCDD	ND	0.02	0.02	ND	1.14
1，2，3，7，8-PCDD	0.56	0.01	0.22	0.02	1.24
1，2，3，4，7，8-HexCDD	ND	1.99	0.01	0.02	1.50
1，2，3，6，7，8-HexCDD	5.46	1.48	6.89	2.98	0.29
1，2，3，7，8，9-HexCDD	9.45	1.63	15.66	4.65	8.89
1，2，3，4，6，7，8-HepCDD	17.97	24.32	14.84	7.74	10.85
OCDD	280.56	289.15	210.23	40.81	24.37
2，3，7，8-TCDF	0.01	0.01	0.03	0.12	1.12
1，2，3，7，8-PCDF	2.21	0.23	0.22	ND	3.33
2，3，4，7，8-PCDF	ND	2.56	0.12	0.51	0.02
1，2，3，4，7，8-HexCDF	2.45	3.36	0.02	0.03	2.56
1，2，3，6，7，8-HexCDF	1.36	2.12	1.23	0.56	5.98

续表

PCDD/Fs	试　验　工　况				
	A	B	C	D	E
1，2，3，7，8，9-HexCDF	5.28	3.25	8.88	7.72	3.44
2，3，4，6，7，8-HexCDF	ND	9.45	0.18	5.68	9.01
1，2，3，4，6，7，8-HepCDF	3.78	7.89	1.19	ND	3.31
1，2，3，4，7，8，9-HepCDF	ND	7.56	2.26	1.12	2.78
OCDF	25.58	56.66	42.62	14.39	25.48
∑PCDD/Fs	354.66	411.71	304.61	86.35	105.31
I-TEQ 浓度	3.32	4.39	3.93	2.58	5.43

注　ND—低于检测限。

采用相同的试验方法，研究了其他不同来源和不同种类的污泥焚烧烟气中的二噁英排放浓度，结果如图 7-2 所示。可以看出，与国外的研究结果一样，污泥焚烧后烟气中的二噁英排放浓度比生活垃圾焚烧低 1～2 个数量级。

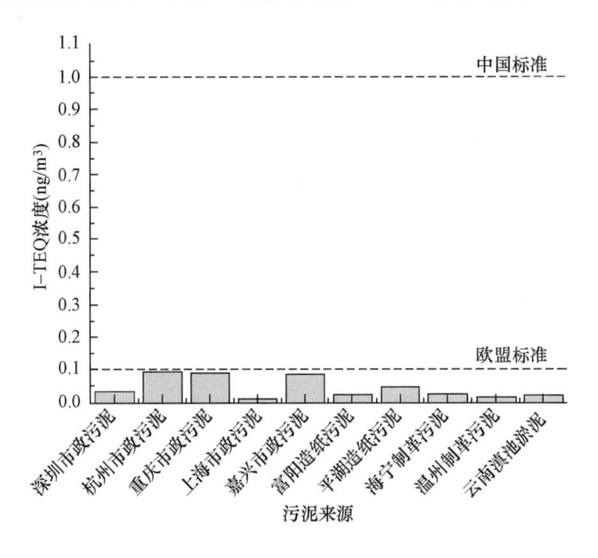

图 7-2　不同来源、不同种类的污泥焚烧烟气中的二噁英排放浓度

7.2　污泥在大型流化床焚烧炉内焚烧的污染物排放

为了解污泥在大型试验台的焚烧特性、常规和特殊污染物的排放特性及焚烧灰渣的特性，使用 0.5MW 鼓泡流化床进行干化后污泥的焚烧试验，试验对象为城市污水处理厂污泥。

试验分别在 700、800、900℃三个床温下进行，用以 0 号柴油为燃料的燃烧器点火，并在前三个工况全程开启帮助维持流化床底部温度，不添加其他辅助燃料，试验期间不排渣，并保持流化良好，在最稳定的时间段进行取样和测试。

7.2.1 焚烧试验台及测点描述

试验台系统简图见图 7-3，试验现场见图 7-4。床截面尺寸为 500mm×500mm，冷空气由风机送至等压风室，通过布风板进入床层，布风板采用风帽式。床内有固定埋管及 6 根可活动埋管（在该试验中可活动埋管不使用）。炉膛出口布置鳍片式撞击分离器，分离灰回送至床层，尾部布置省煤器。干化后污泥采用皮带输送至负压给料口进入床层。试验床料为 2mm 以下的石英砂，燃料采用称重法计量。燃烧后的含尘烟气经省煤器冷却后经过尾部布袋除尘器，由引风机送入烟囱。试验期间干污泥用经过校准的电子磅秤称重，给料量由皮带给料机控制。运行流化风速用经过标准毕托管标定后的翼形风速测定管测定，流化床密相区底部、中部、上部和悬浮段各点及分离器前后均装有测温热电偶，床层内风帽顶部还装有压力测定管，以监视料层压降的变化。布风板以上沿床高方向布置若干其他测孔和观察孔，以作为烟气取样、颗粒取样、换热系数测定等特殊用途。仪表盘运行调整参考氧量由尾部氧化锆氧量仪测定，燃烧烟气常规污染物排放采用 Gasmet 烟气分析仪进行在线测试。试验中每 10s 测试记录一组数据，整个工况取其平均值。试验中采用崂山应用研究所的烟尘采样仪进行烟气飞灰采样，采样流程如图 7-5 所示。烟气中污染物的排放检测点布置在离省煤器出口 1.8m 处，飞灰的采样点则在离省煤器出口 3.65m 处。

所有采样、分析和计算均遵照我国现行的有关标准。

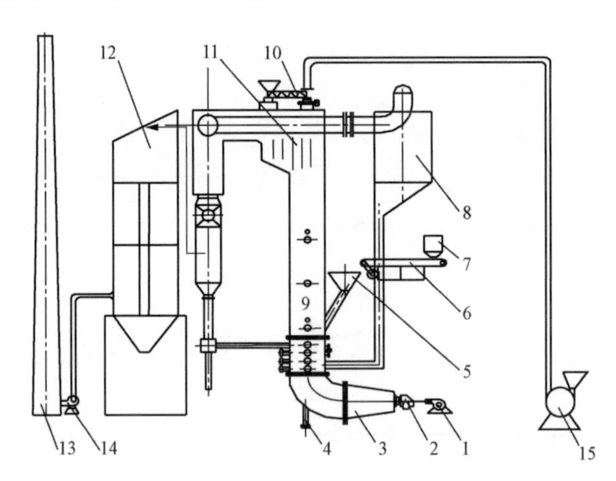

图 7-3　0.5MW 鼓泡流化床试验台系统简图

1—送风机；2—燃烧器；3—点火室；4—排渣管；5—给料斗；6—皮带；7—煤斗；8—方形分离器；9—炉膛；10—绞笼；11—撞击式分离器；12—布袋除尘器；13—烟囱；14—引风机；15—泵送

图 7-4　0.5MW 鼓泡流化床（500mm×500mm）试验台现场

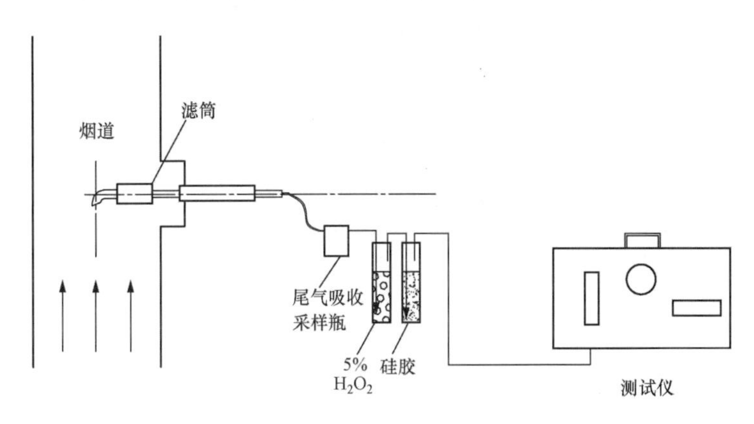

图 7-5　烟气飞灰采样流程

7.2.2　工况调试及运行

7.2.2.1　焚烧试验前污泥的元素分析、工业分析和热值分析

焚烧试验使用干化后含水率为 30%的污泥，试验前取 4 份污泥样品烘干后进行元素分析、工业分析和热值分析，试验结果分别见表 7-10 和表 7-11。

表 7-10　　**元素分析结果（干基）**

样品	C_{ar}（%）	H_{ar}（%）	N_{ar}（%）	$S_{t,ar}$（%）	O_{ar}（%）
1	24.83	4.07	2.79	0.84	13.77
2	28.11	4.59	2.96	0.90	12.40
3	24.79	4.12	2.81	0.82	13.20
4	26.75	4.23	2.88	0.78	13.15
平均值	26.12	4.25	2.86	0.83	13.13

表 7-11　　工业分析及热值分析结果（干基）

样品	灰分（%）	挥发分（%）	固定碳（%）	低位热值（kcal/kg）
1	53.71	41.24	1.26	2 467.31
2	51.04	43.93	1.26	2 679.43
3	54.25	40.83	1.23	2 448.55
4	52.21	42.29	1.37	2 621.83
平均值	52.80	42.07	5.12	2 554.19

注　1kcal=4.186 8kJ。

7.2.2.2　试验工况设置

试验拟进行的工况为 4 个，各工况的试验条件见表 7-12。床温由污泥的投加速度来控制，污泥给料量由皮带给料机控制。进行工况 1～3 试验时，开启以 0 号柴油为燃料的燃烧器帮助维持沸腾层下部的温度，燃烧器耗油速度为 10L/h；进行工况 4 试验时，关闭燃烧器以检验污泥单独焚烧的可行性。

表 7-12　　拟进行的焚烧试验工况

<table>
<tr><th>工况</th><th>床温（℃）</th><th>工况调节</th><th>备注</th></tr>
<tr><td>1</td><td>700</td><td rowspan="4">稳定床温，调节污泥投加量</td><td rowspan="3">开启燃烧器助燃</td></tr>
<tr><td>2</td><td>800</td></tr>
<tr><td>3</td><td>900</td></tr>
<tr><td>4</td><td>900</td><td>关闭燃烧器</td></tr>
</table>

含水率 30%左右的污泥能够用燃烧器点火，在试验过程中燃烧比较稳定、可靠。

7.2.2.3　试验过程数据记录

试验过程中记录污泥的投加量和投加时间，记录结果见表 7-13。

表 7-13　　焚烧试验过程中各工况污泥给料量和给料速率

工况	稳定工况给料时间（min）	总给料量（kg）	平均给料速率（kg/h）
1	60	60.54	60.54
2	60	99.18	99.18
3	60	151.67	151.67
4	30	69.66	139.32

焚烧试验 4 个工况的流化床床温和悬浮段温度每 5min 记录一次，汇总后取平均值，结果见表 7-14。

表 7-14　　焚烧试验实际运行床温　　℃

工况	沸下	沸中	沸上	悬入	悬中	悬出
1	722	732	724	602	398	329
2	808	819	808	771	487	414
3	889	906	896	899	634	532
4	200	514	921	862	584	531

由表 7-14 记录的实际床温可以看出，工况 4 关闭燃烧器后，床温有大幅降低，特别是“沸下”温度急剧降低。这主要是由于鼓风机鼓入燃烧室的空气温度很低，污泥单独焚烧产生的热量难以长时间维持床温；另一个原因是由于大量的二次风从污泥给料口进入悬浮段，导致悬浮段温度降低；若进入燃烧室的空气经预热，可能会对维持床温有利。

7.2.3　污泥焚烧烟气排放的检测

7.2.3.1　污泥焚烧烟气中常规气体污染物的采样和检测

每个工况开始时，用 GASMET Dx4000 便携式气体分析仪在线检测焚烧烟气中 CO、SO_2、NO、NO_2、N_2O、HCl、HF、NH_3 的含量。

GASMET Dx4000 便携式气体分析仪每 10s 进行一次取样，输出 10s 内气体中被检测物质浓度的平均值。每个测点在试验时连续检测，根据工况稳定时间选取对应数据进行分析。各工况运行期间烟气中污染物的排放情况见图 7-6～图 7-9，各工况运行期间污染物排放均值见表 7-15。

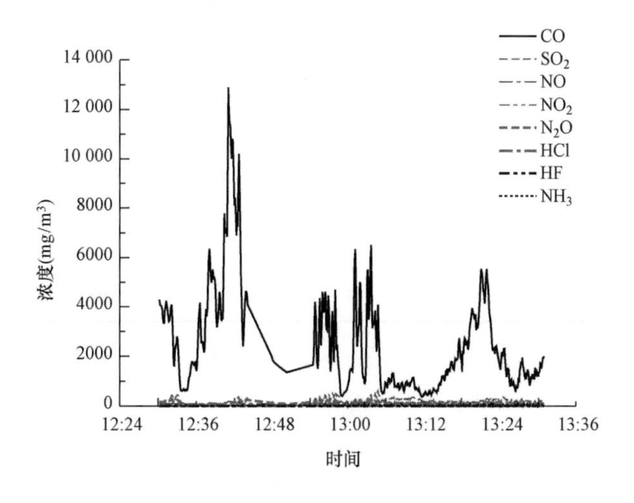

图 7-6　工况 1 运行期间烟气中污染物排放情况

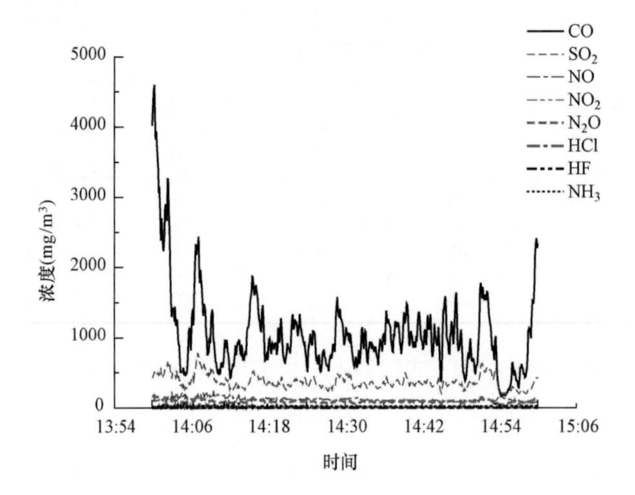

图 7-7　工况 2 运行期间烟气中污染物排放情况

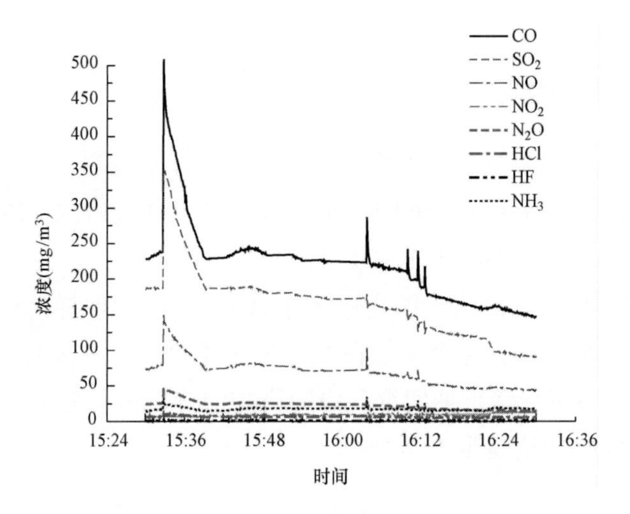

图 7-8　工况 3 运行期间烟气中污染物排放情况

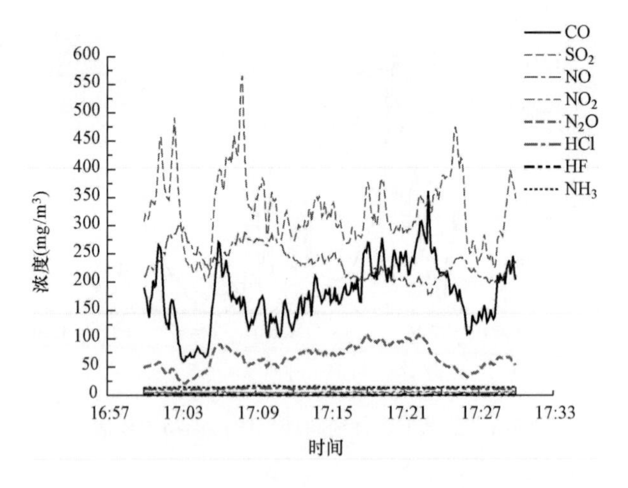

图 7-9　工况 4 运行期间烟气中污染物排放情况

表 7-15　　各工况运行期间污染物排放浓度均值

（标况下，含氧量为 11%干烟气）　　mg/m^3

污染物	工况 1	工况 2	工况 3	工况 4	GB 18485—2014《生活垃圾焚烧污染控制标准》所规定的限值
CO	3 703.60	1 573.04	261.45	260.66	100
SO_2	654.50	1 233.36	580.80	1 093.64	100
NO	157.07	188.55	117.60	367.78	
NO_2	34.06	29.77	22.19	10.41	
N_2O	264.10	212.60	58.43	151.82	
NO_x	455.22	430.92	198.22	530.01	300
HCl	18.02	21.89	12.04	22.53	60
HF	5.56	1.73	0.66	0.50	
NH_3	19.24	22.39	16.96	12.77	

7.2.3.2　污泥焚烧烟气中二噁英的采样和检测

试验对每个工况排放的烟气中 17 种有毒二噁英的含量进行了分析，二噁英的采样标准依据“USEPA Method 23：Sampling Method for Polychlorinated Dibenzo-p-dioxins and Polychlorinated Dibenzofuran Emission from Stationary sourses”3；分析标准依据“USEPA Method 1613：Tetra- through Octa- Chlorinated Dioxins and Furans by Isotope Dilution HRGC/HRMS”。分析结果见表 7-16～表 7-19。

根据试验结果，各工况的二噁英排放均低于 GB 18485—2014 中规定的焚烧炉大气污染物排放限值（0.1ng I-TEQ/m^3）。

二噁英的测量是在布袋除尘器前进行的。若实际工程中经过布袋除尘器的过滤和活性炭的吸附后，大量的飞灰被捕集，二噁英的排放浓度还会有大幅度的降低。

表 7-16　　工况 1（床温 700℃）二噁英排放测定值

序号	种类	浓度（ng/m^3，标况下）	I-TEF	I-TEQ（ng/m^3，标况下）
1	2，3，7，8-TCDD	0.014	1	0.013 68
2	1，2，3，7，8-PeCDD	0.026	0.5	0.013 03
3	1，2，3，4，7，8-HxCDD	0.014	0.1	0.001 39
4	1，2，3，6，7，8-HxCDD	0.042	0.1	0.004 17
5	1，2，3，7，8，9-HxCDD	0.032	0.1	0.003 16
6	1，2，3，4，6，7，8-HpCDD	0.252	0.01	0.002 52
7	OCDD	1.032	0.001	0.001 03
8	2，3，7，8-TCDF	0.096	0.1	0.009 60
9	1，2，3，7，8-PeCDF	0.046	0.05	0.002 29
10	2，3，4，7，8-PeCDF	0.052	0.5	0.026 11
11	1，2，3，4，7，8-HxCDF	0.039	0.1	0.003 92

续表

序号	种类	浓度（ng/m³，标况下）	I-TEF	I-TEQ（ng/m³，标况下）
12	1，2，3，6，7，8-HxCDF	0.050	0.1	0.005 00
13	2，3，4，6，7，8-HxCDF	0.058	0.1	0.005 81
14	1，2，3，7，8，9-HxCDF	0.009	0.1	0.000 89
15	1，2，3，4，6，7，8-HpCDF	0.164	0.01	0.001 64
16	1，2，3，4，7，8，9-HpCDF	0.021	0.01	0.000 21
17	OCDF	0.125	0.001	0.000 13
合计				0.095

注　I-TEF—国际毒性当量因子；I-TEQ—国际毒性当量；PCDDs—多氯代二苯并-对-二噁英；PCDFs—多氯代二苯并呋喃。

表 7-17　　工况 2（床温 800℃）二噁英排放测定值

序号	种类	浓度（ng/m³，标况下）	I-TEF	I-TEQ（ng/m³，标况下）
1	2，3，7，8-TCDD	0.006	1	0.005 69
2	1，2，3，7，8-PeCDD	0.030	0.5	0.014 97
3	1，2，3，4，7，8-HxCDD	0.021	0.1	0.002 13
4	1，2，3，6，7，8-HxCDD	0.064	0.1	0.006 39
5	1，2，3，7，8，9-HxCDD	0.046	0.1	0.004 57
6	1，2，3，4，6，7，8-HpCDD	0.351	0.01	0.003 51
7	OCDD	0.714	0.001	0.000 71
8	2，3，7，8-TCDF	0.042	0.1	0.004 18
9	1，2，3，7，8-PeCDF	0.031	0.05	0.001 56
10	2，3，4，7，8-PeCDF	0.047	0.5	0.023 35
11	1，2，3，4，7，8-HxCDF	0.030	0.1	0.003 03
12	1，2，3，6，7，8-HxCDF	0.043	0.1	0.004 30
13	2，3，4，6，7，8-HxCDF	0.053	0.1	0.005 29
14	1，2，3，7，8，9-HxCDF	0.006	0.1	0.000 60
15	1，2，3，4，6，7，8-HpCDF	0.158	0.01	0.001 58
16	1，2，3，4，7，8，9-HpCDF	0.015	0.01	0.000 15
17	OCDF	0.080	0.001	0.000 08
合计				0.082

注　I-TEF—国际毒性当量因子；I-TEQ—国际毒性当量；PCDDs—多氯代二苯并-对-二噁英；PCDFs—多氯代二苯并呋喃。

表 7-18　　　　　工况 3（床温 900℃）二噁英排放测定值

序号	种类	浓度（ng/m³，标况下）	I-TEF	I-TEQ（ng/m³，标况下）
1	2，3，7，8-TCDD	0.003	1	0.002 88
2	1，2，3，7，8-PeCDD	0.005	0.5	0.002 57
3	1，2，3，4，7，8-HxCDD	0.003	0.1	0.000 30
4	1，2，3，6，7，8-HxCDD	0.008	0.1	0.000 85
5	1，2，3，7，8，9-HxCDD	0.006	0.1	0.000 64
6	1，2，3，4，6，7，8-HpCDD	0.048	0.01	0.000 48
7	OCDD	0.151	0.001	0.000 15
8	2，3，7，8-TCDF	0.010	0.1	0.000 98
9	1，2，3，7，8-PeCDF	0.011	0.05	0.000 55
10	2，3，4，7，8-PeCDF	0.023	0.5	0.011 47
11	1，2，3，4，7，8-HxCDF	0.019	0.1	0.001 85
12	1，2，3，6，7，8-HxCDF	0.024	0.1	0.002 44
13	2，3，4，6，7，8-HxCDF	0.033	0.1	0.003 25
14	1，2，3，7，8，9-HxCDF	0.007	0.1	0.000 69
15	1，2，3，4，6，7，8-HpCDF	0.079	0.01	0.000 79
16	1，2，3，4，7，8，9-HpCDF	0.010	0.01	0.000 10
17	OCDF	0.064	0.001	0.000 06
合计				0.030

注　I-TEF—国际毒性当量因子；I-TEQ—国际毒性当量；PCDDs—多氯代二苯并-对-二噁英；PCDFs—多氯代二苯并呋喃。

表 7-19　　　　　工况 4（床温 900℃）二噁英排放测定值

序号	种类	浓度（ng/m³，标况下）	I-TEF	I-TEQ（ng/m³，标况下）
1	2，3，7，8-TCDD	0.012	1	0.012 12
2	1，2，3，7，8-PeCDD	0.025	0.5	0.012 48
3	1，2，3，4，7，8-HxCDD	0.010	0.1	0.001 04
4	1，2，3，6，7，8-HxCDD	0.026	0.1	0.002 59
5	1，2，3，7，8，9-HxCDD	0.013	0.1	0.001 32
6	1，2，3，4，6，7，8-HpCDD	0.074	0.01	0.000 74
7	OCDD	0.211	0.001	0.000 21
8	2，3，7，8-TCDF	0.097	0.1	0.009 74

续表

序号	种类	浓度（ng/m³，标况下）	I-TEF	I-TEQ（ng/m³，标况下）
9	1，2，3，7，8-PeCDF	0.045	0.05	0.002 27
10	2，3，4，7，8-PeCDF	0.064	0.5	0.031 77
11	1，2，3，4，7，8-HxCDF	0.038	0.1	0.003 80
12	1，2，3，6，7，8-HxCDF	0.051	0.1	0.005 09
13	2，3，4，6，7，8-HxCDF	0.048	0.1	0.004 84
14	1，2，3，7，8，9-HxCDF	0.008	0.1	0.000 85
15	1，2，3，4，6，7，8-HpCDF	0.142	0.01	0.001 42
16	1，2，3，4，7，8，9-HpCDF	0.018	0.01	0.000 18
17	OCDF	0.091	0.001	0.000 09
合计				0.091

注 I-TEF—国际毒性当量因子；I-TEQ—国际毒性当量；PCDDs—多氯代二苯并-对-二噁英；PCDFs—多氯代二苯并呋喃。

7.2.3.3 污泥焚烧烟气中重金属的采样和检测

每个工况开始时，用崂应 3012H 型自动烟尘/气测试仪，配合烟尘多功能取样管，采用皮托管等速采样重量法捕集管道中颗粒物。

用电感耦合等离子体质谱法（ICP-MS）对烟尘多功能取样管中滤筒截留的物质进行分析，以检测焚烧烟气中重金属［镉（Cd）、汞（Hg）、铅（Pb)］的含量，结果见表 7-20。

表 7-20 污泥焚烧烟气中重金属浓度（标况下） mg/m³

工况	镉（Cd）	汞（Hg）	铅（Pb）
1	0.020	0.012	1.254
2	0.024	0.036	1.557
3	0.019	0.012	1.375
GB 18485—2014 所规定的限值	0.1	0.05	1.0

7.2.4 污泥焚烧灰和渣的重金属浸出特性检测

每个工况稳定运行期间，分别从省煤器下部收集焚烧灰，从流化床底部排渣口排出一小部分渣，用于检测焚烧灰渣的重金属浸出特性。检测方法参照 GB 5085.3—2007《危险废物鉴别标准 浸出毒性鉴别》，检测项目包括铜、锌、镉、铅、总铬、汞、铍、钡、镍、总银、砷、硒，分析结果见表 7-21，其中银（Ag）元素未检出。结果表明，污泥焚烧后的灰渣中重金属均未超过 GB 5085.3—2007 所规定的危险废弃物标准，可以考虑进行综合利用。

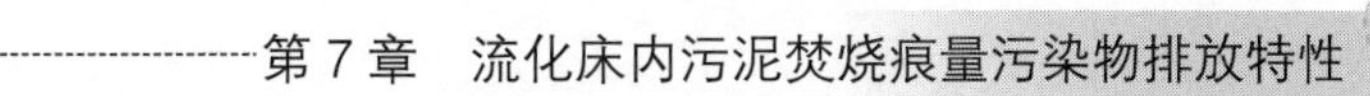

表 7-21　　污泥焚烧灰和渣的重金属浸出特性　　mg/L

样品	铍（Be）	铬（Cr）	镍（Ni）	铜（Cu）	锌（Zn）	砷（As）
灰	0.000 58	0.015 22	0.105 7	0.382 1	0.205 4	0.063 53
渣	0.000 56	0.012 53	0.042 15	0.063 51	0.289 4	0.129 50
GB 5085.3—2007 所规定的限值	0.02	15	5	100	100	5

样品	硒（Se）	镉（Cd）	钡（Ba）	汞（Hg）	铅（Pb）
灰	0.089 32	0.001 24	0.052 62	0.002 31	0.017 82
渣	0.004 01	0.007 29	0.058 24	0.001 11	0.010 8
GB 5085.3—2007 所规定的限值	1	1	100	0.1	5

第8章 污泥干化焚烧系统优化计算

8.1 概　　述

过程分析与模拟是现代工程研究和开发的一个重要手段。通过对干化过程的分析与模拟，可以缩短研究、开发和设计的周期，同时还可以节约大量人力和物力[135]。在干化领域也出现了许多针对干化模拟计算的商业软件，根据其功能的不同，一般可以分为 5 大类[136]：①干化特性模拟计算工具；②干化过程模拟软件；③干化决策工具软件；④相关的辅助性计算软件，如用于湿度转换、绘图或试验数据处理的辅助性工具；⑤信息服务软件（在线图书馆或干化数据库）。

以上 5 类软件中，第一类工具通常指的是利用编程软件对干化特性计算模型进行编程，从而通过计算机自动计算出干化特性数据。例如干化渗透模型，不同的污泥含水率所对应的污泥干燥速率和温度都不同，如果采用手工计算方法求出整个含水率区间内的污泥干燥速率和温度，计算量将十分庞大，因此采用 Matlab 工具对干化模型进行编程，利用循环语句实现整个污泥含水率区间内干燥速率和温度的自动计算，短短几分钟时间内就能完成数据结果的输出。第二类过程模拟软件能实现对整个干化系统和各操作单元进行质量和能量的平衡计算，如 Aspen Plus、HYSYS 和 Batch Plus 都属于这类软件。第三类软件涉及干化机的选型问题，一般要考虑多种模糊因素，如湿物料的状态、性质，干化产品的要求，产量的大小等，以此为依据，可初选出所适合的干化器类型，因此干化器选型问题是一个典型的可以用模糊专家系统解决的问题。但是，能够适用于某一干化任务的干化器往往有几种，利用决策分析方法中的层次分析法，进一步比较出几种干化机各方面的优劣权重，最后给出综合的评价结果[137~140]。第四类计算工具指的是通用计算工具，例如湿度转换工具、温湿图绘制工具和干化特性数据处理工具等。这类工具虽然无法对干化特性或过程进行模拟，但却是模拟计算必不可少的辅助工具，因此具有更广泛的用途。此外，在对某一干化过程进行合理的设计、发现问题或解决问题时，除了需要上述数值模拟计算工具外，可能还需要大量经验数据库和信息资源库，第五类信息服务软件就是为了提供这方面的帮助。

8.2　干化辅助模拟计算软件

8.2.1　DrySel

DrySel 软件是由美国 Aspen 技术公司开发的用于干化机选择的专业系统软件，其中共有 50 多种不同类型的间歇式干化机或连续式干化机供选择，操作界面如图 8-1 所示。图中左边的空格用于输入参数，右边的科技树显示的是每种干化机的适合度。输入参数是干化机选择的重要依据，这些参数可以分为物性参数和运行参数两大类。物性参数包括物料的黏度、粒度、含水率、毒性、可燃性、颗粒形状、孔隙率等；运行参数包括载气类型、间歇式/连续式运行、热源温度、处理量、出口含水率等。每个参数都有一个 Relevance 评价选项，其作用是对所提供数据的准确性或参数的重要性进行评价。干化机的适合度值在 0～1 范围内变化，适合度值越高，表明干化机越适合物料的干化。

下面利用该软件选择适合于城市污泥热干化的干化机类型，将主要输入参数列入表 8-1 中。表中大部分参数都属于污泥的通用性状参数，如污泥的吸湿性、可燃性、物理性状等，污泥颗粒尺寸及含水率等参数来源于城市污水污泥的相关检测数据。设定污泥干化产品为含水率 40%（0.67kg/kg）的半干化产品，热源温度为 200℃，连续运行工况。干化机的适合度排序结果如图 8-2 所示，图中最左边的数字即为适合度值，每个适合度值后面对应的是干化机的类型。

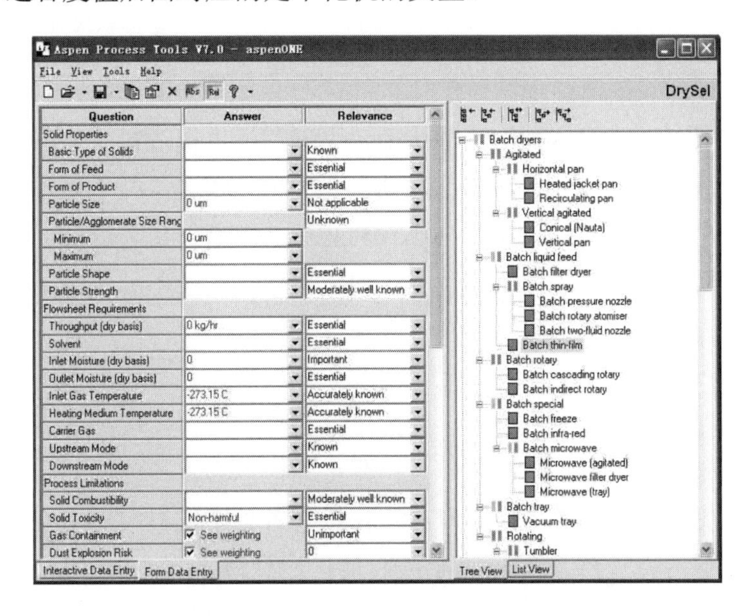

图 8-1　DrySel 软件操作界面

表 8-1　　城市污水污泥 DrySel 主要输入参数

参数名称	描述
固体特性	
固体基本类型	生物/食品材料
给料形状	泥浆状
出料形状	块状
颗粒粒径（μm）	50
颗粒形状	球形
颗粒强度	硬
溶剂	水
固体可燃性	可燃
固体毒性	危险性
黏度	污泥/胶状物
水分结合性能	吸湿材料
入口含水率（kg/kg，干基）	5
过程条件	
出口含水率（kg/kg，干基）	0.67
热源温度（℃）	200
载气	空气
上行模式	连续
下行模式	连续
空间限制	卧式

实际中发现污泥的给料形状对干化机的选型有非常大的影响，表 8-1 所示的给料形状为泥浆状，可以把这种给料形状理解为湿污泥直接进料。如图 8-2 所示，根据 DrySel 的判断，如果采用湿污泥直接进料的方式，那么各种干化对污泥的适用度总体偏低，其中适用度最高的桨叶式干化机也仅为 0.5；其次是喷雾干化技术，适用度为 0.42；其他常见的污泥干化技术，如流化床干化技术和回转干化技术的适用度均小于 0.3。

如果改变污泥的给料形状，将泥浆状改为颗粒状，则只有当干污泥和湿污泥混合后，才能实现以颗粒状方式进料，因此可以将这种给料形状理解为干污泥返混进料。DrySel 的选择结果如图 8-3 所示。由图可知，当污泥改变进料方式后，干化机的总体适用度显著提高。其中，桨叶式干化机在各种干化机中适用度仍然最高，但适用度值却比湿污泥进料方式时提高了 1 倍，达到最优的 1.0。流化床干化技术和回转干化技术的适用度也显著提高，达到 0.7 以上。可见，干污泥返混进料是比湿污泥直接进料更可取的一种进料方式，由于干污泥返混后污泥含水率已经较低（含

水率 40%～50%），一般仅用于污泥全干化工艺。但是，以污泥焚烧为目的的污泥干化技术大都采用污泥半干化技术，以避免污泥全干化过程更大的能量消耗。因此，在选择污泥进料方式时，还需要具体问题具体分析。但无论是对于哪一种进料方式，DrySel 的选择结果均表明桨叶式搅拌干化技术在各种干化技术中是最优秀的。

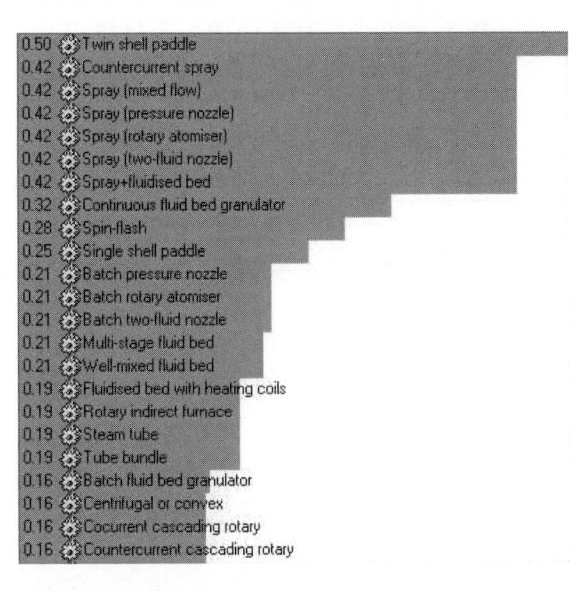

图 8-2　DrySel 对污泥干化机类型的选择（湿污泥直接进料）

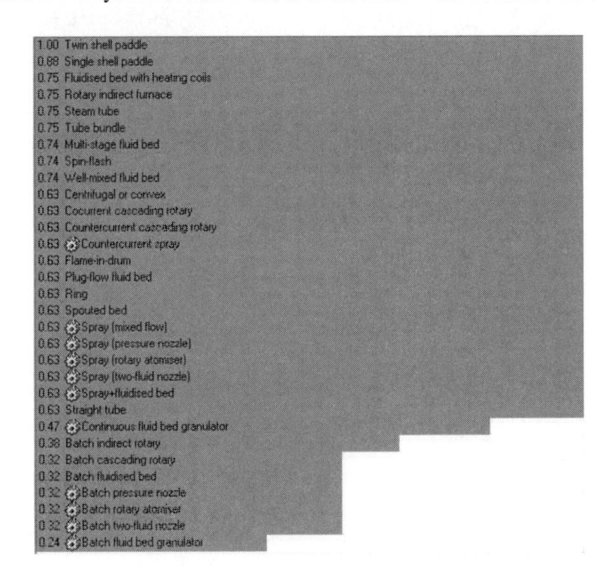

图 8-3　DrySel 对污泥干化机类型的选择（干污泥返混进料）

8.2.2　Aspen Contact Drying Scale-up

Aspen Contact Drying Scale-up 软件是美国 Aspen 技术公司开发的一套基于

Excel Spreadsheet 操作界面的干化机放大设计软件。软件的模拟计算基于以下 4 个假设：

（1）干化过程分恒速干化区和降速干化区，用户须提供物料的初始含水率和临界含水率（X_c）。

（2）干化系统的抽气系统能快速、有效地抽出干化机内水蒸气，以保证干化过程是受传热控制，而不受表面水蒸气传质阻力影响。

（3）降速区物料干燥速率与干化机系统传热热阻成正比。

（4）各种干化机的换热计算采用经验换热系数。

该软件的应用范围有限，放大干化机类型仅为间接式搅拌干化机，包括双锥形干化机、垂直盘式干化机、球形干化机、吸滤干化机、锥形干化机和卧式桨叶干化机，而且干化方式仅限于间歇式干化操作。因此，该软件主要应用于精细化工、医药、食品等干化领域干化机的大型化模拟设计。

8.2.3 DryScope

DryScope 软件也是由美国 Aspen 技术公司开发的一套用于简单干化计算的软件，其操作界面如图 8-4 所示。该软件的目的在于，当湿物料的干化特性未知时，为干化机的设计计算提供比较近似的参考结果。DryScope 共有 58 种干化机供选择，58 种干化机可分为 3 大类，包括间接式干化机、直接对流干化机和特殊热源干化机，如微波和红外热源干化机等。

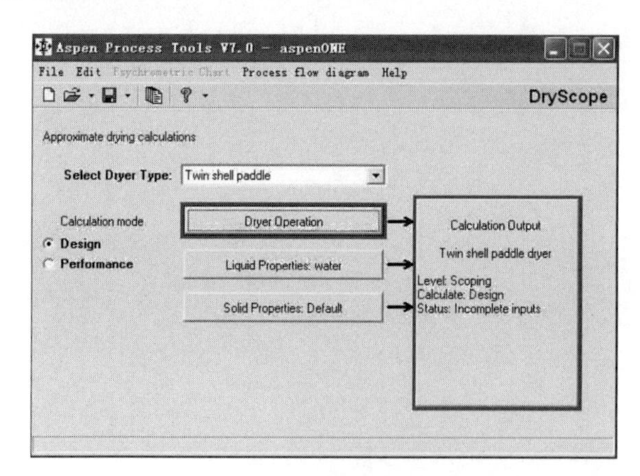

图 8-4 DryScope 软件操作界面

下面以污泥干化计算为例，简要介绍 DryScope 软件的使用方法。

假设污泥的处理量为 1.0t/h，干化机进口污泥含水率为 80%，污泥干化至含水率 40%，污泥的物性参数包括粒径、比热容、热导率、密度等。软件操作的第一步是干化机类型的选择，污泥干化选择的类型为间接搅拌干化机；第二步为干化机模

拟计算，输入干化机运行参数，包括进出口含水率、处理量、热介质温度（假设为 180℃）和系统压力等参数；第三步为液体物性参数的输入，包括水的物性参数和干化水蒸气的物性参数；最后一步为干污泥粒径、比热容、热导率、密度等物性参数的输入。生成的结果如图 8-5 所示，结果表明热源加热功率为 532.7kW，所需干化面积为 82.03m^2。

由以上描述可知，DryScope 软件操作简易，所提供的输出结果能为干化机进一步的详细设计计算提供参考。

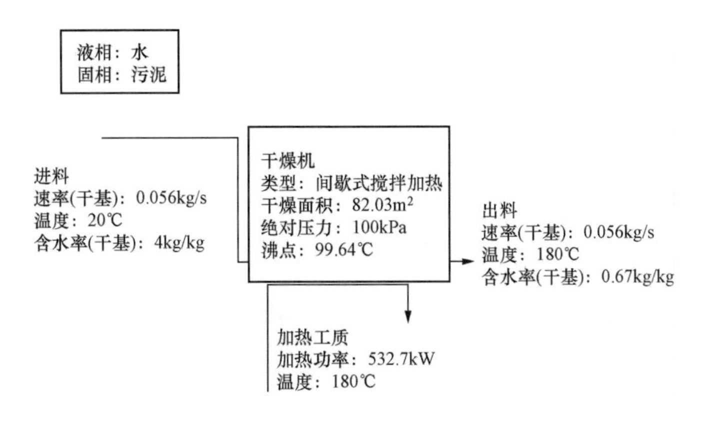

图 8-5　DryScope 污泥干化计算结果

8.2.4　Simprosys

Simprosys 软件是由美国 Simprotek 公司开发的一套基于 Windows 窗口的过程模拟专业软件[141，142]，采用先进的 Microsoft.Net 和 C#软件技术开发而得。Simprosys 软件可用于干化流程设计、干化和蒸发系统数值模拟，也可用于干化机的设计。已经商业化应用的 Simprosys 1.01 版本主要用于系统质量和能量平衡计算，它包含 15 个操作单元，分别为固体干化机、液体干化机、旋风分离器、湿式除尘器、冷凝器、风机、压缩机、蒸汽喷射器、泵、阀门、加热器、换热器/蒸发器、气液分离器、混合器和三通，用户可以根据根据自己的需求建立各种干化或蒸发系统，探索不同组合流程下的系统运行情况。

Simprosys 主要用于对流干化系统能量和质量平衡计算，干化模型基于波兰教授 Pakowski 和美国教授 Mujumdar[143] 以及英国教授 Master[144] 提出的对流干化系统能量与质量平衡理论。连续对流干化机的能量和质量平衡关系式为

$$W_G(Y_0-Y_1)=W_S(X_1-X_0) \quad (8\text{-}1)$$

$$W_G(h_{G1}-h_{G0})+Q_c+W=W_S(h_{S0}-h_{S1})+Q_{l}+\Delta Q_t+Q_m \quad (8\text{-}2)$$

式中：W_G 为气体质量流量（干基流量）；Y_0、Y_1 分别为进、出口气体的绝对湿度；W_S 为干化处理量（干基流量）；X_1、X_0 分别为进、出口固体物料的含水率；h_{G1}、h_{G0}

分别为进、出口气体的比焓；h_{S1}、h_{S0} 分别为固体物料进、出口的比焓；Q_c 为通过间接传热给干化机的热量；Q_l 为干化机热损失；ΔQ_t 为干化设备静吸热量；Q_m 为机械能。

与热风对流干化热源主要来自热空气不同，间接式干化热源主要来自通过干化机间接传递的热量，这时可以通过调节 Q_c 的值来实现系统能量平衡。对于干化系统操作而言，该软件还存在很大缺陷，干化机操作单元制作过于简单，干化机进出口气体和物料的温度、湿度、压力等未知参数都需要用户输入。对于一个未知的干化系统，在很多运行参数未知的情况下（尤其是干化机出口气体和物料参数，它们和干化机的类型、换热系数、干化方式等因素紧密相关），盲目输入运行参数的操作模式显然很不合理。

8.2.5 其他干化软件

（1）ERGUN CAD 是一种用于流化床干化机的辅助设计软件。该软件能够对不同流化状态下的干化特性进行模拟和对比，为用户提供最优的干化方式[145]。

（2）WinMetric V3.0 是一款包含大量方程、常数和特性参数数据库的计算软件，可为干化系统设计提供数据信息服务和计算帮助[146]。

（3）DryPak V3 是由 Lodz 科技大学研发的基于 DOS 操作系统的干化软件包，可用于干化系统热质平衡计算和干化特性计算。

（4）U-Max Dryer 是由 Processall 公司研发的流化床干化机过程设计和计算的软件。

（5）CONSERV 是一套 Spreadsheet 程序，用于干化系统能量消耗的优化计算。

（6）CONVEYOR 是用于带式干化机设计计算的软件。

从以上各种干化辅助计算软件的介绍可知，这类软件种类多，但商业化的少，而且各种软件所针对的干化机类型有限，计算范围也很窄，要开发出各种干化机都适用的、功能齐全且模拟效果优异的计算软件理论上是非常难以实现的，英国学者 Kemp[136] 把原因总结如下：

（1）干化计算程序复杂。干化模型本身包含了大量的非线性方程，计算过程复杂，而且不同的干化机类型所对应的模型也存在很大的区别。

（2）固体物料模拟困难。固体物料具有大量的物性参数，而且许多物性参数在干化过程中是不断变化的，这就给这些参数的测量带来了很大困难，因此有关固体物料的干化模拟计算相比液体和气体难度大得多。

（3）软件市场小，应用范围窄。

（4）计算机操作系统的不断变化给干化软件操作平台的升级带来困难。

因此，这就给 Spreadsheet 这类低价、使用方便，且能根据自己需要独立设计的

软件带来很大的发展空间。

8.3　间接式污泥搅拌干化机的计算机辅助设计

微软公司开发的 Excel Spreadsheet 工具以其使用方便、操作灵活、应用普遍而成为工程设计人员越来越不可或缺的一门工具。此外，普通的 Spreadsheet 软件还能进行有效的过程模拟设计。例如，Microsoft Excel VBA（visual basic for applications）就是非常有效的过程模拟设计工具，Excel 自带的软件包（如 Solver）是非常优秀的解方程和程序优化工具。此外，VBA 具有强大的面向对象的程序语言，能够建立商业化操作图形接口界面。下面将利用 Excel Spreadsheet 工具开展间接式污泥干化机放大设计研究。

8.3.1　Spreadsheet 辅助设计基本思想

计算机辅助设计是基于计算机模拟计算，而计算机模拟计算则是基于过程模型。希腊教授 Maroulis 等人[147]对模型（modeling）、模拟（simulation）、设计（design）等基本术语进行了定义：模型是指采用数学方程解析某个物理或化学过程；模拟是指对某个真实过程进行预测的软件；设计是指通过对过程的控制达到某一具体目的。模型和模拟是过程设计中非常有用的工具，模型中用于描述过程的方程通常为质量和能量平衡方程、热动力学平衡方程、运动特性方程、设备几何结构方程等。各个方程组合形成过程描述方程组，方程组中的变量个数和方程个数决定了过程的自由度，变量个数和方程个数之差即为方程组的自由度。Spreadsheet 环境下模型的过程模拟如图 8-6 所示，其中数据库能为模型计算提供所需的全部信息；过程模型则是系统计算的核心部分，Spreasheet 只有依据模型方程才能进行模拟计算；可视化操作界面为人机交流提供用户友好平台，通常由问题输入平台、问题类型选择平台和结果输出平台等组成。

图 8-6　Spreadsheet 环境下模型的过程模拟

下面将利用 Spreadsheet 工具设计一台卧型桨叶式污泥干化机。

8.3.2　污泥干化过程描述

卧型桨叶式污泥干化系统工作流程如图 8-7 所示。干化系统主要由干化机、喷淋塔、引风机和换热器组成，干化机采用连续干化方式操作。热源为 160℃饱和水蒸气，分别从热轴和夹套进入干化机，放热后进入换热器进行余热回收利用。干化气体通过喷淋塔去除绝大部分水蒸气和恶臭气体后经进风机排出，处理后的干化气体部分进入换热器，预热后和部分新鲜空气预混进入干化机，由此反

复循环。

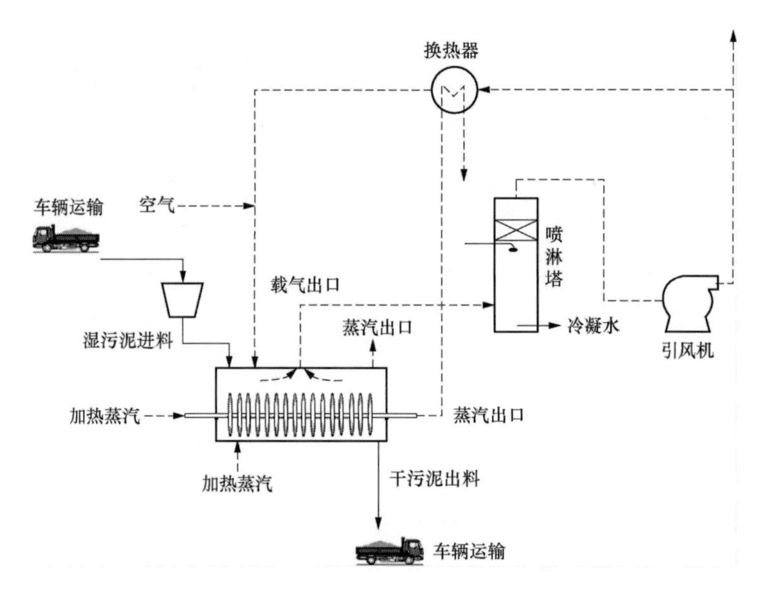

图 8-7　卧型桨叶式污泥干化系统工作流程

8.3.3　污泥干化过程模型

干化系统数学模型主要由以下 4 个子模型构成：

（1）干化特性计算模型。

（2）干化气体的质量和能量平衡方程。

（3）干化机几何结构模型。

（4）系统电耗计算方程。

采用渗透模型对污泥的干化特性进行计算。值得注意的是，渗透模型研究的是物料的间歇式干化特性，也可应用于连续干化特性计算。理论上间歇式干化特性是随着时间变化而变化的，和空间无关；而连续式干化特性是随着空间变化而变化的，和时间无关；间歇式干化向连续式干化的转换实际上就是时间向空间的转换，两者是能够统一的。

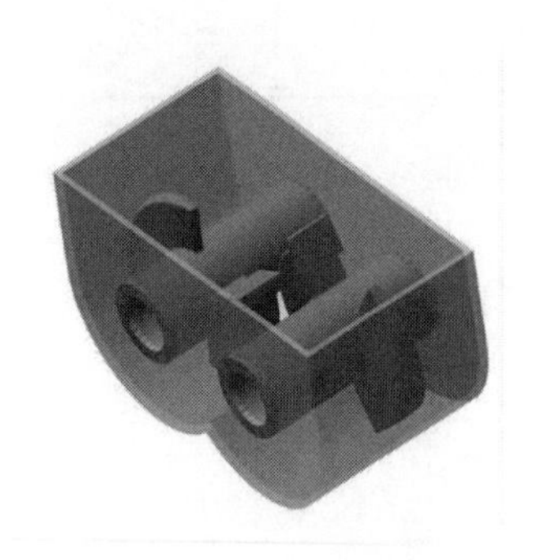

图 8-8　桨叶式干化机的干化单元

可以通过污泥的间歇式干化特性数据计算出污泥的连续干化特性。桨叶式干化机是由图 8-8 所示的干化单元组成，干化机桨叶总数为 n，那么间歇式干化特性在时间上的分布可以转换为连续式干化沿机身长度在每个干化单元内的分布，因此连续干化机内第 n 个桨叶所对应的干化时间的计算公式如下

$$第n个干化单元内污泥干化时间=\frac{干化单元离干化机进口的距离}{污泥在连续式干化机内的水平前进速度} \quad (8\text{-}3)$$

采用常压渗透模型计算污泥在干化单元内的干燥速率，常压渗透模型计算方程见表 8-2。

表 8-2　常压渗透模型计算方程

干化特性计算方程	备　注
$\dot{q}_{in}=h_{ws}^{*}(T_{oil}-T_{bed,i})$	进入干化机的总热流密度方程
$\dot{q}_{out}=h_{b,w}(T_{bed,i}-T_S)$	干化机散热方程
$\dot{q}_{l}=(h_c+h_{rad})(T_S-T_G)$	干化机热损失方程
$\dot{q}_{sen}=\frac{(cm)_{b,w}}{A_2}\frac{T_{bed,i+1}-T_{bed,i}}{t_R}$	污泥吸热量方程
$\dot{q}_{lat}=\dot{m}_V\ \Delta h_T(X_i,T_S)$	水蒸气蒸发焓
$h_{ws}=\left[\varphi_A\alpha_{wp}+(1-\varphi_A)\frac{2\lambda_V/d}{\sqrt{2}+(2l+2\omega)/d}+4C_{12}T_m^3\right]$	接触热阻方程
$\frac{1}{h_{ws}^{*}}=\frac{1}{h_{oil}}+\frac{1}{h_{wall}}+\frac{1}{h_{ws}}$	综合换热系数方程
$\dot{m}_V=\frac{A_2}{A_1}\frac{h_c}{c_{p,G}}\frac{M_{H_2O}}{M_{air}}\ln\frac{p_T-p_V}{p_T-p_{V,S}(T_S)}$	污泥干燥速率方程

注　表中相关符号含义详见第 4 章 4.4.3。

干化气体的质量和能量平衡方程包括气体在干化机内的质量、能量平衡方程，气体在喷淋塔内的质量、能量平衡方程，气体在换热器内的能量平衡方程，以及干化气体和新鲜空气混合质量、能量平衡方程。

干化机几何结构模型参考浙江大学热能工程研究所在海宁大都市热电厂建立的桨叶式干化机尺寸，由于叶片直径、干化面积、干化机有效容积和干化机长度等尺寸是相互关联的，因此可以建立它们的关联方程式。此外，由于污泥体积沿着干化机出口方向不断减小，因此干化机每个干化单元和污泥之间的换热面积也沿污泥前进方向不断减小。采用 Solidworks 图形工具对干化单元的淹没体积和淹没表面积的关系进行了计算，结果如图 8-9 所示。从图中可以看出，表面积和溶剂之间基本上呈一定的线性关系。干化机几何结构计算模型见表 8-3，根据表中的方程式，

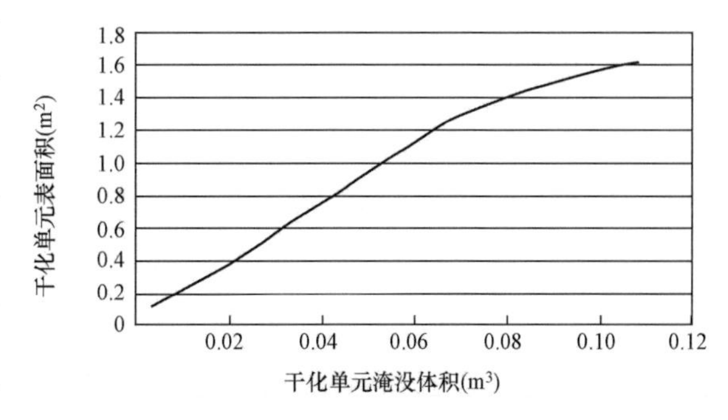

图 8-9　干化单元淹没体积和淹没表面积的关系

给出叶片直径尺寸即可算出干化单元的换热面积、有效容积、长度等基本尺寸。

表 8-3 桨叶式干化机几何结构计算模型

几何尺寸方程	备　注
$S=2.161d^2-2\times10^{-14}d$	S 为干化单元换热面积，m^2；d 为叶片直径，m
$V=0.167d^3-2\times10^{-13}d^2+1\times10^{-13}d$	V 为干化单元有效容积，m^3
$l=0.312\,5d$	l 为干化单元长度，m
$S_y=-1206V_y^3+134.6V_y^2+13.65V_y+0.073$	干化单元淹没表面积和淹没体积的关系

干化系统的耗电单元为干化机和引风机，干化机和引风机的电耗参考经验公式[147]。电耗方程见表 8-4。

表 8-4 干化系统电耗方程

电耗方程	备　注
$E_f=\Delta pF_f/\rho_a$	E_f 为引风机电耗；Δp 为压差；F_f 为空气流量；ρ_a 为空气密度
$E_b=e_1L(1+X_0)F$	E_b 为干化机电耗；e_1 为电耗常数；L 为干化机长度；X_0 为湿污泥含水率；F 为给料量

8.3.4 可视化操作界面

根据以上分析，可以建立如图 8-10 所示的可视化操作界面，图中右下角为工况录入窗，可录入叶片直径、污泥出口含水率、饱和蒸汽温度等参数，点击“确定”，即可在“干化系统运行参数”框内显示干化机干燥面积、干化机长度、蒸发水量、污泥处理量和饱和蒸汽消耗量等运行参数。根据计算，当污泥处理量为 28.2t/d

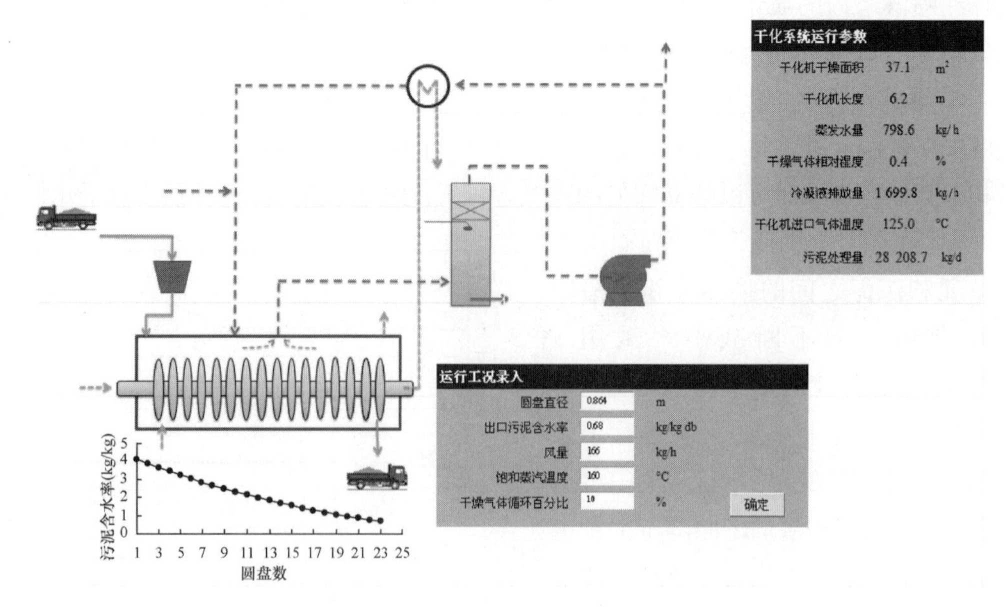

图 8-10　污泥干化系统可视化操作界面

时，对应的干化机干燥面积为 37.1m^2。干化机下方的图表表示污泥沿干化机身方向的含水率变化，可直观表示干化机各点污泥含水率。

8.4　污泥干化和焚烧系统优化计算实例

以城市污水污泥为例对污泥干化焚烧系统进行计算分析。污泥的初始含水率为 80%，辅助燃料为煤，污泥和燃煤的工业元素分析见表 8-5 和表 8-6。湿污泥处理量为 220t/d，余热锅炉产生的饱和蒸汽温度为 180℃。

表 8-5　　污泥和煤的工业分析和热值分析

种类	含水率 M_d（%）	挥发分 V_d（%）	固定碳 FC_d（%）	灰分 A_d（%）	干基热值 Q_d（kJ/kg）
干化污泥	1.30	44.62	2.52	52.86	10 838
煤	1.33	6.65	54.09	37.93	20 860

表 8-6　　污泥和煤的元素分析

种类	碳 C_d（%）	氢 H_d（%）	氮 N_d（%）	硫 S_d（%）	氧 O_d（%）	氯 Cl_d（%）
干化污泥	26.05	4.19	2.83	3.09	11.10	0.029 83
煤	54.10	2.48	1.22	0.33	2.61	0.006 36

8.4.1　干湿污泥混合燃烧工况

图 8-11 所示为工况操作模块，图中每一行对应一个系统运行工况。该模块中设定了 8 组工况，每组工况的分配率和入炉污泥含水率不同，干化机出口污泥含水率为 30%。所处理的湿污泥总量的一部分用于干化，另一部分和干化污泥混合后再入炉焚烧，污泥总量中用于污泥干化的质量百分比即为分配率。点击“设置”按钮，可将分配率、干化污泥含水率和入炉污泥含水率输入计算程序，然后再分别点击右边 5 个系统平衡键即可生成表中能耗数据。每个工况采用同样的方法操作。将图 8-11 中的数据生成如图 8-12 和图 8-13 所示的曲线。其中，图 8-12 所示为入炉污泥含水率变化时干化焚烧系统的能耗变化趋势，图 8-13 所示为干化焚烧系统喷淋水量和烟气量变化曲线。由图可得到以下结论：

（1）当入炉污泥含水率大于 60%时，污泥焚烧辅助燃料消耗量随着污泥含水率的升高直线上升；当入炉污泥含水率小于 60%时，污泥焚烧无须提供辅助燃料。

（2）当入炉污泥含水率大于 72%时，焚烧产生的饱和水蒸气完全能够满足污泥干化需求；当入炉污泥含水率小于 72%时，污泥干化系统需要运行备用锅炉补充干化所需蒸汽，而且干化辅助燃料的消耗量随着入炉污泥含水率的降低而升高。

	分配率	干化污泥含水率(%)	入炉污泥含水率(%)	干化辅助燃料消耗(kg/d)	剩余蒸汽量(kg/d)	系统耗电量(kWh/d)	系统总能耗(kcal/d)	总喷淋水量(kg/d)	烟气量(kg/d)	焚烧辅助燃料消耗(kg/d)
设置	0	30.0	800.0	0	134 683.021 6	13 711.782 68	292 058 467.6	4 523 558.654	887 370.765 5	32 300
设置	0.1	30.0	78.5	0	100 262.680 6	14 800.787 27	257 517 228.8	4 320 866.174	815 139.689 2	27 650
设置	0.2	30.0	76.7	0	65 907.277 78	15 167.709 45	221 606 988.1	4 293 735.791	743 685.291 2	23 050
设置	0.3	30.0	74.5.0	0	31 486.936 82	15 331.699 72	184 799 464.3	4 247 564.246	671 454.214 9	18 400
设置	0.4	30.0	72.0	0	−2 868.466 049	15 386.701 28	148 125 018.1	4 198 454.43	599 999.816 9	13 800
设置	0.5	30.0	68.9.0	2 609.075 672	−37 288.807 01	15 345.917 51	131 693 621.4	4 148 766.159	527 768.740 6	9150
设置	0.6	30.0	65.0	5 696.445 461	−71 644.209 87	15 242.967 42	119 337 326.8	4 099 093.651	456 314.342 5	4550
设置	0.7	30.0	60.0	8 725.429 622	−105 476.2	15 132.303 49	106 895 031.4	4 055 509.925	391 562.053 6	0
设置	0.8	30.0	53.3.0	10 004.527 38	−123 541.618 2	16 816.225 87	121 255 981.4	4 151 280.126	524 884.248 4	0
设置	0.9	30.0	44.0	11 754.371 87	−145 492.922 5	18 002.459 35	138 164 509.1	4 289 673.534	590 063.988 1	0
设置	1	30.0	30.0	13 946.799 82	−171 071.374	18 735.431 58	157 504 099.5	4 460 097.304	590 063.988 1	0

污泥干化过程质量和能量平衡
污泥焚烧过程质量和能量平衡
余热利用过程质量和能量平衡
烟气处理过程质量和能量平衡
系统能耗和损失

图 8-11　工况操作模块及数据表（1kcal=4.186 8kJ，下同）

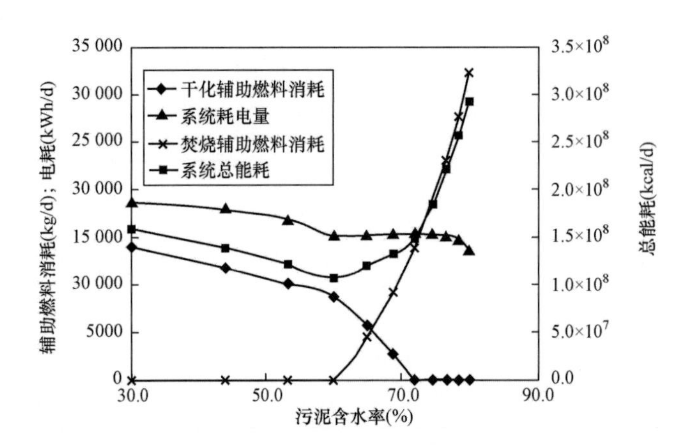

图 8-12　入炉污泥含水率变化时干化焚烧系统的能耗变化趋势

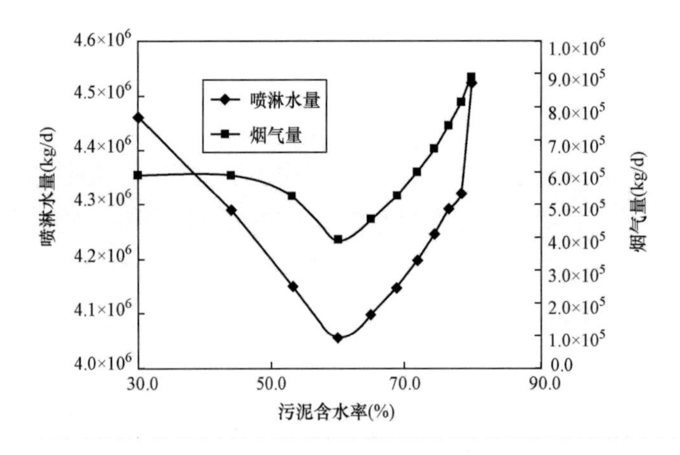

图 8-13　干化焚烧系统喷淋水量和烟气量变化曲线

（3）当入炉污泥含水率为 60%时，污泥干化焚烧系统辅助燃料消耗量、系统烟气量及所需喷淋水量均为最低。

（4）干化焚烧系统电耗随着入炉污泥含水率的降低而升高，升高的部分来自污

泥干化系统电耗。

8.4.2　干化污泥含水率影响工况

如图 8-14 所示，共有 15 组模拟计算工况，每组工况分配率均为 1，表明湿污泥全部需经过干化，而没有湿污泥和干污泥返混的情况。每个工况的区别在于干化机出口污泥含水率不同，以观察污泥出口含水率对整个干化焚烧系统的影响。图 8-15 所示为污泥干化焚烧系统能耗工况，由图可以得出以下结论：

	分配率	湿污泥含水率(%)	干化污泥含水率(%)	干燥辅助燃料消耗(kg/d)	剩余蒸汽量(kg/d)	系统耗电量(kWh/d)	系统总能耗(kcal/d)	总喷淋水量(kg/d)	烟气量(kg/d)	焚烧辅助燃料消耗(kg/d)
设置	1	80	10	15 673.379 6	−191 214.9	7 686.322 4	144 249 873	4 595 673.51	590 063.988	0
设置	1	80	15	15 318.056	−187 069.44	7 705.572 31	141 453 737	4 539 799	590 063.988	0
设置	1	80	20	14 918.475 1	−182 407.64	7 727.136 15	138 309 121	4 503 079.96	590 063.988	0
设置	1	80	25	14 464.773 8	−177 114.43	7 751.983 7	134 739 480	4 466 276.93	590 063.988	0
设置	1	80	30	13 946.799 8	−171 071.37	7 780.086 77	130 663 505	4 424 537.14	590 063.988	0
设置	1	80	35	13 349.234 9	−164 099.75	7 812.436 85	125 961 048	4 376 289.83	590 063.988	0
设置	1	80	40	12 652.497 2	−155 971.1	7 849.929 98	120 477 611	4 303 490.55	590 063.988	0
设置	1	80	45	11 828.965	−146 363.18	7 894.247 39	113 996 284	4 227 041.46	590 063.988	0
设置	1	80	50	10 840.220 6	−134 827.77	7 947.610 03	106 215 090	4 168 066.68	590 063.988	0
设置	1	80	55	10 053.621	−124 184.21	7 605.336 51	99 082 149.8	4 097 605.87	527 846.964	0
设置	1	80	60	9 197.224 75	−111 958.18	7 051.468 37	90 872 289.9	4 007 550.19	433 040.07	0
设置	1	80	65	7 095.793 37	−87 228.411	7 373.110 31	94 849 658.8	3 971 296.2	424 470.535	2500
设置	1	80	70	3 438.633 15	−46 551.003	8 673.465 38	112 781 933	4 002 959.91	509 905.141	8000
设置	1	80	75	0	10 397.368 4	10 449.228 8	151 232 010	4 057 117.44	629 513.59	15 700
设置	1	80	80	0	134 633.298	13 711.782 7	292 058 468	5 922 872.31	887 370.765	32 300

污泥干化过程质量和能量平衡

污泥焚烧过程质量和能量平衡

余热利用过程质量和能量平衡

烟气处理过程质量和能量平衡

系统能耗和损失

图 8-14　工况操作模块及数据表 2

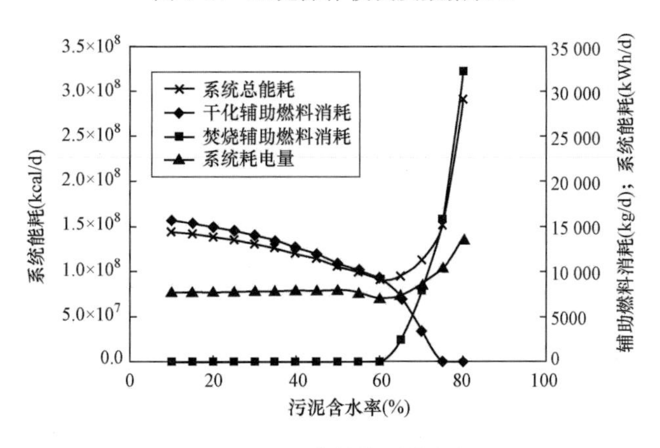

图 8-15　污泥干化焚烧系统能耗工况

（1）当干化污泥含水率高于 60%时，焚烧辅助燃料消耗量随着污泥含水率的升高直线上升；当干化污泥含水率低于 60%时，污泥焚烧不需要消耗辅助燃料。

（2）当干化污泥含水率高于 75%时，焚烧所产生的饱和水蒸气完全能够满足污泥干化需求；当干化污泥含水率低于 75%时，污泥干化系统需要备用锅炉补充干化能量，而且污泥干化辅助燃料消耗量随着干化污泥含水率的降低而增大。

（3）当干化污泥含水率为60%时，干化焚烧系统辅助燃料消耗量和耗电量均为最低。

8.5 污泥干化焚烧系统的能耗分析

8.5.1 污泥处理工程概况

本书作者于2010年受上海市排水有限公司委托，对上海竹园污泥干化焚烧工程进行了能耗分析和研究。

上海竹园污泥处理工程位于浦东新区外高桥地区规划竹园污水处理厂用地范围内，将接收和处理来自上海市竹园一厂、二厂、曲阳、泗塘4座污水处理厂的脱水污泥，采用半干化焚烧处理工艺、焚烧灰渣进行建材综合利用的处置方式，建设规模150t/d，设计处理能力7.3t/h（按年运行7500h计算）。为了提高设备的可靠性和稳定性，要求整个系统的年累计运行时间能够达到8000h以上。整个系统的最低运行负荷为额定负荷的70%，超负荷能力10%（进厂脱水污泥以含固率20%计）。进厂污泥先进行半干化，然后送入流化床污泥焚烧炉进行焚烧，余热锅炉利用烟气余热生产蒸汽用于污泥干化。引入外高桥电厂供热管网蒸汽作为污泥干化的热能补充，以保证污泥干化系统随时都有足够的能源进行工作。污泥焚烧炉正常运行时不需外加其他辅助燃料。采用轻柴油作为焚烧炉启动和备用燃料。烟气处理系统采用静电除尘器、布袋除尘器、两级洗涤塔，烟气达到欧盟2000排放标准。静电除尘器中灰分外运用于建材综合利用，布袋除尘器中灰分外运按危险废物处置。焚烧炉正常检修时，仍旧接收外来污泥，污泥先干化，不能焚烧的干化污泥在厂内储存，待焚烧线检修恢复后，储存的污泥再返回到系统焚烧。

上海竹园污泥处理厂所处理脱水污泥的含水率范围为75%～82%，采用热传导型干化机对脱水污泥进行半干化。进厂污泥中的75%进入污泥干化机进行干化，干化后污泥含水率在40%左右，温度为90～100℃。污泥干化系统共配置6套干化机，每套干化机换热面积大于或等于200m²，蒸发能力大于或等于4t/h。正常运行时干化机五用一备，五套干化机总蒸发能力大于或等于20t/h，总换热面积大于或等于1000m²。

污泥干化机所使用的热源为污泥焚烧锅炉产生的0.8MPa、175℃的蒸汽；污泥干化机利用外高桥发电厂提供的蒸汽进行启动并补充污泥干化的热量缺口。该蒸汽最大可供蒸汽量为40t/h，至竹园污泥处理工程厂房围墙分界面处的蒸汽参数为1.2MPa、200℃。由于污泥干化过程为间接加热，蒸汽未被污染，因此蒸汽冷凝水回用。污泥干化机出口冷凝水压力为0.5MPa，温度为158℃，先进入一级空气预热

器将焚烧炉一次风加热，温度降至 100℃；一部分则进入除氧器返回锅炉蒸汽系统；其余冷凝水用于洗涤塔补水。

干化机内通入载气（空气）将机内水分快速带走，保证干化机内水分的蒸发速率和扩散速度。干化机排出的湿载气温度为 85～90℃，经洗涤塔洗涤降温至 40～50℃并脱除水分后，95%送回干化机循环使用，其余 5%作为二次风送入焚烧炉。洗涤水采用竹园第二污水处理厂处理尾水，经过换热器降温后循环使用。

竹园污泥处理厂所处理的脱水污泥干基高位热值范围为 10.01～13.35MJ/kg，平均干基高位热值为 12.19MJ/kg。采用适合市政污泥焚烧的鼓泡流化床焚烧炉对半干化污泥进行焚烧处理。为保证系统在正常运行时，干化污泥能在焚烧炉内 850℃床温下稳定燃烧，并避免黏滞区对污泥输送的影响，将进厂污泥的 75%进行干化，并与其余 25%的湿污泥送入焚烧炉，混合污泥的含水率在 60%左右。

污泥焚烧系统设置 2 条焚烧线，每台焚烧炉前设 1 座干污泥缓冲料仓，有效容积大于或等于 20m^3。焚烧炉配备炉内喷水降温措施及喷射尿素预防 NO_x 超标措施，炉内构件能耐高温、耐磨，在运行状态下能方便地排砂排渣，经筛选后砂粒可重复利用补充流化床料。每台焚烧炉的最大热负荷大于或等于 10MW，流化空气过量系数为 1.4，每套焚烧炉的额定焚烧量大于或等于 3.65t/h，炉膛出口烟气温度为 850～950℃，燃烧室烟气停留时间大于或等于 2s，完全氧化指标（CO 含量）小于或等于 50mg/m^3，炉膛出口烟气含氧量为 6%～10%，炉渣热灼减率小于或等于 3%，飞灰热灼减率小于或等于 3%。

烟气余热主要用于生产为污泥干化供热的蒸汽和加热焚烧炉的燃烧用空气。蒸汽参数与干化机要求匹配，空气预热温度与焚烧炉的要求匹配。余热利用采用先空气预热器、后余热锅炉的方式，采用二级空气预热器将一次风继续加热至 300℃左右，烟气温度由 850℃降至 740℃后进入余热锅炉。余热锅炉采用单锅筒膜式水冷壁的形式，为锅炉给水配置除氧器（至少一用一备）及停电备用的蒸汽给水泵。

污泥泥质取决于污水水质及处理工艺。竹园污泥处理工程的污泥来自 4 座不同的污水处理厂，进厂污泥的含水率和热值等与干化焚烧密切相关的泥质指标并不稳定，在工程投产运行后，进厂污泥的泥质可能会与设计参数产生较大偏差。为保证污泥干化焚烧系统能够按设计要求安全稳定运行，需根据进厂污泥泥质特征的变化，对干化焚烧系统的运行参数进行调整，以适应泥质波动的影响。

8.5.2　污泥干化焚烧系统能量平衡模型

污泥干化焚烧工程是一个工艺环节复杂、涉及设备较多的复杂系统，一般包括污泥存储输送系统、污泥干化系统、污泥焚烧及余热利用系统、尾气处理系统和辅

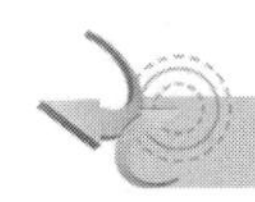

助处理系统，其中辅助处理系统又包括给水系统、除臭系统、污泥应急储存返回系统和其他辅助系统。

污泥干化焚烧系统的各工艺环节中，污泥干化系统和污泥焚烧及余热利用系统对污泥泥质最为敏感，是污泥干化焚烧工程稳定运行和节能降耗的关键环节；污泥存储输送系统、尾气处理系统、给水系统、除臭系统、污泥应急储存返回系统等，都是污泥干化焚烧的辅助系统，与污泥干化系统和焚烧系统的运行工况密切相关。

为准确建立污泥干化焚烧工程能量和物料平衡模型，分析污泥泥质波动和干化后含水率对整个干化焚烧系统运行的影响，在建立各工艺环节的通用能量平衡模型的基础上，根据污泥处理工程的工艺设计方案，建立了污泥干化焚烧系统能量平衡模型。

8.5.2.1 污泥存储输送系统

污泥存储输送系统的主要物料为湿污泥，系统中物料情况见表 8-7。污泥经存储输送系统后分别去往污泥干化机和污泥焚烧炉。根据以上分析，建立污泥存储输送系统的能量和物料平衡，如图 8-16 所示。

表 8-7　　污泥存储输送系统能量和物料统计

输送系统	物料	流量（t/h）	物料性质
输入	湿污泥	36.5	含水率：M_{s0}；温度：T
输出	湿污泥去焚烧炉	W_{s0}	含水率：M_{s0}；温度：T
	湿污泥去干化机	W_{s1}	含水率：M_{s0}；温度：T

污泥处理工程的污泥存储输送系统可细分为污泥接收系统和污泥存储系统两部分。污泥接收系统由 3 座地下污泥接收仓和配套的接收仓滑架、接收仓污泥泵送及驱动装置组成。污泥存储系统由 4 套污泥存储仓和配套的存储仓滑架、存储仓污泥螺旋输送及驱动装置组成。

图 8-16　污泥存储输送系统的能量和物料平衡图

来自上海市竹园一厂、二厂、曲阳、泗塘 4 座污水处理厂的脱水污泥由自卸卡车运输至本厂内，首先卸料至地下式污泥接收仓，然后经出料螺旋输送机进入柱塞泵中，以高压输送方式泵至高位污泥储存仓，每座接收仓可向 2 座湿污泥储存仓输送污泥，每座湿污泥储存仓可接纳 2 台柱塞泵的出泥，储存仓内的污泥再经出料螺旋及螺杆泵送至干化机和焚烧炉。每座湿污泥存储仓至少可向 2 台污泥干化机供泥。按设计规模，污泥存储输送系统每小时可接收湿污泥 7.3t（干基），若含水率以 80% 计，则每小时可接收湿污泥 36.5t。

8.5.2.2　污泥干化系统

污泥干化系统中涉及的主要能量和物料情况见表 8-8。

表 8-8　　污泥干化系统中涉及的主要能量和物料情况

干化系统	物料	流量（t/h）	物料性质
输入	饱和蒸汽	W_{st0}	温度：T_{st}；压力：p_{st}
	湿污泥	W_{s1}	温度：T；含水率：M_s
	入口载气	W_{a0}	温度：T_{ad0}；含湿量：d_{ad0}
	载气洗涤水	W_{mw0}	温度：T_{mw0}
输出	热水	W_{hw}	温度：T_{hw}；压力：p_{hw}
	干化污泥	W_{s2}	温度：T_{s1}；含水率：M_{s1}
	出口载气	W_{a1}	温度：T_{ad1}；含湿量：d_{ad1}
	载气洗涤水	W_{mw1}	温度：T_{mw1}

污泥干化系统输入的能量和物料有饱和蒸汽、湿污泥和载气，输出的能量和物料包括蒸汽冷凝水、干化污泥和载气。根据这些物料的流量和能量性质，建立污泥干化系统的能量和物料平衡，如图 8-17 所示。

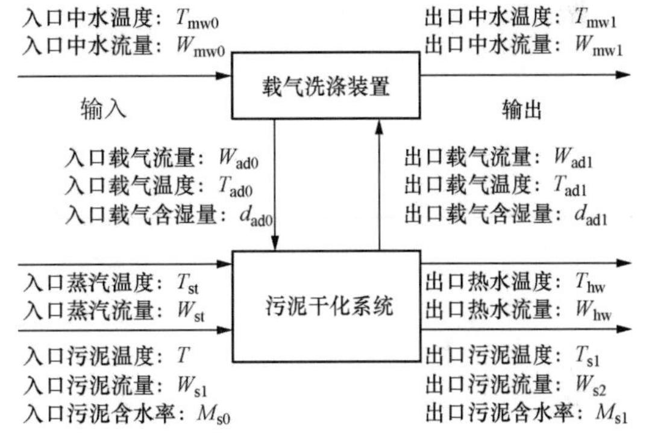

图 8-17　污泥干化系统的能量和物料平衡图

对于污泥干化系统，其能量平衡关系为

$$Q_{st} = Q_{mst} + Q_{ad} + Q_s + Q_{hw} + Q_f \qquad (8\text{-}4)$$

式中：Q_{st} 为进入干化机的饱和蒸汽所带热量，kJ；Q_{mst} 为污泥中水分蒸发所消耗的能量，kJ；Q_{ad} 为载气带走的显热，kJ；Q_s 为干化污泥带走的显热，kJ；Q_{hw} 蒸汽放热后的热水所带热量，kJ；Q_f 为污泥干化机及相关辅助设施通过热辐射等所损失的热量，kJ。

由于进厂污泥的含水率等泥质特性可能会有波动，环境温度和湿度等也会随季节而变化，因此污泥干化后的含水率也因工况的要求可能调整。不同环境和工况条件下湿污泥干化所需能量可用蒸发污泥中水分所需的能量来计算，对于一定的进料，干化机需蒸发的水分为

$$W_{mst} = W_{s1}\left(1 - \frac{1 - M_{s0}}{1 - M_{s1}}\right) \qquad (8\text{-}5)$$

式中：W_{mst} 为需蒸发污泥水分的质量，t；W_{s1} 为进入干化系统的污泥质量，t；M_{s0} 和 M_{s1} 分别为污泥干化前后的含水率，%。

蒸发这些水分所需要的能量为

$$Q_{mst}=1000W_{mst}[\gamma_w+(T_1-T)c_w] \tag{8-6}$$

式中：T 为环境温度，℃；T_1 为干化机出口污泥温度，℃；γ_w 为水的汽化潜热，取2282kJ/kg（0.06MPa、90℃）；c_w 为水的比热容，取 4.186 8kJ/（kg・℃）。

污泥干化过程载气的用量与排气温度和排气湿度有关，排气空气中要控制其湿度不会在管道中结露，则干化所需载气的量为

$$W_{ad0}=\frac{W_{mst}}{d_{ad1}-d_{ad0}}=\frac{W_{s1}\left(1-\frac{1-M_{s0}}{1-M_{s1}}\right)}{d_{ad1}-d_{ad0}} \tag{8-7}$$

式中：d_{ad0} 为干化机入口载气含湿量，kg/kg；d_{ad1} 为干化机出口载气含湿量，kg/kg。

载气含湿量可用下式计算

$$d=\frac{0.622e}{p-0.378e} \tag{8-8}$$

式中：d 为空气含湿量，kg/kg；e 为对应温度下的蒸汽压，Pa；p 为大气压，Pa。

载气带走的热量为

$$Q_{ad}=1000W_{ad0}(T_{a1}-T_{a0})c_a \tag{8-9}$$

式中：T_{a0} 为干化机入口载气温度，℃；T_{a1} 为干化机出口载气温度，℃；c_a 为载气的比热容，可取 30℃时空气的比热容值 1.3kJ/（kg・℃）。

干化污泥的产量为

$$W_{s2}=W_{s1}\frac{1-M_{s0}}{1-M_{s1}} \tag{8-10}$$

则干化污泥带走的热量为

$$Q_s=1000W_{s2}c_s(95-T) \tag{8-11}$$

式中：c_s 为污泥的比热容，kJ/（kg・℃）。

不同含水率污泥的比热容由绝干污泥的比热容与水分比热容加权平均，计算公式为

$$c_s=c_{dr}(1-M_{s2})+4.187M_{s2} \tag{8-12}$$

式中：c_{dr} 为绝干污泥的比热容，取常温条件下泥煤的比热容值 1.3kJ/（kg・℃）；M_{s2} 为干化污泥的含水率。

由于污泥干化机及辅助设施热辐射所损失的热量暂时无法准确计算，故使用 α 来表示干化系统的能量损失，则污泥干化过程所需要的能量为

$$Q_{dry}=\frac{Q_{mst}+Q_{ad}+Q_s}{1-\alpha} \tag{8-13}$$

式中：α 为污泥干化机的热损失，%。

将式（8-6）、式（8-9）及式（8-11）代入式（8-13），可得到污泥干化机需要的能量 Q_{dry}。

根据污泥干化所需能量计算，若以过热蒸汽为热媒进行干化，则污泥干化过程得以按设定工况运行的能量平衡为

$$Q_{dry} = Q_{st} - Q_{hw} = 1000W_{st}(h_{st} - h_{hw}) \tag{8-14}$$

式中：W_{st} 为蒸汽需求量，t；h_{st} 为干化机入口蒸汽比焓，kJ/kg；h_{hw} 为干化机出口热水比焓，kJ/kg。

因此污泥干化机所需蒸汽量为

$$W_{st} = \frac{Q_{dry}}{1000(h_{st} - h_{hw})} \tag{8-15}$$

污泥处理工程中，污泥储存仓内的一部分湿污泥经污泥储仓下出料螺旋输送机由螺杆泵送入污泥干化系统进行干化处理。污泥干化系统由 6 台污泥干化机组成，每台污泥干化机均配有 1 套尾气洗涤装置。每个污泥储存仓对应 2 台干化机，1 台干化机可以接纳 2 座湿污泥储存仓和 2 台螺杆泵的污泥。正常运行时五用一备，污泥总处理量为 5×1.1t/h，污泥在含水率达到 40%左右、温度为 90～100℃时完成干化，然后经出料口输送至焚烧进料系统入炉焚烧。

污泥干化机内通入载气（空气）快速将污泥蒸发的水分带走，保证干化机内水分的蒸发速率和扩散速度。污泥干化产生的热载气（85～90℃）中含有大量的水蒸气，经洗涤塔降温至 40～50℃后可除去大部分水蒸气。洗涤后的载气一部分（95%）再作为载气利用，一部分（5%）作为焚烧炉二次风进入炉膛。洗涤水采用竹园第二污水处理厂处理尾水，经过换热器降温后循环使用，但载气经洗涤降温传递的能量并未再利用，该部分能量计为损失能量。

干化机的热源为余热锅炉所产生的蒸汽及外高桥电厂的废热蒸汽。干化过程为间接加热，蒸汽未被污染，因此冷凝水回用。干化机排出的冷凝水压力为 0.5MPa，温度为 158℃，首先在污泥焚烧炉一次风的一级空气预热器内将一次风加热，然后一部分进入除氧器返回锅炉蒸汽系统，其余部分用于洗涤塔补水。冷凝水的能量将在污泥焚烧及余热利用系统中计算。

根据污泥干化系统的工艺设计参数，干化机出口污泥温度 T_1 取 95℃，干化机入口载气温度 T_{a0} 取 40℃，干化机出口载气温度 T_{a1} 取 95℃，污泥干化机的热损失 α 取 10%，干化机入口蒸汽比焓 h_{st} 取 0.9MPa、175℃时的 2 777.5kJ/kg，干化机出口热水比焓 h_{hw} 设计参数取 0.5MPa、158℃的 667.38kJ/kg。

8.5.2.3　污泥焚烧及余热利用系统

污泥焚烧及余热利用系统中涉及的主要能量和物料情况见表 8-9。

表 8-9　　污泥焚烧及余热利用系统中涉及的主要能量和物料情况

系统	物料	流量（t/h）	物料性质
输入	轻柴油	W_{oil}	热值：42 656 kJ/kg
	湿污泥	W_{s0}	干基热值：E_s；温度：T；含水率：M_{s0}
	干化污泥	W_{s2}	干基热值：E_s；温度：T_{s1}；含水率：M_{s1}
	干化机蒸汽冷凝水	W_{hw}	温度：T_{hw}
	洗涤后载气作二次风	W_{a3}	温度：T_{a2}
	污泥仓臭气作一次风	W_{a4}	温度：T
输出	饱和蒸汽	W_{st}	温度：T_{st}；压力：p_{st}
	高温烟气	W_{f0}	温度：T_{f0}
	烟气	W_{f1}	温度：T_{f1}
	灰渣	W_{ash}	温度：T_{ash}

根据表 8-9 中的统计，向污泥焚烧和余热利用系统输入的能量和物料包括轻柴油、湿污泥、干化污泥、干化机蒸汽冷凝水、一次风、二次风，输出的能量和物料为饱和蒸汽、烟气、灰渣。根据这些物料的流量和能量性质建立污泥焚烧及余热利用系统能量和物料平衡，如图 8-18 所示。

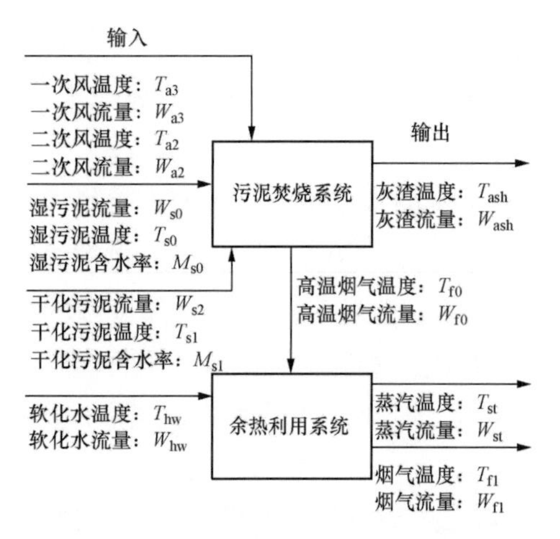

图 8-18　污泥焚烧及余热利用系统的能量和物料平衡图

根据污泥焚烧及余热利用系统的能量和物料平衡图，污泥在焚烧炉内稳定燃烧且余热锅炉正常运行时，向污泥焚烧及余热利用系统输入的能量主要为入炉污泥所含热值、入炉污泥的显热、一次风和二次风所带热量及软化水所带热量，系统输出的能量主要是饱和蒸汽所含热量。污泥焚烧后产生的烟气和灰渣排出焚烧炉后的能量损失计入系统的输出能量。

污泥焚烧及余热利用系统的能量平衡关系为

$$Q_s + Q_s' + Q_a + Q_{hw} = Q_{st} + Q_f + Q_f' + Q_{ash} + Q_{ash}' + Q_g \tag{8-16}$$

式中：Q_s 为入炉污泥的干基低位热值，kJ；Q_s' 为入炉污泥的物理显热，kJ；Q_a 为一次风和二次风的显热，kJ；Q_{hw} 为干化机排热水进入污泥焚烧及余热利用系统部分所带的显热，kJ；Q_{st} 为进入干化机的饱和蒸汽所带热量，kJ；Q_f 为锅炉产蒸汽所带能量，kJ；Q_f' 为排烟所含热量，kJ；Q_{ash} 为排灰渣的显热，kJ；Q_{ash}' 为固体未燃尽部

分所含热量，kJ；Q_g 为焚烧炉散热等损失的热量，kJ。

入炉污泥热值 Q_s 为

$$Q_s = 1000E_s[W_{s0}(1-M_{s0})+W_{s2}(1-M_{s1})] \tag{8-17}$$

式中：E_s 为污泥的干基低位热值，kJ/kg；W_{s0} 为入炉湿污泥流量，t；M_{s0} 为入炉湿污泥含水率，%；W_{s2} 为入炉干化污泥流量，t；M_{s1} 为入炉干污泥含水率，%。

干化后污泥输送至焚烧炉进行焚烧，其物理显热为

$$Q_s' = 1000W_{s2}c_s(T_{s1}-T) \tag{8-18}$$

式中：c_s 为污泥的比热容，根据式（8-16）进行计算，kJ/（kg • ℃）；T_{s1} 为入炉干化污泥温度，℃；T 为环境温度，℃。

每千克绝干污泥焚烧需要的理论空气量体积根据污泥的元素分析结果计算，即

$$V_a' = 0.088\,9(C_{ar}+0.375S_{ar})+0.265H_{ar}-0.033\,3O_{ar} \tag{8-19}$$

式中：V'_a 为污泥燃烧所需的理论空气量，m^3/kg；C_{ar} 为污泥中碳元素的含量；S_{ar} 为污泥中硫元素的含量；H_{ar} 为污泥中氢元素的含量；O_{ar} 为污泥中氧元素的含量。

污泥焚烧实际所需空气量为

$$W_{a0} = \varphi[W_{s0}(1-M_{s0})+W_{s2}(1-M_{s1})]V_a'\rho_a \tag{8-20}$$

式中：W_{a0} 为污泥燃烧所需的理论空气量，t；φ 为过量空气系数；ρ_a 为空气的密度，取 1.205kg/m^3。

污泥焚烧产生的灰渣的量根据污泥工业分析结果确定

$$W_{ash} = W_s(A+\mu) \tag{8-21}$$

式中：W_{ash} 为污泥焚烧产生的灰渣的量，t；A 为污泥工业分析得到的灰分值，%；μ 为污泥中固体可燃物质的燃烧效率。

污泥焚烧产生的灰渣带走的热量为

$$Q_{ash} = 1000W_{ash}(T_{sah}-T)c_{ash} \tag{8-22}$$

式中：Q_{ash} 为灰渣带走的热量，kJ；T_{ash} 为灰渣温度，℃；c_{ash} 为灰渣比热容，取 1.5kJ/（kg • ℃）。

污泥焚烧产生的理论干烟气量为

$$W_{fd} = W_s\left[\left(\frac{1.867C+0.7S+0.8N}{100}\right)+0.79V_a'\right]\rho_f \tag{8-23}$$

式中：W_{fd} 为污泥焚烧产生的理论干烟气量，t；W_s 为入炉污泥干基质量，t；C、S、N 分别为污泥中碳、硫、氮元素的含量，根据污泥元素分析结果确定，%；V_a' 为理论空气量，m^3/kg；ρ_f 为空气密度，取 1.2kg/m^3。

污泥焚烧实际产生的实际烟气量由理论干烟气量与过量空气（包括过量的氧气、氮气和相应的水蒸气组成），以及污泥中所带水分蒸发产生的水蒸气组成，实际湿烟

气量为

$$W_{f0}=W_{fd}+W_s(\varphi-1)V_a'\rho_f+W_{H_2O} \tag{8-24}$$

式中：W_{H_2O}为污泥焚烧产生的水蒸气量，t；φ为过量空气系数。

污泥焚烧烟气中的水蒸气主要来自污泥中的水分和污泥中氧元素与氢元素燃烧后生成的水分

$$W_{H_2O}=W_{s0}M_{s0}+W_{s2}M_{s1}+0.111\mathrm{H}\frac{W_{s0}}{1-M_{s0}}\rho_w \tag{8-25}$$

则污泥焚烧产生烟气所带的热量为

$$Q_{f0}=1000\{[W_{fd}+W_s(\varphi-1)V_a'\rho_f]c_f+W_{H_2O}c_w\}(T_{f0}-T) \tag{8-26}$$

式中：Q_{f0}为烟气带走的热量，kJ；T_{f0}为排放烟气的温度，℃。

在评估锅炉的热效率时，损失的能量一般包括排烟损失、排渣损失、未燃尽气体损失、未燃尽固体损失、锅炉散热损失。为了建立污泥焚烧及余热利用系统的能量平衡关系，引入锅炉能量损失（β）来表示这些能量的损失情况。污泥焚烧及余热利用的能量平衡关系可用下式表示

$$Q_{st}=(1-\beta)(Q_s+Q_s'+Q_a+Q_{hw}-Q_{f0}-Q_{ash}-Q_g) \tag{8-27}$$

式中：Q_{st}为污泥焚烧及余热利用系统实际产生的热量，即产蒸汽所带能量，kJ；β为污泥焚烧及余热利用系统的能量损失，%。

余热锅炉产蒸汽量为

$$W_{st0}=\frac{Q_{st}}{h_{st}} \tag{8-28}$$

式中：h_{st}为余热锅炉产蒸汽的比焓，kJ/kg。

污泥处理工程的污泥焚烧及余热利用系统主要由2台污泥焚烧炉和2套余热利用锅炉组成，每台焚烧炉的额定处理能力为3.65t/h。污泥入炉方式采用后混式，进入焚烧炉的干化污泥和湿污泥的平均含水率为60%左右。

经干化机干化后的污泥通过干污泥输送系统入炉焚烧，湿污泥由高位污泥储存仓下的螺杆泵直接输送至焚烧炉螺旋给料机，与干污泥混合后进入焚烧炉处理。污泥在焚烧炉中充分燃烧，有机质得到分解，水分蒸发，烟气在高于850℃的状态下于炉内的停留时间大于2s，而后进入高温空气预热器及余热锅炉。

一次风由污泥仓的循环风及部分新鲜风组成，以保证石英砂流态化及物料燃烧。在燃烧室内通入洗涤后的部分载气作为二次风，以保证物料完全燃烧。

流化床焚烧炉配有上部启动燃烧器和下部辅助喷枪，可起到助燃、稳燃的作用。

从焚烧炉排出的高温烟气在进入下游烟气处理设备前，通过高温空气预热器及

余热锅炉充分利用烟气余热并降低烟气温度，烟气温度由约 860℃降低至约 230℃左右，同时产生 300℃的流化空气和 0.8MPa、175℃的饱和蒸汽供生产使用。

干化过程产生的蒸汽冷凝水经换热器降温后，部分冷凝水进入除氧器返回锅炉蒸汽系统回用。

在对污泥焚烧能量平衡进行计算时，需要明确污泥的热物理性质，根据对上海污泥工业、元素、热值的多次分析，分析结果的平均值见表 8-10。

表 8-10　上海污泥泥质分析结果

工业分析（%）			元素分析（%）					热值分析
A_{ar}	V_{ar}	FC_{ar}	C_{ar}	H_{ar}	N_{ar}	$S_{t,ar}$	O_{ar}	$Q_{gr,ar}$（kJ/kg）
43.87	45.94	8.64	27.17	4.19	2.02	0.91	18.83	12 190

注　A_{ar}—收到基灰分；V_{ar}—收到基挥发分；FC_{ar}—收到基固定碳；C_{ar}—收到基碳元素含量；H_{ar}—收到基氢元素含量；N_{ar}—收到基氮元素含量；$S_{t,ar}$—收到基硫元素含量；O_{ar}—收到基氧元素含量；$Q_{gr.ar}$—收到基高位热值。

将污泥的恒容高位热值换算成恒压低位热值，得

$$Q_{net,ar}=Q_{gr,ar}-212.1H_{ar}-0.775O_{ar}-24.42M_{ar} \tag{8-29}$$

式中：$Q_{net,ar}$ 为污泥低位热值，kJ/kg；$Q_{gr,ar}$ 为污泥空气干化基高位热值，kJ/kg；H_{ar}、O_{ar}、M_{ar} 分别为污泥中氢元素、氧元素和水分的含量，%。根据该式计算出竹园污泥的低位热值约为 11 213kJ/kg。

污泥焚烧系统实际所需空气量由一次风量和二次风量组成。二次风来自于污泥干化机的载气，占总载气量的 5%，温度约为 40℃。一次风来自污泥存储仓的空气和新鲜空气，经一级空气预热器和二级空气预热器加热至 300℃，一级空气预热器使用的能量来源于干化机出口热水（0.5MPa、158℃）所带能量，二级空气预热器能量来源于高温烟气所带能量。在计算一次风所带热量时，一级空气预热器传递的能量与余热锅炉进水热量均来自污泥干化机排放的热水，将一并进行计算；二级空气预热器传递的能量来自于高温烟气，属于焚烧及余热利用系统内部能量传递，不属于输入焚烧及余热系统的能量。二次风由于风量较少，所带显热也较低，其能量占输入能量的比重极低，也不进行计算。

来自污泥干化机的热水（0.5MPa、158℃）经一次风的一级空气预热器后进入余热锅炉作为软化水，其所带能量几乎全部输入污泥焚烧及余热利用系统，该部分能量为

$$Q_{hw}=1000W_{hw}h_{hw} \tag{8-30}$$

式中：W_{hw} 为污泥干化机所用的蒸汽量，t；h_{hw} 为污泥干化机排热水的比焓，0.5MPa、158℃时为 667.38kJ/kg。

根据污泥焚烧及余热利用系统的工艺设计参数，入炉干化污泥温度 T_{s1} 取 80℃（考虑到污泥干化后的输送和在干污泥仓中的停留会损失能量），污泥焚烧炉的过量空气系数设计为 1.4。对于污泥焚烧及余热利用系统，排烟损失和排渣损失可以根据设计参数进行计算，而未燃尽气体损失和未燃尽固体损失等热量损失必须在运行现场进行检测，对这些不能直接计算的能量损失，此处假设为 10%，余热锅炉产蒸汽的比焓 h_{st} 取 0.9MPa、175℃时的 2 777.5kJ/kg。

根据式（8-16）所示的污泥焚烧及余热利用系统的能量平衡关系，还需要确定可燃气体未燃尽损失的热量、排灰渣未燃尽损失的热量和焚烧炉散热损失热量。污泥焚烧排烟中可燃气体未燃尽损失的热量需要通过实地采样监测确定，焚烧及余热利用系统的散热损失也需要根据污泥焚烧炉的具体参数来确定，这两个变量暂时都不能通过理论计算得到。由于污泥在鼓泡流化床中焚烧极少排放灰渣，因此不进行排灰渣热损失和固体未燃尽损失的计算。

8.5.2.4 烟气处理系统

烟气处理系统的主要能量和物料情况见表 8-11。

表 8-11　　烟气处理系统的主要能量和物料情况

系统	物料	流量（t/h）	物料性质
输入	烟气自余热锅炉	W_{f0}	温度：T_{f1}
输出	烟气排放	W_{f0}	温度：T_{f2}
	飞灰	W_{ash2}	温度：T_{ash2}

根据烟气处理系统的能量和物料情况统计，输入烟气处理系统的能量和物料为电力、来自余热锅炉的烟气所带能量和烟气处理药剂，输出的能量和物料为排放烟气和飞灰所带能量。烟气处理系统的能量和物料平衡图如图 8-19 所示。

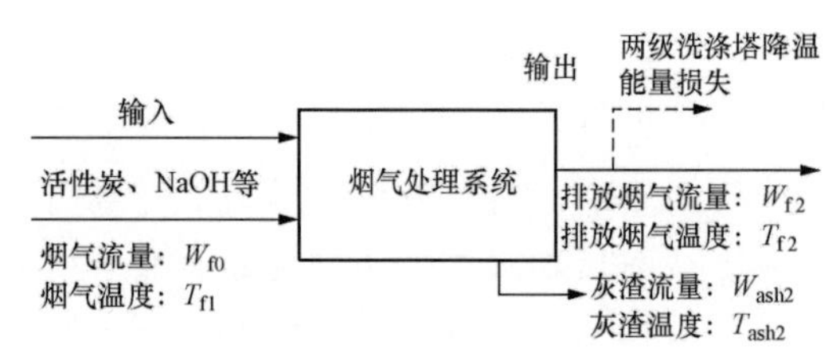

图 8-19　烟气处理系统的能量和物料平衡图

进入烟气处理系统的烟气量理论上应等于污泥焚烧系统所排放的烟气量，烟气由进入烟气处理系统时的温度降至 110℃左右后从烟囱排出，排烟损失的能量为

$$Q'_{f1} = 1000W_{f0}(T_{f1} - T_{f2})c_a \tag{8-31}$$

式中：Q'_{f1} 为烟气在处理系统中损失的热量，kJ；W_{f0} 为烟气流量，t/h；T_{f1} 为烟气进入处理系统时的温度，℃；T_{f2} 为烟气排放温度，℃；c_a 为干烟气比热容，取 1.3kJ/（kg·℃）。

对于污泥处理工程，焚烧炉产生的高温烟气经过二级高温换热器及余热锅炉的

余热利用后进入烟气处理系统，处理达标后通过烟囱排放。烟气处理系统主要由静电除尘器、布袋除尘器、烟气再热器和两级洗涤塔组成，共有2条生产线，与焚烧炉生产线相配套，24h连续运行。

230℃的烟气首先进入干式静电除尘器，去除大部分粉尘，随后进入烟气换热器与洗涤脱硫后50℃的烟气进行换热，以提高烟囱排烟温度至105℃左右，防止白烟的产生。热烟气经热交换器后温度由约226℃降至170℃左右，进入布袋除尘器。在布袋除尘器前的烟气管道中喷入粉末活性炭和石灰粉作为吸附剂，以吸附Hg等重金属和有机化合物。经布袋除尘器处理后的烟气进入两级烟气洗涤塔中进行降温、脱酸处理。一级洗涤塔喷入常温的尾水，去除烟气中大部分的HCl，同时将烟气温度降至50℃。二级洗涤塔采用NaOH作为吸收剂，吸收烟气中的HCl、SO_x等酸性气体。洗涤后的低温烟气由烟气换热器升温至110℃左右由引风机引入烟囱高空排放。

烟气进入处理系统时的温度T_{f1}设计参数为230℃，烟气排放温度T_{f2}设计参数为105℃。烟气处理系统内两级洗涤塔将烟气的温度由170℃降至50℃左右，洗涤塔换热后产生的热水排放至污水处理系统，其中的能量并未得到利用。

8.5.2.5　辅助系统

污泥处理工程的辅助处理系统包括给水系统、臭气处理系统、污泥应急存储返回系统等。

给水系统主要包括向锅炉给水、向污泥干化尾气洗涤装置给水和向烟气两级洗涤系统给水。锅炉给水通过除氧器除氧后进入锅筒，然后自锅筒引出，经对流较弱的管子管进入下锅筒，再进入上升管，水在上升管中加热后形成汽水混合物，由汽连通管送回上锅筒。汽水在上锅筒经汽水分离装置分离产生饱和蒸汽，供生产使用。锅炉给水量取决于蒸汽产生量，根据污泥焚烧炉的工作情况确定。污泥干化尾气洗涤装置和向烟气两级洗涤系统的给水量取决于污泥的处理量。

污泥处理工程需重点考虑除臭的区域包括湿污泥接收仓、湿污泥储存仓、干化机不凝气、干污泥仓，以及各产生臭味、密封性较差的工艺设备及设备连接管道（如各厂房设备采用皮带机、输送机、链板机等输送带区域）。正常工况下，该区域产生臭气，由管道收集，送至焚烧炉焚烧处理，达标排放。应急工况下（两条焚烧线均停止运作时），该区域产生臭气，由管道收集，送至离子法除臭设备处理，达标排放。

湿污泥接收仓，需除臭区域容积100m^3，按25次/h考虑，除臭风量2500m^3/h。湿污泥储存仓，需除臭区域容积约750m^3，相对密闭，按2次/h考虑，除臭风量1500m^3/h。干污泥仓，需除臭区域容积约1000m^3，相对密闭，按2次/h考虑，除臭风量 2000m^3/h。干化机不凝气，需考虑正常运行及应急工况的最不利排气量，随工艺设计气量，暂估除臭风量 3000m^3/h。各产生臭味、密封性较差的工艺设备及设备连接管道，随工艺设施考虑漏风量，暂估除臭风量 2000m^3/h。需除臭风量为 11 000m^3/h，考虑漏风系数 1.10～1.15，除臭风机处理风量为 12 500m^3/h。

焚烧炉大修或故障检修时（当单条焚烧线运行时，干化机利用本厂和外来蒸汽运行；当焚烧线全部停运时，干化机利用外部蒸汽运行），干化机利用本厂和外来蒸汽将全部污泥干化，不能及时焚烧的干污泥由全密封的皮带机、水冷螺旋及链板输送机将干化后含水率 30%的污泥送至厂房北侧的干污泥料仓暂存，污泥进干污泥料仓储存前冷却到 40℃。当干污泥储仓存满后，装车外运。该工程设 6 座有效容积为 300 m^3 的干污泥储仓。待焚烧炉检修完毕，恢复正常运行后，储存于干污泥储仓的干污泥由螺旋送至皮带机，皮带反转，再将污泥送入焚烧炉处理。

其他辅助系统主要为照明、通风和起重设备。

8.5.2.6 干化焚烧系统能量平衡模型

根据以上对污泥干化过程和污泥焚烧过程物料和能量的分析，建立污泥干化焚烧系统通用物料平衡模型。

污泥干化所需的能量为

$$Q_{\mathrm{dry}}=1000\alpha\left\{\begin{array}{l}W_{\mathrm{s1}}\left(1-\dfrac{1-M_{\mathrm{s0}}}{1-M_{\mathrm{s1}}}\right)[\gamma_{\mathrm{w}}+(T_1-T)c_{\mathrm{w}}]+(T_{\mathrm{a1}}-T_{\mathrm{a0}})c_{\mathrm{a}}\dfrac{W_{\mathrm{s1}}(1-\dfrac{1-M_{\mathrm{s0}}}{1-M_{\mathrm{s1}}})}{\alpha_{\mathrm{ad1}}-\alpha_{\mathrm{ad0}}}\\+W_{\mathrm{s2}}[c_{\mathrm{dr}}(1-M_{\mathrm{s2}})+4.187M_{\mathrm{s2}}](95-T)\end{array}\right\} \tag{8-32}$$

式中：α 为污泥干化机的热效率，%；W_{s1} 为进入干化系统的污泥质量，t；M_{s0}、M_{s1} 分别为污泥干化前、后的含水率，%；M_{s2} 为干化污泥含水率，%；γ_{w} 为水的汽化潜热，kJ/（kg·℃）；T 为环境温度，℃；T_1 为干化机出口污泥温度，℃；c_{w} 为污泥水分的比热容；T_{a0} 为干化机入口载气温度，℃；T_{a1} 为干化机出口载气温度，℃；c_{a} 为空气的比热容，可取 30℃时空气的比热容值 1.3kJ/（kg·℃）；c_{dr} 为绝干污泥的比热容，取常温条件下泥煤的比热容值 1.3kJ/（kg·℃）；α_{ad0} 为干化机入口载气含湿量，kg/kg；α_{ad1} 为干化机出口载气含湿量，kg/kg。

干化后的污泥进入焚烧炉内燃烧所产生的净能量为

$$Q_{\mathrm{st}}=1000\theta\left\{\begin{array}{l}E_{\mathrm{s}}[W_{\mathrm{s0}}(1-M_{\mathrm{s0}})+W_{\mathrm{s1}}(1-M_{\mathrm{s1}})]\\+W_{\mathrm{s2}}[c_{\mathrm{dr}}(1-M_{\mathrm{s2}})+4.187M_{\mathrm{s2}}](T_{\mathrm{s1}}-T)+W_{\mathrm{hw}}H_{\mathrm{hw}}\\-W_{\mathrm{ash}}(T_{\mathrm{ash}}-T)c_{\mathrm{ash}}-\{[W_{\mathrm{fd}}+W_{\mathrm{s}}(\varphi-1)V_{\mathrm{a}}'\rho_{\mathrm{f}}]c_{\mathrm{f}}+W_{\mathrm{H_2O}}c_{\mathrm{w}}\}(T_{\mathrm{f1}}-T)\end{array}\right\} \tag{8-33}$$

式中：E_{s} 为污泥的干基热值，kJ/kg；W_{s0}、W_{s1} 和 W_{s2} 分别为进入焚烧炉的湿污泥量、进入干化机的湿污泥量和干化污泥量，t；c_{s} 为污泥的比热容，kJ/（kg·℃）；T_{s1} 为入炉干化污泥温度，℃；W_{hw} 为污泥干化机排热水量，t；H_{hw} 为干化机排热水焓，

kJ/kg；W_{ash}为焚烧炉排灰渣质量，t；T_{ash}为焚烧炉排灰渣温度，℃；c_{ash}为灰渣的比热容，kJ/（kg·℃）；W_{fd}为污泥焚烧产生的理论干烟气量，t；W_s为入炉污泥干基质量，t；φ为过量空气系数；V_a'为污泥燃烧所需的理论空气量，m^3/kg；ρ_f为空气密度，取 1.205kg/m^3；c_f为烟气比热容，kJ/（kg·℃）；W_{H_2O}为烟气中水分的量，t；c_w为污泥水分的比热容；T_{f1}为排烟温度，℃。

干化污泥在焚烧炉中燃烧产生的热量用于污泥的干化，则污泥干化焚烧系统的能量平衡模型为

$$Q_{dry} = Q_{st} + Q_{add} \tag{8-34}$$

式中：Q_{add}为污泥焚烧产生的能量不能满足污泥干化需求时需由外部补充的热量，kJ。

以上建立的污泥干化焚烧能量和物料平衡模型是通用模型，不仅可用于污泥干化焚烧系统的能量分析，也可对其他污泥干化焚烧系统的工艺参数进行分析。

8.5.3　变工况条件下的系统运行模式研究

污泥干化焚烧处理工程将污泥焚烧产生的能量用于污泥干化过程，以期实现干化焚烧系统的节能降耗，因此整个工程的能量和物料平衡关系中最为关键的工艺环节是干化焚烧系统。通过建立污泥干化系统和焚烧及余热利用系统的能量平衡模型，并将所有进入系统的物料及其所带能量进行参数化，可对上海竹园污泥干化焚烧系统的运行模式进行研究。

污泥干化焚烧系统能量平衡模型以环境状况、污泥的泥质特性（主要是含水率、热值）和工艺运行条件为主要参数，只要确定了环境状况和污泥泥质特性，就可以根据干化焚烧系统的工艺运行条件，分析系统的运行模式。

对于污泥干化过程，决定能耗的关键因素是污泥干化的目标含水率，与污泥自身的性质关系不大。目标含水率越低，所需蒸发的水分就越多，而蒸发这些水分所消耗的能量正是污泥干化过程最主要的能耗，并且蒸发的水分越多，需要的载气的量就越大，载气所带走的能量也就越多。

对于污泥焚烧过程，在不考虑辅助燃料的情况下，焚烧炉所能达到的炉温等运行情况取决于入炉污泥的泥质特性，特别是入炉污泥含水率，同时也与污泥的热值及灰分等工业分析和元素分析所确定的特征关系密切。污泥的热值越大，其挥发分和固定碳所占比重就越高，灰分也越少，在焚烧过程中产生的能量就越多，污泥的焚烧产生的灰渣量少，排渣能量损失也越少。入炉污泥含水率越低，进入焚烧炉的水分就越少，水分汽化在炉内吸收的热量就越少，且由水蒸气造成的排烟能量损失也越少。

污泥处理工程将进厂污泥干化后送入焚烧炉内焚烧，焚烧产生的热量用于污泥干化，并期望补充的能量最小化。使用污泥干化焚烧能量平衡模型对竹园污泥干化

焚烧系统的最佳入炉污泥含水率和变工况条件下的运行模式进行分析。

8.5.3.1 入炉污泥含水率对干化焚烧系统能量平衡的影响分析

首先确定污泥干化焚烧系统运行时的环境、泥质和运行参数，对于不能明确的环境因素和污泥泥质，则根据设计参数进行假设，见表 8-12。

表 8-12 污泥干化系统计算参数

项目名称	符号	取值	单位
环境温度	T	20	℃
进厂污泥干基流量	W_{s0}	7.3	t
干化污泥占进厂污泥的比例		75	%
进厂污泥含水率	M_{s0}	80	%
绝干污泥比热容	c_s	1.3	kJ/（kg·℃）
空气比热容	c_a	1.3	kJ/（kg·℃）
水比热容	c_w	4.187	kJ/（kg·℃）
干化机出口污泥温度	T_{s1}	95	℃
干化机出口载气温度	T_{a1}	95	℃
水的汽化潜热	γ_w	2282	kJ/kg
干化机热损失	α	10	%
进入焚烧炉的干化污泥温度	T_s	85	℃
余热锅炉排烟温度	T_{f1}	230	℃
污泥焚烧排渣温度	T_{ash}	850	℃
焚烧及余热利用系统其他热损失	β	15	%

污泥干化载气含湿量可根据式（8-8）进行计算，进入污泥干化机的载气温度为40℃时，通过查表得到 e=7.381 4×10^{3}Pa，p=101.325×10^3 Pa，则进入干化机的载气含湿量为

$$d_{ad0}=\frac{0.622\times7.381\ 4\times1000}{101.325\times1000-0.378\times7.381\ 4\times1000}=0.047\text{kg/kg}（干基水分）\quad(8\text{-}35)$$

污泥干化机出口载气温度约为 95℃，查得该条件下载气中水蒸气的饱和蒸汽压为 84.529×10^3 Pa，则干化机出口载气的最大含湿量为

$$d_{ad1}=\frac{0.622\times84.529\times1000}{101.325\times1000-0.378\times84.529\times1000}=0.758\text{kg/kg}（干基水分）\quad(8\text{-}36)$$

根据式（8-7）建立的污泥干化载气量计算公式，在设计处理能力和表 8-12 设定的条件下运行，处理吨污泥（以干基质量计）所需的载气量为

$$W_{ad0}=\frac{M_s}{0.711}\left(4-\frac{M_{s1}}{1-M_{s1}}\right) \tag{8-37}$$

根据式（8-32）建立的污泥干化系统能量平衡关系，在表 8-12 所设定的环境和运行参数条件下，将进厂污泥（7.3t/h）干化至不同含水率，污泥干化机的能耗和蒸汽（0.8MPa、178℃）需要量计算结果见表 8-13。

污泥处理工程污泥焚烧锅炉热效率设计计算结果为 71.16%，根据式（8-33）建立的污泥焚烧及余热利用系统能量平衡关系，在表 8-12 所设定的环境和运行参数条件下，进厂污泥干化后（7.3t/h）进入污泥焚烧炉内焚烧，高温烟气经余热锅炉产生蒸汽，污泥干化机的能耗和污泥焚烧所产生的能量计算结果见表 8-13。

根据污泥干化和焚烧能量的计算结果，将 7.3t/h 污泥焚烧产生的能量用于污泥的干化，能量缺口和蒸汽量缺口见表 8-13。

表 8-13　　污泥干化/焚烧系统能量平衡情况（处理量：7.3t/h）

干化/入炉污泥含水率（%）	污泥干化能耗（×10^6 kJ）	污泥焚烧产能（×10^6 kJ）	干化能量缺口（×10^6 kJ）
80	10.979	–4.891	15.870
70	43.682	30.727	12.936
60	60.033	48.537	11.469
50	69.844	59.222	10.589
40	76.385	66.346	10.003
30	81.057	71.434	9.584
20	84.561	75.250	9.269
10	87.286	78.219	9.025
0	89.466	80.593	8.829

当入炉污泥含水率达到 70%时，污泥焚烧即产生能量。但使用污泥干化焚烧物料和能量平衡模型对系统进行能耗分析时，未考虑污泥焚烧炉内的能量过程，当入炉污泥含水率为 70%时，若不投加辅助燃料，炉内燃烧温度可能根本达不到 850℃，或者难以稳定维持在 850℃，余热锅炉就无法使用焚烧炉高温烟气产生 0.8MPa、175℃的饱和蒸汽。因此，还需要对炉内过程的能量平衡进行校验，以确定需要补充多少辅助燃料才能达到 850℃的焚烧温度。根据式（8-33）建立的焚烧炉内能量平衡关系，可计算出不投加辅助燃料的情况下，不同含水率入炉污泥焚烧可达到的理论床温，并可计算出炉温达到 850℃所需补充的辅助燃料的能量，见表 8-14。入炉污泥含水率与理论床温的关系如图 8-20 所示。

表 8-14　　使床温达到 850℃所需补充的能量（处理量：7.3t/h）

入炉污泥含水率（%）	理论床温（℃）	污泥焚烧需补充能量（$\times10^6$ kJ）
80	174	58.72
70	702	9.64
60	1125	−14.90
50	1469	−29.63
40	1759	−39.45
30	2003	−46.46
20	2210	−51.72
10	2395	−55.81
0	2550	−59.08

注　“污泥焚烧需补充能量”值为负时，表明污泥焚烧系统可自持燃烧达到 850℃的理论床温。

将表 8-13 和表 8-14 中的计算结果作图分析，如图 8-21 所示。

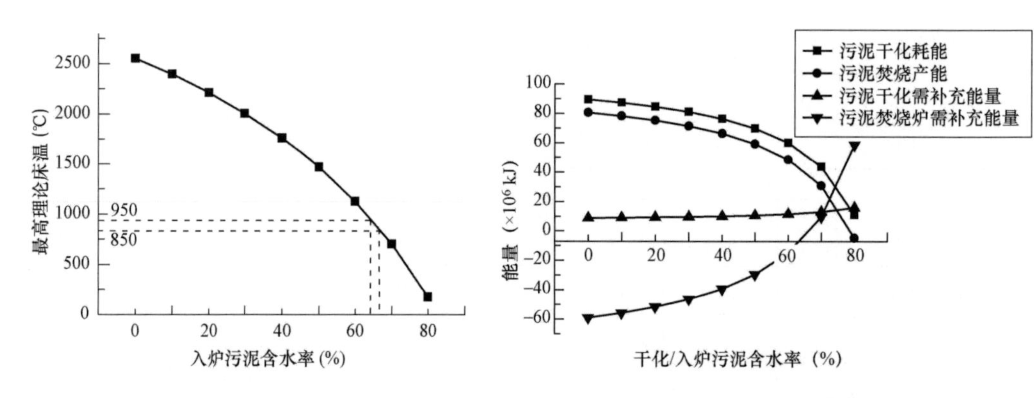

图 8-20　入炉污泥含水率与床温所能达到理论最高温度的关系

图 8-21　干化/入炉污泥含水率与干化焚烧系统能量平衡的关系

根据以上计算和分析，污泥干化过程的能耗随干化污泥含水率的降低而升高，因为干化污泥含水率越低，干化机需蒸发的水分就越多，同时需要的载气量也越多，产生的能耗也就越大。污泥焚烧过程产生的能量随入炉污泥含水率的降低而增大，因为入炉污泥含水率越低，带入炉膛的水分就越少，由水蒸气造成的排烟损失也就越少。但是，干化后污泥焚烧产生的能量始终不足以将等量的湿污泥干化至入炉含水率，能量缺口随着污泥干化程度的提高而降低。

在确定入炉污泥含水率时，需要考虑的因素主要是能够使焚烧炉在 850℃床温下稳定运行，使污泥焚烧辅助燃料最少，使干化机所需补充的能量最小以及污泥干化机的投资最低。基于这些因素并结合图 8-20 可以看出，当入炉污泥含水率在 64%～66%时，可使焚烧炉理论床温达到 850～950℃。但在实际运行中，污泥焚烧产生的热量源源不断地传递给余热锅炉产生蒸汽，实际床温将低于理论床温，因此

需将入炉污泥含水率控制在 66%以下。若进一步降低入炉污泥含水率，将使炉膛温度继续升高，当床温高于 950℃时，也不利于焚烧炉的安全稳定运行。从图 8-21 可以看出，当入炉污泥含水率低于 64%时，污泥在焚烧炉中燃烧不需要再添加辅助燃料，焚烧炉能耗最低。

入炉污泥含水率在 60%左右时，污泥干化所需补充的能量处于将污泥干化至各入炉污泥含水率所需补充能量的中间水平。

污泥干化机投资成本随着污泥处理量和污泥干化程度的提高而增加，对于额定的处理量，污泥干化程度越高，所需要的能量就越多，而污泥干化机的综合换热系数是一定的，这就意味着需要更大的换热面积。污泥干化机换热面积（A）的理论表达式为

$$A=\frac{\text{干化所需热量}}{\text{对数平均温差}-\text{综合换热系数}} \tag{8-38}$$

根据表 8-12 设定的参数，污泥干化机换热面积与污泥干化程度的关系见图 8-22。

由图 8-22 可以看出，污泥干化机所需的换热面积与污泥的干化程度成正比，但换热面积的增加速度随污泥干化程度的提高而降低。将污泥含水率从 80%降至 60%需要的干化面积为 1000m^2，而将污泥进一步干化至绝干所增加的干化面积仅有 500m^2。

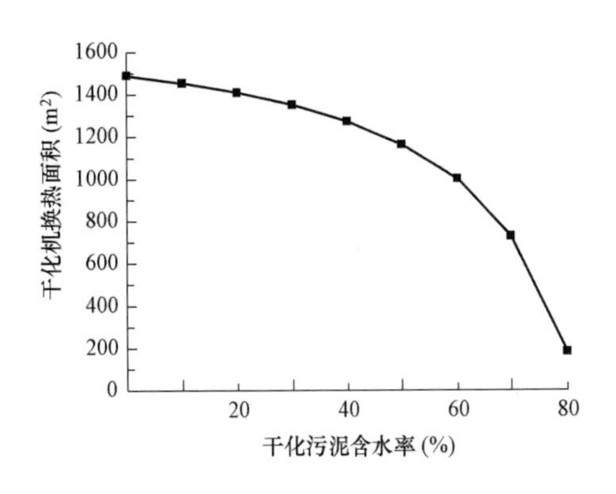

图 8-22　污泥干化机换热面积与干化污泥含水率的关系

综合以上分析，干化/入炉污泥含水率为 60%左右是最为经济和可靠的。

根据竹园二厂污泥流变性测试，其污泥含水率 50%、56%数据点时黏稠性显著增加，市政脱水污泥的黏稠区含水率一般处于 50%～60%，污泥干化及输送方案应尽量避开此黏滞区范围。污泥经干化后的含水率既要满足稳定燃烧的要求，也要避免污泥黏滞区对输送的不利影响。通过将部分污泥干化后与另一部分湿污泥混合达到目标含水率入炉，既可避开污泥的黏滞区，又可对污泥的热值波动、含水率波动作出及时灵活的调整，并且对事故状态下的运行方式适应性好，因此污泥处理工程采用将含水率 75%的进厂污泥干化至含水率 40%后，在炉前与其余 25%未干化污泥混合后再送入焚烧炉处理的办法，混合后的入炉污泥含水率为 60%左右。

以下运行负荷、热值变化、进厂污泥含水率对干化焚烧系统运行的影响分析，都基于污泥干化焚烧系统的工艺设计。

8.5.3.2 运行负荷对干化焚烧系统运行的影响分析

污泥处理系统运行时，有可能遇到进厂污泥量波动的情况，需要处理的污泥的量不完全符合工程的设计规模。

根据入炉污泥含水率对污泥干化焚烧系统运行影响的分析结果和竹园工程的设计方案，干化后污泥含水率为40%，入炉混合污泥含水率为60%，运行负荷按设计处理量7.3t/h的70%～120%波动，对运行影响的分析结果见表8-15和图8-23。

表8-15　运行负荷对污泥干化焚烧系统能耗的影响（处理量：7.3t/h）

运行负荷（%）	污泥干化能耗（$\times10^6$ kJ）	污泥焚烧产能（$\times10^6$ kJ）	污泥干化需外部补充能量（$\times10^6$ kJ）	污泥焚烧需补充能量（$\times10^6$ kJ）
70	40.031	32.924	7.107	0
80	45.750	37.627	8.122	0
90	51.468	42.331	9.137	0
100	57.187	47.034	10.153	0
110	62.906	51.738	11.168	0
120	68.624	56.441	12.183	0

由计算结果可见，随着污泥处理量的增加，污泥干化所需要的能量和干化污泥焚烧所产生的能量均线性增加，但干化能耗增加更快。若污泥处理系统低于设计负荷运行，则干化系统需要外部补充的能量就少些；如果超过负荷运行，则干化系统需要外部补充的能量就会增加。

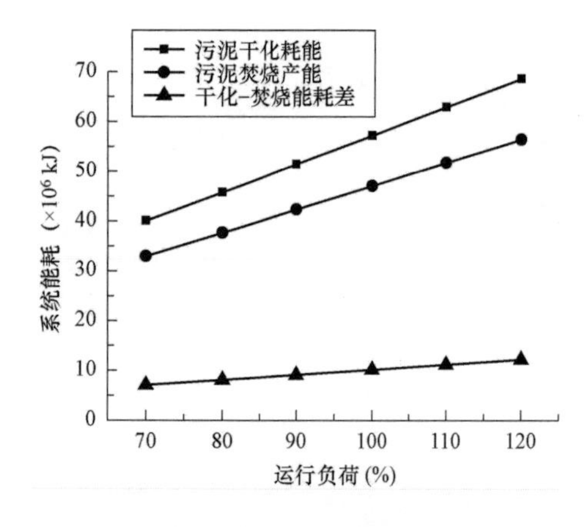

图8-23　运行负荷对污泥干化焚烧系统能耗的影响

这里所研究的运行负荷对干化焚烧系统运行的影响，是将波动的负荷分摊到干化系统和焚烧系统中，即干化系统和焚烧系统都随着负荷的波动而调整。在实际运行中，可以将波动的负荷完全转嫁到一个工艺环节中，即污泥干化系统不随负荷的变化而调整或污泥焚烧系统不随负荷的变化而调整。具体计算结果见表8-16。

表8-16　单独调整干化或焚烧系统时运行负荷对污泥干化焚烧系统能耗的影响（处理量：7.3t/h）

运行负荷（%）	污泥干化需外部补充能量（$\times10^6$ kJ）			污泥焚烧需补充能量（$\times10^6$ kJ）		
	调节干化系统	调节焚烧系统	协同	调节干化系统	调节焚烧系统	协同
70	7.977	6.932	7.107	0	0	0
80	7.923	7.920	8.122	0	0	0
90	9.510	8.993	9.137	0	0	0

续表

运行负荷（%）	污泥干化需外部补充能量（$\times10^6$ kJ）			污泥焚烧需补充能量（$\times10^6$ kJ）		
	调节干化系统	调节焚烧系统	协同	调节干化系统	调节焚烧系统	协同
100	—	—	10.153	—	—	0
110	10.895	11.383	11.168	0	0	0
120	11.885	12.344	12.183	0	0	0

表 8-16 中，调节干化系统表示保证入炉污泥含水率为 60%，调节焚烧系统表示保证干化污泥含水率为 40%。从计算结果可以看出，不论如何调节，焚烧系统都不需要再投加辅助燃料，而对干化系统的能量平衡有一定影响。当负荷低于设计值时，通过调节系统的运行参数，保证干化后污泥含水率为 40%，可降低干化系统外部能源的需求量，但由于入炉污泥干度较高，焚烧系统面临超温的风险。当负荷高于设计值时，通过调节系统的运行参数，保证入炉污泥含水率为 60%，可使污泥干化系统外部能源的需求量最小，且对焚烧炉床温影响不大。

对于进厂污泥负荷的影响，需综合考虑干化焚烧系统的影响情况，并结合外部干化能量供应情况作出决定。

8.5.3.3 污泥热值对焚烧系统能量平衡的影响分析

污泥处理系统运行时，进厂污泥的泥质也不是固定不变的，污泥泥质变化对干化焚烧系统运行的影响主要表现在污泥热值对污泥焚烧系统运行的影响上。

根据污泥干化焚烧系统能量平衡模型和工程的设计方案，进厂污泥的低位热值平均值为 11 213kJ/kg，考察按设计处理量运行时，污泥热值在设计值 20%范围内波动对污泥焚烧系统运行的影响，分析结果见表 8-17 和图 8-24。

表 8-17　　运行负荷对污泥干化焚烧系统运行的影响（处理量：7.3t/h）

污泥热值（kJ/kg）	污泥焚烧产能（$\times10^6$ kJ）	污泥干化需外部补充能量（$\times10^6$ kJ）	污泥焚烧需补充能量（$\times10^6$ kJ）
9040（80%）	33.119	24.068	0.514
10 170（90%）	40.077	17.110	0
11 300（100%）	47.034	10.153	0
12 430（110%）	53.992	3.195	0
13 560（120%）	60.950	0	0

由计算结果可见，随着污泥热值的增加，污泥焚烧所产生的能量也线性增加，因污泥热值对干化过程的能耗影响不大，故干化系统需要外部补充的能量也逐渐减小。若污泥处理系统进厂污泥的热值低至设计值的 80%，入炉污泥含水率为 60%时，需投加辅助燃料；若污泥处理系统进厂污泥的热值高达设计值的 120%，则污泥焚

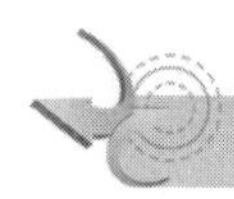

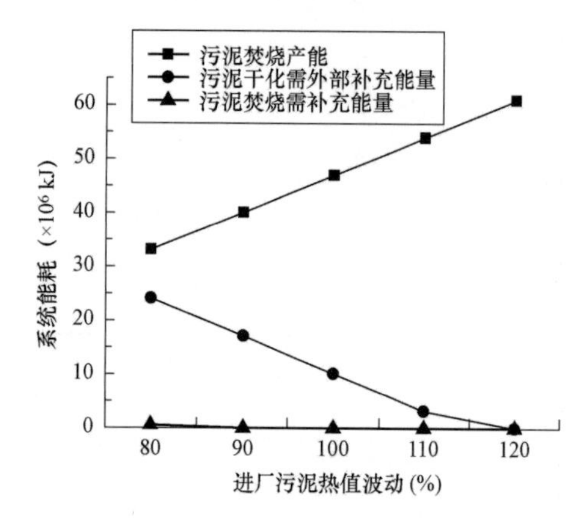

图 8-24　进厂污泥热值波动对污泥干化焚烧系统能耗的影响

烧产生的能量将足够用于污泥干化，但需考虑高热值污泥焚烧时锅炉超温的问题。

8.5.3.4　进厂污泥初始含水率对干化系统能量平衡的影响分析

污泥处理工程运行时，若遇到进厂污泥含水率波动的情况，则对污泥干化系统的运行影响最大。根据污泥干化焚烧系统能量平衡模型和工程的设计方案，确定正常运行时入炉污泥含水率为 60%，进厂污泥的低位热值平均值为 11 300kJ/kg，进厂污泥含水率在 75%～85%范围内波动，对运行影响的分析结果见表 8-18 和图 8-25。

表 8-18　初始含水率对污泥干化焚烧系统运行的影响（处理量：7.3t/h）

进厂污泥含水率（%）	污泥干化能耗（$\times10^6$ kJ）	污泥焚烧产能（$\times10^6$ kJ）	污泥干化需外部补充能量（$\times10^6$ kJ）
75	40.591	46.705	0
80	57.187	47.034	10.153
85	84.847	47.583	37.264

由计算结果可见，随着进厂污泥含水率的升高，污泥干化所消耗的能量也线性增加，干化系统需要外部补充的能量将逐渐增大。由于保证入炉含水率为 60%，进厂污泥含水率的波动对焚烧系统影响不大。当进厂污泥的含水率为 75%时，焚烧产生的能量足够用于污泥干化，不需要外部补充能量。

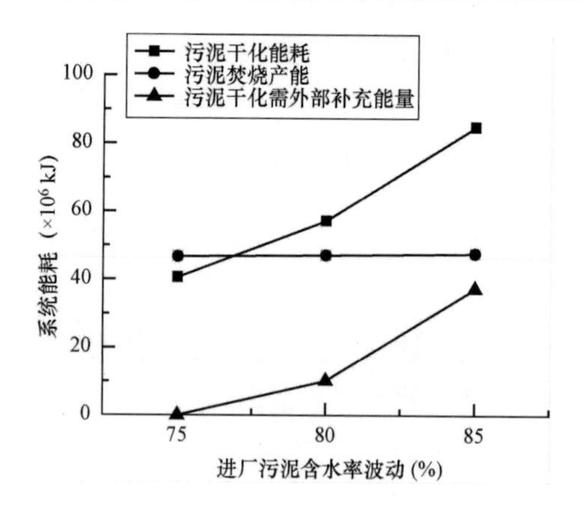

图 8-25　进厂污泥含水率对污泥干化系统能耗的影响

上述分析计算是基于干化污泥含水率控制在 40%，当进厂污泥含水率较低时，入炉混合污泥的含水率也低，此时可适当提高干化后污泥的含水率，以降低污泥干化系统的能耗，且不至于使污泥焚烧系统超温运行。

8.5.4　污泥干化焚烧的节能降耗途径

在污泥干化焚烧处理工程中，造成系统能量损失的原因主要有工艺设置不合理、设备选型或运行参数不合理、系统运行参数不合理、高温设备保温措施不足、干化

机能效低下、锅炉运行效率低下、系统排放能量未得到合理利用等，节能降耗途径的研究贯穿于工程的设计、施工、安装、调试、运行全过程。对于污泥干化焚烧工程，工艺设计、设备选型等工作已经完成，且非常完善。因此，对污泥处理工程节能降耗措施的研究，将在系统优化运行研究成果的基础上，对全流程主要工艺环节的能流进行深入分析，重点考察系统运行后可能出现的能量损失，发掘整个系统的节能降耗潜力。污泥干化焚烧系统工艺流程及能量损失分析见图 8-26，具体损失情况见表 8-19。

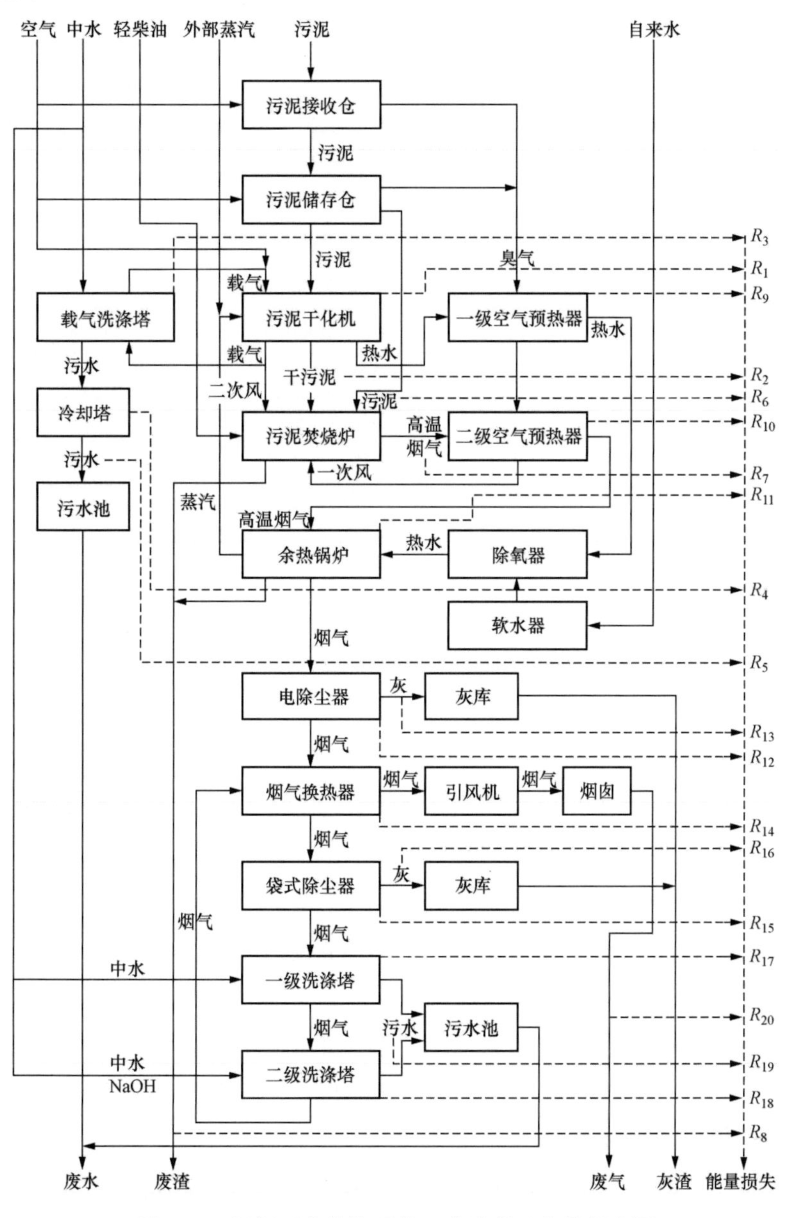

图 8-26　污泥干化焚烧系统工艺流程及能量损失图

表 8-19　　污泥干化焚烧系统能量损失统计

工序	能量损失		数值（kJ/h）
干化系统	R_1	干化机散热损失	1 427 380
	R_2	干化污泥炉前能量损失	415 016
	R_3	载气洗涤塔散热损失	1 313 916
	R_4	载气洗涤水换热器散热损失	24 726 645
	R_5	载气洗涤后热水排放能量损失	1 912 211
焚烧及余热利用系统	R_6	焚烧炉散热损失	1 012 417
	R_7	烟气中未燃尽气体能量损失	—
	R_8	排渣中未燃尽固体能量损失	—
	R_9	一级空气预热器散热损失	153 709
	R_{10}	二级空气预热器散热损失	453 524
	R_{11}	余热锅炉散热损失	834 696
烟气处理系统	R_{12}	电除尘器散热损失	81 783
	R_{13}	电除尘器排灰显热损失	292 913
	R_{14}	烟气换热器散热损失	156 188
	R_{15}	布袋除尘器散热损失	180 440
	R_{16}	布袋除尘器排灰显热损失	7762
	R_{17}	一级洗涤塔散热损失	117 067
	R_{18}	二级洗涤塔散热损失	49 305
	R_{19}	两级洗涤塔排水能量损失	3 190 160
	R_{20}	排烟热损失	2 867 097

8.5.4.1　污泥干化系统能量损失分析

污泥处理工程中污泥干化环节的能量损失主要有污泥干化机散热损失（R_1）、干化污泥进入焚烧炉前在存储仓中降温的能量损失（R_2）、载气洗涤塔的散热损失（R_3）、载气洗涤水换热器的散热损失（R_4）、载气洗涤后热水未有效利用的能量损失（R_5）。

污泥干化机的夹套中通有高温蒸汽，所含能量会以热辐射的形式损失到周围环境中，因此干化机的外壳必须设置保温隔热层，以最大限度地降低辐射损失。根据竹园污泥处理工程设计方案提供的参数，单台干化机散热损失为 285 476kJ/h，正常运行时，5 台干化机的散热损失为 1 427 380kJ/h。干化机散热损失（R_1）需通过做好干化机保温隔热措施来降低。

干化污泥在进入焚烧炉前，需经过干污泥存储仓，干污泥温度降低会损失一部分显热（R_2）。根据竹园污泥处理工程的处理量，干化污泥的温度由 95℃降低至 85℃

损失的能量约为 415 016kJ。

根据污泥干化系统载气洗涤装置的设计方案，载气洗涤塔散热损失（R_3）为 1 313 916 kJ/h。

污泥干化过程最大的能量消耗来自污泥中水分的蒸发，这些蒸发水随载气排出干化机。对于污泥干化机出口热载气，其所含能量包括干空气显热和所带水分的热量，若水分以蒸汽的形式存在于载气中，其潜热将非常可观。根据污泥干化系统的工艺设计，污泥干化机出口载气温度为 85℃，经洗涤塔洗涤脱除水分后，降温至 45℃，载气所带能量将交换给洗涤水，其水温由 40℃升到 50℃后大部分经过换热器冷却至 40℃后再返回洗涤塔。根据现有的设计方案，载气洗涤水进口热量为 58 091 767kJ/h，出口热量为 82 818 412kJ/h，洗涤水需经过换热装置，若传递的能量未得到再利用，将造成的能量损失（R_4）为 24 726 645kJ/h。

因载气中携带的大量水分降温后冷凝，随洗涤水进入塔底排水系统，故洗涤水的水量将大于洗涤塔携带的水量，因此洗涤塔有连续的污水接至污水处理厂污水管网作为污水排放。排放的污水所带能量（R_5）为 1 912 211kJ/h。

8.5.4.2　污泥焚烧及余热能量损失分析

污泥干化焚烧系统中，污泥焚烧系统损失的能量主要包括焚烧炉散热损失（R_6）、烟气中未燃尽气体热值损失（R_7）、排渣中未燃尽固体热值损失（R_8）、一级空气预热器散热损失（R_9）、二级空气预热器散热损失（R_{10}）和余热锅炉散热损失（R_{11}）。

对于焚烧炉散热损失（R_6）和余热锅炉散热损失（R_{11}），必须在锅炉的设计和制造环节严格做好焚烧炉体的保温措施，从炉膛和外壁材料、保温和传热设计等方面保证污泥在炉膛中焚烧产生的热量能够最大限度地传递给锅炉。根据竹园污泥焚烧系统的设计参数，焚烧炉散热损失（R_6）为 1 012 417kJ/h，余热锅炉散热损失（R_{11}）为 834 696kJ/h。

对于焚烧系统排烟中未燃尽气体能量损失（R_7）和排灰渣中未燃尽固体能量损失（R_8），可通过改善燃烧工况、提高燃烧效率来降低，具体的损失量需根据焚烧炉尾气和排渣检测来计算。

对于焚烧系统一级空气预热器散热损失（R_9）和二级空气预热器散热损失（R_{10}），也需通过做好装置的保温来降低。根据竹园污泥焚烧系统的设计参数，一级空气预热器散热损失（R_9）为 153 709 kJ/h，二级空气预热器散热损失（R_{10}）为 453 524 kJ/h。

8.5.4.3　烟气处理系统节能降耗

污泥处理工程的烟气处理系统能量损失主要包括电除尘器散热损失（R_{12}）、电除尘器排灰显热损失（R_{13}）、烟气换热器散热损失（R_{14}）、布袋除尘器散热损失（R_{15}）、布袋除尘器排灰显热损失（R_{16}）、一级洗涤塔散热损失（R_{17}）、二级洗涤塔散热损失（R_{18}）、两级洗涤塔排水能量损失（R_{19}）和排烟热损失（R_{20}）。

对于设备的散热损失，如电除尘器散热损失（R_{12}）、烟气换热器散热损失（R_{14}）、布袋除尘器散热损失（R_{15}）、一级洗涤塔散热损失（R_{17}）和二级洗涤塔散热损失（R_{18}），须做好设备的保温隔热措施，最大限度地降低热辐射造成的能量损失。根据竹园污泥焚烧烟气处理系统的设计参数，电除尘器散热损失（R_{12}）为 81 783 kJ/h，烟气换热器散热损失（R_{14}）为 156 188kJ/h，布袋除尘器散热损失（R_{15}）为 180 440 kJ/h，一级洗涤塔散热损失（R_{17}）为 117 067kJ/h，二级洗涤塔散热损失（R_{18}）为 49 305 kJ/h。

对于电除尘器排灰显热损失（R_{13}）和布袋除尘器排灰显热损失（R_{16}），属于无法再次利用的能量损失。在竹园污泥烟气处理系统中，能量值分别为 292 913 kJ/h 和 7762kJ/h。

对于两级洗涤塔排水能量损失（R_{19}），可采取一定的措施，对洗涤塔排水中的热量进行回收利用。根据竹园污泥处理工程的设计方案，污泥焚烧产生的高温烟气经余热锅炉利用，在烟气处理系统中需经两级烟气洗涤塔洗涤以去除烟气中的污染性气体，烟气温度由 170℃降至 50℃左右。根据式（8-26）可计算出烟气经该降温过程释放出 3.8×10^6 kJ 的能量，根据工程设计方案，两级烟气洗涤塔排污能量损失（R_{19}）为 3 190 160 kJ/h。

烟气经处理后以 110℃左右的温度排放，排烟能量损失为 2 867 097 kJ/h。

8.5.4.4 污泥干化焚烧系统节能降耗效果

根据对竹园污泥处理工程能量损失的分析，系统运行后出现的能量损失主要分为三类，即设备散热损失、运行效率低下造成的能量损失和显热物料直接排放造成的能量损失。各工艺环节能量损失情况如图 8-27 所示。

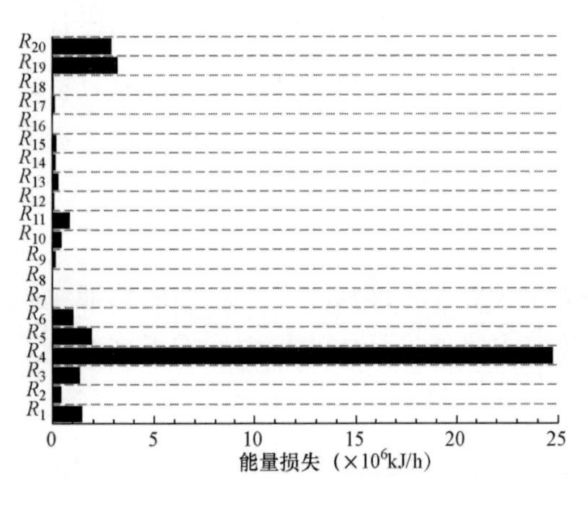

图 8-27 各工艺环节能量损失情况

从图中可以看出，污泥干化焚烧系统能量损失最大的工艺环节是：载气洗涤水换热器的散热损失（R_4）、两级洗涤塔排水能量损失（R_{19}）、排烟热损失（R_{20}）、干化机散热损失（R_1）、载气洗涤塔的散热损失（R_3）、载气洗涤后热水未有效利用的能量损失（R_5）、焚烧炉散热损失（R_6）、余热锅炉散热损失（R_{11}）。这些能量损失中，R_1、R_3、R_6、R_{11} 属于散热损失，R_4、R_5、R_{19} 属于显热物料直接排放造成的能量损失。

对于设备的散热损失，可通过做好保温隔热措施降低。由于污泥干化焚烧系统中设备表面温度都很高，与周围环境的温度梯度较大，若能降低设备散热造成的能量损失，产生的节能降耗效果将非常显著。

污泥干化焚烧系统中显热物料未有效利用造成的能量损失是非常大的。污泥干化机出口载气所带能量可以根据式（8-4）和式（8-9）计算，污泥干化系统按设计处理量运行时，将含水率 80%的污泥干化至含水率 40%，若蒸发的水分以蒸汽的形式存在于载气中，则干化机出口载气所携带的能量高达 50×10^6kJ。但是，考虑到载气离开干化机后在管道输送和洗涤过程中会损失大量能量，可回收再利用的能量只能以洗涤水所带显热来衡量。根据现有的载气洗涤和洗涤水换热方案，载气中的能量将洗涤水加热 10℃，洗涤水将这 10℃升温的能量传递给了洗涤水降温器中的尾水，并使尾水温度提高 10℃，这些尾水中的能量若不能得到有效利用，就会造成载气洗涤水换热器的散热损失（R_4）。由于载气洗涤水量较大，且水温仅有 50℃左右，洗涤水换热器吸收的能量回收难度较大，若回收其中 5%的能量，可实现节能降耗 1.2×10^6kJ。如果直接将尾水用于污泥干化尾气洗涤，并回收尾水升温所带热量，则能量回收的效率将更高。

载气中携带的大量水分降温后冷凝随洗涤水进入塔底排水系统，故洗涤水的水量将大于洗涤塔携带的水量，因此洗涤塔有连续的污水接至污水处理厂污水管网作为污水排放。排放的污水所带能量（R_5）为 1 912 211kJ/h，该部分能量也未得到有效利用。若只回收其中 5%的能量，也可实现节能降耗 0.1×10^6kJ。

两级烟气洗涤塔排污能量损失（R_{19}）为 3 190 160kJ/h，其能量也未得到利用。若只能回收其中 5%的能量，回收值也可达到 0.16×10^6kJ。

系统运行效率低下造成的能量损失主要有管道漏风造成的风机运行功率增加、锅炉换热面结垢造成的换热效率降低、运行工况不佳造成的运行效率降低等。解决系统运行效率低下的问题，需在系统正常运行时，根据设计工艺参数和设备参数进行监控。如出现局部电耗上升或产能品质下降，即表明运行效率出现了问题。

在焚烧系统运行后，锅炉系统还会出现热效率下降等现象，原因有锅炉受热面结垢、风路管道漏风等。

锅炉的水冷壁、对流管束、省煤器等受热面的积灰结垢和锅炉结垢会影响锅炉传热。根据试验测定，水垢的热阻是钢板的 4 倍，灰垢的热阻则是钢板的 400 倍。因此，要提高锅炉用水的质量，保证水处理设备的正常工作和提高水处理人员的技术水平，使水质达到 GB/T 1576《工业锅炉水质》的要求。要做好锅炉除灰和除垢工作，保证锅炉受热面的清洁，以提高锅炉效率，延长锅炉使用寿命，节能降耗。

锅炉燃烧情况较差，没有最优化运行参数，也会使锅炉效率下降。锅炉运行存在的问题主要体现为排烟温度、飞灰可燃物、炉渣可燃物高等现象。空气预热器漏风率普遍偏大。有些回转式空气预热器漏风情况严重，个别空气预热器漏风率高达 20%。空气预热器的间隙自动跟踪投入和调整情况不佳，导致空气预热器漏风上升，电耗上升，锅炉效率下降。部分锅炉疏放水系统内漏严重，原因为机组在安装过程中存在质量上的缺陷，导致正常运行后阀门的严密性不足，产生泄漏的现象，影响了机组的运行经济性。应采取锅炉燃烧调整、系统泄漏治理等措施。

根据上述各工艺环节能量损失的分析，污泥干化系统中载气洗涤水换热器散热损失（R_4）、载气、洗涤后热水排放能量损失（R_5）和两级烟气洗涤塔排水能量损失（R_{19}）属于显热物料直接排放造成的能量损失。经计算，这些能量如能得到有效利用，至少可节约能量 1.9×10^6kJ。

污泥干化焚烧系统按设计参数运行时，干化污泥在焚烧及余热利用系统中基本可实现自持燃烧，只需在工况偏离设计参数较大时投加辅助燃料，污泥干化焚烧系统的能耗，即外部补充的能量约为 11.5×10^6 kJ。仅降低显热物料直接排放造成的能量损失，就可降低能耗约 16.5%。

8.6 污泥干化焚烧系统的安全性评价

8.6.1 研究方法

随着我国污水污泥产量的不断增长，越来越多的污泥处置工程将在全国各地建成，其中污泥干化焚烧处理工程占很大比重，特别是在经济发达的地区，污泥产量大、土地资源紧张，污泥干化焚烧成为首选的处置方式。由于污泥干化焚烧工程涉及环保、机械、热能等诸多专业，大型设备、运转设备、带电设备、压力容器及高温高压管道多，并要使用一定量的燃料油、酸和碱等药剂，生产过程中存在很多危险、有害因素，影响到作业人员的安全和健康。为了保证污泥干化焚烧系统的正常运行，保障工作人员的安全，必须对污泥干化焚烧系统进行安全方面的评价与评估。

安全评价方法的研究与应用，是保障工业部门生产和提高企业安全性的一种非常重要的手段。人和物的运动都是在一定的环境中进行的，对污泥处理厂进行安全评价就是将人的不安全行为、物的不安全状态和对环境的分析三方面结合起来，从技术对策、教育对策及管理对策的角度来预防事故的发生。

适用于污泥干化焚烧系统安全评价的方法有许多，如安全检查表（SCL）、故障类型及影响分析（FMEA）、危险可操作性研究（HAZOP）、事故树分析（PTA）、事件树分析（ETA）等。在实际评价项目中，采用定性的事故树评价方法较多，但由于受顶上事件的约束，评价内容不够全面，且与实际情况结合不够，因此在一定程度上，安全评价失去了意义。为增强安全评价的全面性和现场亲和力，使安全评价既全面又重点突出，现设想采用如下评价思路：结合竹园污泥处理工程现有的危险源辨识表，对污泥干化焚烧系统进行预先危险性分析，再利用作业条件危险性评价法对其危险性进行定量分析。预先危险性分析对事故危害级别的确定是定性，提出

对策措施，针对性相对模糊；作业条件危险性评价法全面考虑作业过程中的危险因素，提出事故发生的可能性和可能导致的后果，很少针对具体危险有害因素进行分析。将两种方法结合使用，既能够定性地分析发生事故的原因及条件，预测事故后果，又能够定量分析发生事故的等级，提出安全对策措施。

预先危险性分析（preliminary hazard analysis，PHA）是用来识别系统中的主要危险、危害因素，并对其发生的可能性和后果严重性进行分析评估，从而提出改进系统、预防事故发生的安全措施。PHA 是一项实现系统安全危害分析的初步或初始的工作，是在方案开发初期阶段或设计阶段之初完成的，可以帮助选择技术路线。它在工程项目预评价中有较多的应用，应用于现有工艺过程及装置，也会收到很好的效果。PHA 分析步骤为：

（1）参照过去同类及相关产品或系统发生事故的经验教训，查明所评价的系统（工艺、设备）是否会出现同样的问题。

（2）了解所评价系统的任务、目的、基本活动的要求（包括对环境的了解）。

（3）确定能够造成受伤、损失、功能失效或物质损失的初始危险。

（4）确定初始危险的起因事件。

（5）找出消除或控制危险的可能方法。

（6）在危险不能控制的情况下，分析最好的预防损失的方法，如隔离、个体防护、救护等。

污泥干化焚烧系统具有大型设备、运转设备、带电设备、压力容器及高温高压管道多，并要使用一定量的燃料油、热空气和压缩空气等特点，因此焚烧炉的主要危险因素有火灾、爆炸、机械伤害、触电、烫伤、高空坠落、物体打击等。

作业条件危险性评价法（likehood exposure consequence，LEC）是通过全面考虑作业过程中的危险因素，提出事故发生的可能性和可能导致的后果。这种方法是把评价危险程度大小的因素归纳为三项，即事故或危险事件发生的可能性（用 L 表示）、暴露于危险环境的频繁程度（用 E 表示）和一旦发生事故可能产生的后果（用 C 表示）。前两个因素 L、E 均表示危险发生的可能性，第三个因素 C 表示危险的严重性。系统或子系统的危险性（用 D 表示）可用下式计算

$$D=LEC \tag{8-39}$$

式（8-39）中，L、E、C 可按不同情况分别赋予一定的分值，见表 8-20～表 8-22。将各因素的值代入上式计算，即可算出危险性的分值。

表 8-20　事故或危险事件发生的可能性

分值	可　能　性	备注
10	完全可以预料	参考点

续表

分值	可　能　性	备注
6	相当可能发生	
3	可能，但不经常	
1	可能性小，完全意外	参考点
0.5	很不可能，可以设想	
0.2	极不可能	
0.1	实际上不可能	参考点

表 8-21　　暴露于危险环境的频繁程度

分值	频繁程度	分值	频繁程度
10	连续暴露	2	每月一次暴露
6	每天工作时间内暴露	1	每年几次暴露
3	每周一次，或偶然暴露	0.5	非常罕见的暴露

表 8-22　　发生事故可能产生的后果

分值	后　果
100	大灾难，10 人以上死亡
40	灾难，2～9 人死亡
15	非常严重，1 人死亡
7	严重，重伤
3	较严重，轻伤
2	一般严重，身体有损伤
1	引人关注，不利于基本的安全健康要求

根据作业条件危险性评价法计算出的系统危险性（*D*），对危险进行等级划分，见表 8-23。

表 8-23　　危 险 性 等 级 划 分

系统危险性（*D*）	危险程度	风险类别
>40	显著危险，需要整改	Ⅲ类
20～40	一般危险，加强管理	Ⅱ类
<20	稍有危险，加强监督	Ⅰ类

8.6.2　预先危险性分析

8.6.2.1　污泥干化系统危险性分析

1. 高温水蒸气

污泥干化系统有大量的水蒸气使用过程，热力过程中有大量承压管道和压力容

器，其中流动着大量高温高压蒸汽和水，具有极高的能量。当承压管道或压力容器破裂时，管道或容器内的蒸汽膨胀，生成大量湿水蒸气，立即向四周扩散，可使周围人员烫伤，若人员吸入肺部将造成严重内伤，危害性非常大。

2. 干化污泥

完全干化的污泥由于其相对高的有机质含量，表现为均匀状，与褐煤、焦煤相似的可燃物进入堆积料仓后，可能发生自燃。

干化污泥自燃的影响因素有：

（1）氧气的影响。污泥颗粒表面与空气中的氧气接触后发生氧化分解与碎裂，并释放出热量，同时形成新的表面，新表面又再次氧化。如此反复循环，导致污泥堆温度不断上升，逐渐达到自燃的温度。

（2）气温和气压的影响。经验表明，煤堆的自燃经常发生在秋后大气温度下降时，此季节大气密度比煤堆的空气密度大，因此，渗入煤堆的空气量增大，导致自燃加剧。一般来说，环境温度降低，密度变大，渗入煤堆内的新鲜空气量增加，煤堆的自燃加快；反之亦然。干化后囤积于料仓中的污泥颗粒类似于煤堆，故可参考。

在污泥干化过程中形成的干污泥的粉尘，其扩散到空气中达到一定的浓度时有可能产生粉尘爆炸。再者，干化后的污泥含水率低，极易产生大量飞灰，污染环境。该系统为部分干化，其干化后易形成污泥粉尘，在一定条件下成为爆炸隐患。

粉尘爆炸必须具备三个条件：①粉尘本身能够燃烧；②粉尘必须悬浮在空气中，并与空气混合达到爆炸浓度；③有足以引起粉尘爆炸的点火源。

粉尘与空气混合物的爆炸，类似于可燃气体与空气混合物的爆炸，有一定的浓度极限（以 g/m^3 计），即有一个浓度下限和一个浓度上限，只有在这两个浓度范围内，才能发生爆炸。

粉尘的爆炸过程，可视为以下三步发展形成：①粉尘粒子在热能作用下迅速地分解，在粒子周围产生可燃气体；②析出的可燃气体与空气混合氧化而发生有火焰的燃烧；③粉尘燃烧放出的热量，主要以热辐射的方式传给附近的其他粉尘粒子，进一步促进粉尘分解，不断地放出可燃气体，与空气混合，使燃烧循环逐次地加快进行下去，通过快速、激烈的燃烧，最终形成爆炸。

粉尘爆炸性能受下列因素的影响：

（1）颗粒度。粉尘的颗粒度越小，相对表面越多，分散度越大，在空气中悬浮的时间越长，吸附氧的活力越强，氧化速度越快，越易发生爆炸。据试验，粒度大于 10^{-3}cm 的粉尘，一般没有爆炸危险。

（2）挥发分。粉尘含挥发性物质越多，受热析出的可燃气体越多，爆炸的危险性越大。一般认为煤粉中挥发量低于 10%时不会发生爆炸，而焦炭等不含挥发分的粉尘则无爆炸危险。

（3）水分。粉尘中含的水分有减弱和阻止爆炸的功能，起着附加不燃成分的作用，并能黏结生成的粉尘而降低粉尘在空气中的分散度和漂浮时间。所以，粉尘的水分增加，其爆炸的危险性便降低。

（4）灰分。粉尘中的灰分为不燃物质，所以，随灰分量增加，其爆炸危险性也随之减小。因为灰分能够吸收粉尘，对燃烧过程中放出的热量起冷却作用，从而减弱粉尘的爆炸性。此外，灰分会增加粉尘的密度，能加快粉尘的沉降速度，灰分越大，沉降速度也越快。据试验，煤粉中灰分含量超过 40%时便没有爆炸危险。

（5）温度。火源的温度越高，与混合物接触的时间长，粉尘爆炸极限扩大，其爆炸危险性便增加。

（6）氧浓度。粉尘在氧气中比在空气中更容易爆炸。在氧气中，粒度大的粉尘也变为有爆炸性，减少氧浓度可使爆炸下限浓度变高。

3. 可燃气体

污泥干化过程中会产生出氨气、硫化氢、甲烷等各种可燃气体，这些干化排放尾气如果从装置或管道中泄漏出来，与空气混合便会形成爆炸性混合物，属乙类火灾危险性物质，遇明火、高热能引起燃烧爆炸。

8.6.2.2 污泥焚烧及余热利用系统危险性分析

1. 污泥储存系统危险性分析

完全干化的污泥由于其相对高的有机质含量，表现为均匀状，与褐煤、焦煤相似的可燃物危险可燃。系统干污泥储仓中堆放的干污泥，由于其有机质含量高，有可能产生自燃，造成火灾。

自燃现象同时受物料结构、通风、堆置形式、堆置时间的影响，污泥干化物柱状装料情况下，在环境/堆置温度达到 80℃左右时，有足够的堆置时间，仅仅大约 1m^3 的堆置量就可自燃。

干污泥中的挥发物含量、粉碎程度、湿度和单位体积的散热量等因素对干污泥的自燃均有很大的影响。此外，干污泥的散热条件越差就越易自燃，若污泥堆置的高度过大且内部疏松，即密度小、空隙率大、容易吸附大量空气，结果是有利于氧化和吸附作用，而热量又不易导出，所以就越易自燃。

2. 锅炉设备危险性分析

锅炉设备危险性主要包括锅炉炉膛爆炸、锅炉承压部件爆漏、锅炉尾部烟道再燃烧、炉外承压部件爆漏等。

锅炉炉膛爆炸一般分为化学爆炸和物理爆炸。引起化学爆炸的原因有：炉膛内煤粉与空气积存，含氧量大于 16%，因在启、停炉及灭火过程中或送、引风机突停保护拒动，应停炉未停；燃料与空气混合达到爆炸浓度（混合比）；足够的点火源产

生明火。引起物理爆炸的原因有：炉膛压力突然陡变，引发炉膛内爆和外爆。

引起锅炉承压部件爆漏的原因主要有：尾部电除尘器、回转式空气预热器有油垢和未燃尽煤粉，配风失控，操作失误等。

引起锅炉尾部烟道再燃烧的原因主要有：超壁温运行，磨损减薄，腐蚀，膨胀受阻拉裂，焊接质量有超标缺陷，吹灰器疏水不畅、冷激，安全门失控，汽包发生假水位运行，满水、缺水等。

引起炉外承压部件爆漏的原因主要有：主蒸汽管道故障爆漏，承压设备、管道热疲劳泄漏，管道疏水不充分、发生水击，管道、管件焊接不良，支吊架破坏，错用钢材，管内冲刷、腐蚀。

除了上述危险因素外，锅炉汽包满水和缺水，以及炉膛结焦等危险因素也可能导致设备损坏、人员伤亡或经济损失。

3. 除灰、除渣系统危险性分析

除灰、除渣系统的压缩空气机及空气压缩机管网也会因各种原因而容易发生爆炸事故。

4. 轻柴油危险性分析

根据 GB 252《普通柴油》所规定的闪点判断，0 号柴油为乙类火灾危险性物质。

8.6.2.3　作业环境危害分析

1. 噪声危害

在污泥干化/焚烧过程中，大量的机械转动设备在运行过程中产生噪声，特别是干化机、引风机等大型设备产生的噪声较大。这些噪声源一般属中高频噪声。

噪声作用于人体会产生各方面的影响及危害，长期接触高强度噪声会使听力下降，甚至耳聋。噪声作用于人的神经系统，会诱发许多疾病，导致头晕、失眠多梦、消化不良及高血压，降低脑力工作效率，使人疲劳。另外，噪声干扰报警信号，引发事故，影响安全生产。

2. 粉尘危害

在污泥干化过程中，会产生污泥粉尘，流化床排出的灰、渣的收集、输送、装卸和储存过程中均会产生粉尘，危害劳动者的身体健康，污染周围环境。

3. 高温危害

污泥干化工程中主要的生产性热源有干化机、锅炉、热力管路等，这些工作地点均属于高温作业场所。长期在高温下从事生产劳动，会影响劳动者的体温调节、水盐代谢能力及循环系统、消化系统、泌尿系统等的健康。

8.6.3　作业条件危险性评价

根据上述竹园污泥干化焚烧系统预先危险性分析，建立风险评估表，见表 8-24。

表 8-24　　竹园污泥干化焚烧系统预先危险性风险评估表

潜在事故	作业部位	形成事故的原因	可能性及评分（*L*）		频繁程度及评分（*E*）		事故后果及评分（*C*）		风险值（*LEC*）	危险等级	影响运行时间（h）
气体中毒	湿污泥存储仓	湿污泥仓通风不良	1	可能性小，完全意外	3	每周一次，或偶然暴露	2	一般严重，身体有损伤	6	Ⅰ类	0
机械伤害	各种机械设备	机器故障或操作不当	6	相当可能发生	6	每天工作时间内暴露	2	一般严重，身体有损伤	72	Ⅲ类	240
高空坠落	设备台架	人员失误	1	可能性小，完全意外	6	每天工作时间内暴露	7	严重，重伤	42	Ⅲ类	48
烫伤	蒸汽管道、容器	管道容器破损、隔热防护失效、操作不当	3	可能，但不经常	6	每天工作时间内暴露	3	较严重，轻伤	54	Ⅲ类	240
火灾爆炸	污泥干化机	干污泥自燃、干化尾气自燃	1	可能性小，完全意外	10	连续暴露	7	严重，重伤	70	Ⅲ类	240
	污泥焚烧锅	炉膛正压、超温等	1	可能性小，完全意外	10	连续暴露	7	严重，重伤	70	Ⅲ类	240
	余热锅炉	锅炉超压等	0.5	很不可能，可以设想	10	连续暴露	7	严重，重伤	35	Ⅱ类	240
触电	用电设备	设备漏电、操作不当等	1	可能性小，完全意外	3	每周一次，或偶然暴露	15	非常严重，1人死亡	45	Ⅲ类	48
噪声	引风机、鼓风机等	设备运转	10	完全可以预料	6	每天工作时间内暴露	1	引人关注，不利于基本的安全健康要求	60	Ⅲ类	0

根据表中的分析，机械伤害、高空坠落、烫伤、火灾爆炸、触电、噪声的危险隐患较显著，属于Ⅲ类危险，需要整改；余热锅炉可能产生的爆炸属于Ⅱ类危险，需加强管理；气体中毒属于Ⅰ类危险，需加强监督。竹园污泥处理工程设计年运行时间为7500h，根据每种危险的发生可能对系统运行时间造成的影响，可能会有1296h的停运，年实际运行时间约为6204h。

国内外资料统计表明，90%以上的事故是由于当事人对有可能造成伤害的危险点或者缺乏事先预想，或者虽然预想到，却缺乏有效的防范而造成的。因此，做好危险点的分析预控工作，就能使有可能诱发事故的人为因素得以避免，把事故遏止在萌芽状态。选用危险点预控分析可以增强人们对危险性的认识，克服麻痹思想，防止冒险行为；能够防止由于仓促上阵而导致的危险；能够防止由于技术业务不熟而诱发的事故；能够使安全措施更具针对性和实效性，确实起到预防事故的作用；能够减少以致杜绝由于指挥不力而造成的事故。

为了防止污泥干化焚烧系统运行过程中发生危险事件，对各种危险隐患提出了相应的防范措施和安全对策，以提高系统运行的安全性。

8.6.4　危险因素防护措施

8.6.4.1　干污泥自燃的防护措施

防止干污泥自燃的主要措施是限制污泥堆置的高度并将干污泥压实。

干污泥储仓应考虑环保、安全等因素，安装除臭系统对干污泥储仓可能产生的臭气进行处理；储仓内设置多点超声波料位计，以显示、监控污泥的堆积高度和超高时的报警。为确保储仓系统安全，储仓还根据料位的堆积高度设置多点温度探测仪、CO 检测系统及甲烷、氧含量监测系统，并对储仓底部出料口前的温度进行监测，以保证污泥温度低于临界温度。同时储仓设置通风、除湿和保温系统。

8.6.4.2　粉尘爆炸的防爆措施

粉尘爆炸的防爆措施可分为两大类：一类是预防措施，降低粉尘浓度和拆灭点火源，即使其不能构成粉尘爆炸的必备三个条件，如连续清除粉尘，使粉尘云不可能产生或其浓度远低于爆炸浓度；避免各种点火；惰化气体等。另一类是一旦发生粉尘爆炸，则采取措施减少损失，如采取抑爆、隔爆、泄爆等措施。

不管预防措施如何严格，仍然有发生粉尘爆炸的可能，所以必须考虑减轻爆炸的方法。所选择的方案应考虑的因素有：①危险性所在的部位及其对建筑内人员和公众的潜在危害；②材料的可爆炸性；③建筑结构的强度；④生产工序的形状，以及对可能发生爆炸的影响范围及其火焰传播路径的评估；⑤相对于工序内各种爆炸情景所采取的预防措施；⑥防护设备的费用与可能发生的爆炸造成的经济损失进行对比。

8.6.4.3　高温蒸汽的管理

干化用的蒸汽也应该注意其安全问题，防止其泄漏，以免烫伤工作人员。干化机内需要通入载气（空气）将机内水分快速带走，保证干化机内水分的蒸发速率和扩散速度。

8.6.4.4　污泥焚烧系统中的安全防护措施

为了保证锅炉的正常运行，必须具备以下条件：

（1）设计及结构合理，正确选用材料，并符合有关规定。

（2）要有符合要求的安全阀、压力表、水位表和排污阀等安全附件及专用仪表，并保证灵敏、可靠。

（3）严格进行水质处理，防止结垢及腐蚀。

（4）要求受热面保持清洁，防止受热面积灰、结焦，选择正确的清灰、清焦设备。

（5）排出的过程气体必须高于露点，防止腐蚀。要及时排砂排渣，焚烧炉配备炉内喷水降温措施及喷射尿素预防 NO_x 超标措施，当焚烧炉炉温超过设定温度时启动。

8.6.4.5 相关安全措施

1. 干化焚烧系统工程需采取的防治措施

（1）在干化车间环形通道附近设置一定数量的室外地上式消火栓，以利消防车辆停靠消防取水时用。消防车道的净空高度及回车道均按国家有关规范的要求进行设置。

（2）干化车间耐火等级应符合 GB 50016《建筑设计防火规范》的有关要求，防火分区面积的划分也应符合 GB 50016 中的有关规定。

（3）环氧乙烷、乙炔等备用气瓶的存放间，其耐火等级不应低于二级。

（4）有关建筑物的防爆泄压、安全疏散、通风换气，以及车间内布置等方面均应符合 GB 50016 的有关规定。

2. 工艺、设备和自控安全措施

工艺设计基于准确的试验数据，同时考虑到工艺过程异常时可能出现的情况，选用的工艺参数应具有一定的裕量。尽可能提高系统的自动化程度，自动或遥控工艺操作程序和相应设备；在设备发生故障失控、人员误操作形成危险状态时，通过自动报警、自动切换备用设备、启动联锁保护装置和安全装置，实现事故安全排放，直至安全顺序停机等一系列的自动操作，保证系统的安全运行。设计过程中，根据相应情况设置自控检测仪表、报警信号系统及自动、手动紧急泄压排放安全联锁设施。全面考虑操作参数的监测仪表、自动控制回路，确保设计准确、可靠。

3. 设备、管道安全措施

各设备、设施（包括安全附件）的设计、制造、安装必须由具有相应资质的单位来完成。压力容器、压力管道和其他特种设备的设计、制造、安装、使用和维修必须符合国家有关标准和规定的要求。压力容器的设计、制造、管理，严格按照《压力容器安全技术监察规程》等有关标准、规程和规定设计，压力管道的安装必须经监检部门的现场检测，并取得相应的报告书；压力容器使用前必须按规定办理使用登记手续。严禁使用非专业生产设计单位的产品。

选用的设备材料和焊料必须符合工艺条件的要求，必须保证设备有足够的强度、刚度、密封可靠性、耐腐蚀性及使用期限。设备、材料、备件进厂前要进行严格的检查。

工艺管线的设计充分考虑防震和管线振动、脆性破裂、温度应力、失稳、高温蠕变、腐蚀破裂及密封泄漏等因素，并采取相应的安全措施加以控制。管道上根据情况设置排气、泄压、稳压、缓冲、阻火、放液、接地等安全措施。

储槽、管道、压力容器及其仪表等有关设施应按要求进行定期检验、检测、试压；储槽、设备、管线、泵、阀、仪表、报警器、监测装置等要定期进行检查、保养、维修，保持完好状态。

对装置所有平台、梯子、扶手、护栏等应定期检查、检修、更换，以防被腐蚀后操作人员坠落而发生人员伤亡。

4. 仪表安全措施

只能使用生产许可证、出厂合格证和化验单（试验报告）等“三证”齐全的仪表。仪表在投入使用前必须经过校验。对于重要联锁保护系统开关量仪表的整定，以及重要调节回路的仪表单体调试，其整定、调试完毕到仪表投用之间的存放时间不宜超过 2 个月。仪表应备有足够的备品、备件。

5. 电气安全措施

所有电器设备的安装及防护须满足电器设备有关安全规定，留有足够的安全标准距离。配电室的设计应符合 GB 50053《20kV 及以下变电所设计规范》的规定，配电室的耐火等级不应低于二级。

配电室内部设备之间、设备与建（构）筑物之间的最小防火净距，应符合 GB 50053 的规定。

配电室内应按规定配备适当数量的手提式化学灭火器。配电室的继电保护和自动装置的设计，应符合 GB/T 50062《电力装置的继电保护和自动装置设计规范》的要求；过电压保护的设计，应符合 GBJ 64《工业与民用电力装置的过电压保护设计规范》的要求；接地的设计，应符合 GB/T 50065《交流电气装置的接地设计规范》的要求。电气系统的设备及构筑物达到规范要求，防静电防雷设施在试生产前经检测合格。

6. 消防设施和措施

按 GB 50016 和 GB 50140《建筑灭火器配置设计规范》的要求，在装置区内按不大于 120m 间距的要求设置 DN150 室外消火栓；主装置工段设室内消火栓给水系统并配备灭火器。厂区内设有环形消防通道，消防通道的宽度不小于 6m；各处理系统旁应设消防通道，消防道路的宽度不小于 3.5m。消防供水系统的水压、水量应满足消防要求；消防泵的耐火等级不应低于二级，且应设双动力源。

7. 防毒、防化学措施

对运行人员均进行技术专业培训，使之掌握一定的知识，能对意外事故作出应急处理。对工作人员进行一年两次的身体检查。污泥干化机采用高温蒸汽加热，工程设计中应注意保温。污泥干化厂房属高温车间，要注意防暑、降温及通风。污泥干化机机械转动部分应装防护罩或栅栏等，轴端设护盖，以防机械伤害。凡有可能产生化学有毒气体的场所（如污泥卸料间和干化车间），均设机械排风装置和送新风装置，保持室内空气新鲜。

8. 其他安全措施

对各种转动机械的联轴器，均装防护罩。各种机械设备表面、棱、角应不带伤人的锐角、利棱、平面或较凸出的部位。应根据情况配置控制/调节装置、紧急开关、意外启动预防装置。

8.6.5 安全保障措施的效果

工程中需要行之有效的安全管理对策措施，针对工程的各部门及岗位，补充和完善安全生产责任制。同时，加强安全意识，重视安全培训教育，是一切安全的根本。根据对竹园污泥干化焚烧系统的危险性分析和评估结果提出了防护措施及安全对策，若能根据研究分析结果做好这些防护措施和安全对策，则竹园污泥干化焚烧系统的危险性情况见表 8-25。

表 8-25　采取安全保障措施后的风险评估表

潜在事故	作业部位	形成事故的原因	可能性及评分（*L*）		频繁程度及评分（*E*）		事故后果及评分（*C*）		风险值（*LEC*）	危险等级	影响运行时间（h）
气体中毒	湿污泥存储仓	湿污泥仓通风不良	0.5	很不可能，可以设想	3	每周一次，或偶然暴露	2	一般严重，身体有损伤	3	Ⅰ类	0
机械伤害	各种机械设备	机器故障或操作不当	3	可能，但不经常	6	每天工作时间内暴露	2	一般严重，身体有损伤	36	Ⅱ类	48
高空坠落	设备台架	人员失误	0.5	很不可能，可以设想	6	每天工作时间内暴露	7	严重，重伤	21	Ⅱ类	0
烫伤	蒸汽管道、容器	管道容器破损、隔热防护失效、操作不当	1	可能性小，完全意外	6	每天工作时间内暴露	3	较严重，轻伤	18	Ⅱ类	120
火灾爆炸	污泥干化机	干污泥自燃、干化尾气自燃	0.5	很不可能，可以设想	10	连续暴露	7	严重，重伤	35	Ⅱ类	120
	污泥焚烧锅	炉膛正压、超温等	0.5	很不可能，可以设想	10	连续暴露	7	严重，重伤	35	Ⅱ类	120
	余热锅炉	锅炉超压等	0.5	很不可能，可以设想	10	连续暴露	7	严重，重伤	35	Ⅱ类	120
触电	用电设备	设备漏电、操作不当等	0.5	很不可能，可以设想	3	每周一次，或偶然暴露	15	非常严重，1人死亡	22	Ⅱ类	24
噪声	引风机、鼓风机等	设备运转	10	完全可以预料	6	每天工作时间内暴露	1	引人关注，不利于基本的安全健康要求	60	Ⅲ类	0

若安全隐患引发危险，很可能造成设备损坏、人员伤亡等情况的发生；如果在污泥干化机、污泥焚烧炉、余热锅炉等关键设备处发生危险情况，将直接导致整个系统的停运，降低系统的运行时间。对比表 8-24 和表 8-25，采取危险防护和安全保障措施后，竹园污泥干化焚烧系统的风险值（*LEC*）可大幅降低，许多III类潜在事故危险评分降低，而这些改善都来自于潜在事故发生的可能性降低。采取安全措施后，由于发生危险而影响系统运行的时间将降至 552h，年实际运行时间提高至 6948h。在潜在事故发生的可能性降低之后，系统的总风险值由 454 分降至 265 分，安全稳定运行时间由 6204h 提高至约 6948h，提高了 12%。

第9章

污泥热处置技术的设计和应用

9.1 污泥热处置系统工艺及设计要求

9.1.1 污泥干化焚烧工艺与设备

9.1.1.1 污泥干化焚烧的一般工艺流程

污泥可以单独干化或焚烧，但两者联用形成组合工艺，则可利用污泥的热值和充分利用焚烧热量，并最大化地实现污泥减量化。污泥干化焚烧系统主要包括干化系统、焚烧系统、烟气净化系统、储运系统、电气自控仪表系统及其辅助系统等。污泥干化焚烧的一般工艺流程如图 9-1 所示。

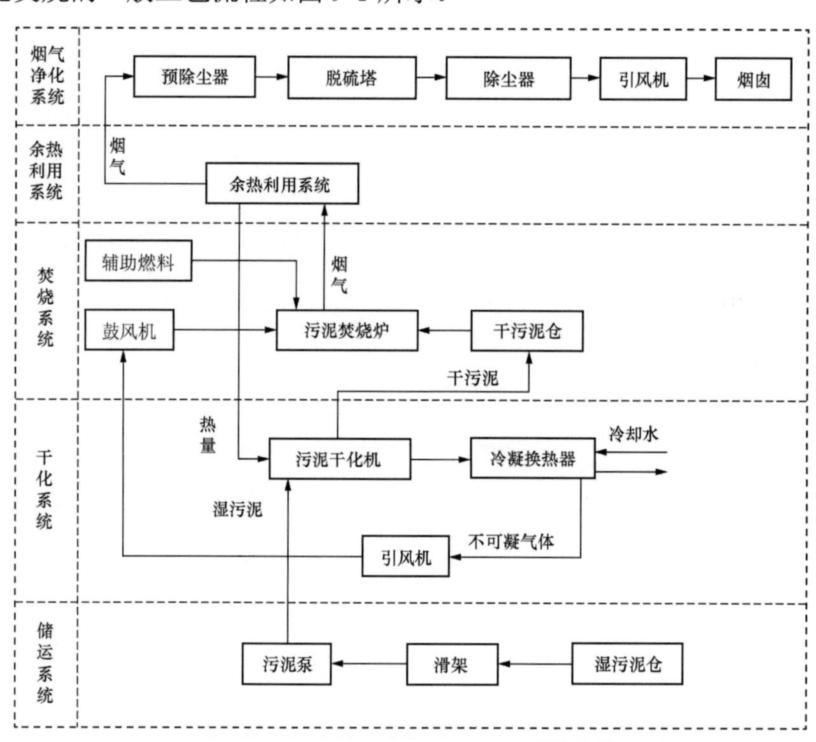

图 9-1 污泥干化焚烧的一般工艺流程

污泥干化系统和焚烧系统是整个系统的核心；烟气净化系统主要包括脱硫塔、自动喷雾系统、活性炭仓、除尘器、碱液系统等；储运系统主要包括料仓、污泥泵、污泥输送机等；电气自控仪表系统包括满足系统测量控制要求的电气和控制设备；

辅助系统包括压缩空气系统、给排水系统、通风暖通、消防系统等。

9.1.1.2　污泥干化工艺与设备

经过机械脱水后的污泥通常含水率仍有 78%以上，为了降低污泥处理运行费用和提高污泥焚烧效率，需要将湿污泥进行干化处理。

根据热量传递方式的不同，污泥干化设备加热方式分为直接加热和间接加热两种。考虑到系统的安全性和防止二次污染，推荐采用间接加热的方式。

污泥干化中所谓的全干化和半干化是相对的。全干化指较低含水率的类型，如含水率 10%以下；半干化则主要指含水率在 40%左右的类型。采用何种干化类型取决于干化产品的后续出路，同时设备的干化类型也决定了干化工艺的适用范围。

干化工艺与设备应综合考虑技术成熟性和投资运行成本，并结合不同污泥处置项目的要求进行选择。

9.1.1.3　污泥焚烧工艺与设备

污泥焚烧炉主要包括流化床焚烧炉、回转窑式焚烧炉和立式多膛炉。其中，立式多膛炉存在搅拌臂难耐高温、焚烧能力低、污染物排放难控制等问题；回转窑式焚烧炉的炉温控制困难，同时对污泥热值要求较高，一般需加燃料稳燃。因此，流化床焚烧炉已经成为主要的污泥焚烧装置。

9.1.1.4　尾气净化与处理

1. 尾气成分

污泥干化后的尾气包括水蒸气和不可凝气体（臭气），需首先进行分离。水蒸气通过冷凝装置冷凝后处理，不可凝气体（臭气）经过处理后外排。干化尾气冷凝装置可采用喷淋塔或冷凝器。

污泥焚烧后的烟气成分与污泥成分密切相关，污泥焚烧烟气中，SO_2、烟尘的含量将会较高。污泥中的氯含量较生活垃圾低，污泥焚烧所产生的二噁英通常低于生活垃圾。污泥焚烧后重金属大多数都富集在残渣中，砷和汞主要富集在飞灰中，可能附着在排放的烟尘上。由于高于 1400℃时 NO_x 才会大量产生，因此采用燃烧温度控制在 850℃的流化床焚烧技术，一般认为可以有效控制 NO_x 的排放。

2. SO_2 控制

（1）对 SO_2 的控制，有多种方法可供选择，主要有炉内脱硫及湿法、干法和半干法等尾部脱硫方法。污泥焚烧的脱硫方法推荐“炉内脱硫+半干法脱硫”。根据国外使用经验，也可以采取湿法脱硫。

（2）一般 Ca/S 摩尔比在 2 的情况下，石灰石直接投入流化床焚烧炉炉膛内，炉内脱硫的脱硫效率可达 80%～85%。

（3）半干法脱硫工艺的去除率较干式工艺高，也避免了湿法脱硫产生废水的问题，可与炉内脱硫配合使用，使烟气达到排放标准。半干法脱硫工艺的主要设备为半干式洗气塔，吸附剂为石灰浆，过量空气系数为 1.5～2.5。

（4）湿法脱硫工艺对 SO_2 的去除效率最高，达 90%以上，可附带有去除高挥发性重金属物质（如汞）的功能。湿法脱硫工艺的主要设备为湿式洗气塔，常用的碱性药剂有 NaOH 溶液（质量分数 15%～20%）或 $Ca(OH)_2$ 溶液（质量分数 10%～30%），缺点是造价较高，用电量及用水量较高。

3. 烟尘控制

（1）除尘设备主要有旋风除尘器、静电除尘器和布袋除尘器。用于污泥焚烧尾气除尘，推荐使用布袋除尘器。

（2）布袋除尘器除尘效率高，去除粉尘粒子的大小范围在 0.05～20μm，除尘效率可达 99%以上。由于污泥焚烧排放的尾气温度高且带有水分及酸性气体，因此布袋需采用耐高温、耐酸碱的玻璃纤维和聚四氟乙烯（铁氟龙）等材料。

4. 重金属和二噁英类控制

（1）控制污泥焚烧重金属排放的主要方法有：①通过余热利用系统使烟气降温，烟气中的重金属自然凝聚成核或冷凝成粒状物后，采用除尘设备捕集；②将尾气通过湿式洗涤塔，除去其中水溶性的重金属化合物；③利用布袋除尘器吸附部分重金属颗粒；④喷射诸如活性炭等粉末，吸附重金属形成较大颗粒后再用除尘设备捕集。

（2）控制污泥焚烧烟气中二噁英排放的主要方法有：①在燃料中添加化学药剂，阻止二噁英的生成；②在燃烧过程中提高“3T”［湍流（Turbulence）、温度（Temperature）、时间（Time）］作用效力，通过旋转二次风等布置方式使污泥与空气充分搅拌混合，维持足够的燃烧温度和 3s 以上的停留时间，减少二噁英前驱物的生成；③在尾气处理过程中喷射活性炭粉末等，吸附二噁英类物质后再用除尘设备捕集；④利用布袋除尘器吸附。

（3）投加活性炭同时对重金属和二噁英类控制有较好效果，但成本较高，投加成本将达到整个烟气净化系统运行成本的一半。

5. NO_x 控制

通常，流化床污泥焚烧炉不需采用额外的脱硝技术即可满足标准排放的限值。如需进一步控制 NO_x 的排放，推荐采用选择性非催化还原法（SNCR），能达到 30%～70%的脱除效率。

9.1.2 设计与工艺控制

9.1.2.1 污泥干化焚烧系统的设计要点

1. 一般规定

（1）污泥干化焚烧厂的选址应符合当地城镇建设总体规划和环境保护规划的规定；应通过环境影响评价，符合大气污染防治、水资源保护、自然环境保护政策的要求。

（2）污泥干化焚烧厂的选址应符合就近原则。对于大型城镇污水处理厂，优先考虑在污水处理厂内建设干化焚烧设施；对于中小型城镇污水处理厂，可考虑在可获得稳定热源的企业附近建设干化焚烧设施。

（3）污泥焚烧系统的设计应综合考虑干化和焚烧系统的耦合，使整体能量利用率最高、成本最低。

2. 污泥干化系统

（1）污泥热干化程度的选择应遵循的原则是：①利用干化工艺自身的技术特点；②整个干化焚烧系统投资和运行成本应最低；③考虑污泥形态（松散度和粒度）对污泥输送、给料系统和焚烧炉的适应性。

（2）脱水污泥的含水率可能会有变动，污泥干化设备的处理规模应以所需蒸发的水量来设计，而不能简单依据脱水污泥量。

（3）按照能源的成本，从低到高依次为：①烟气；②燃煤；③蒸汽；④燃油；⑤沼气；⑥天然气。一般来说，间接加热方式可以使用所有能源，其利用的差别仅体现在温度、压力和效率上；直接加热方式则因能源种类不同，受到一定限制，其中燃煤炉、焚烧炉的烟气因量大和存在腐蚀性污染物而较难使用。

（4）与干化设备爆炸有关的三个主要因素是氧气、粉尘和颗粒温度。不同的工艺会有些差异，但总的来说必须控制的安全要素是：①氧气含量，＜12%；②粉尘浓度，＜$60g/m^3$；③颗粒温度，＜110℃。

（5）湿污泥仓中甲烷浓度控制在1%以下，干污泥仓中干污泥颗粒的温度控制在40℃以下。

（6）为避免湿污泥敞开式输送对环境造成影响，应采用污泥泵和管道将湿污泥密封后输送入干化机。干化机出料口须设置事故储仓或紧急排放口，供污泥干化机停运或非正常运行时暂存或外排。

（7）沙石混入污泥对干化设备的安全性存在负面影响。对于含沙量较大的污泥，可通过增加耐磨裕量、降低转动部件转速等方法减少换热面磨损。特别是采用导热油作为热媒介质时，须十分注意。

3. 污泥焚烧系统

（1）焚烧炉所采用耐火材料的技术性能应满足焚烧炉燃烧气氛的要求，质量应满足相应的技术标准，能够承受焚烧炉工作状态的交变热应力。

（2）焚烧炉的使用寿命应不低于10年；焚烧炉应有适当的冗余处理能力，进料量应可调节。

（3）焚烧炉应设置防爆门或其他防爆设施；燃烧室后应设置紧急排放烟囱，并设置联动装置，使其只能在事故或紧急状态时启动。

（4）必须配备自动控制和监测系统，在线显示运行工况和尾气排放参数，并能够自动反馈和自动调节有关主要工艺参数。

（5）确保焚烧炉出口烟气中氧气含量达到6%～10%（干气）。

9.1.2.2 污泥干化焚烧系统运行管理要求

1. 运营条件

（1）污泥干化焚烧系统运营单位必须具有经过培训的技术人员、管理人员和相应数量的操作人员。

（2）污泥干化焚烧系统运营单位必须具有负责污泥处置效果检测、评价工作的机构和人员。

（3）污泥干化焚烧系统运营单位必须制定完备的保障污泥安全处理、处置的规章制度。

（4）污泥干化焚烧系统运营单位必须具有保证焚烧厂正常运行的周转资金和辅助原料。

2. 机构设置和劳动定员

（1）污泥干化焚烧系统运营机构设置应以精干高效、提高劳动生产率及有利于生产经营为原则，做到分工合理、职责分明。污泥干化焚烧系统工作制度宜采用四班工作制。

（2）污泥干化焚烧系统劳动定员可分为生产人员、辅助生产人员和管理人员。焚烧厂劳动定员应按照定岗定量的原则，根据项目的工艺特点、技术水平、自动控制水平、投资体制、当地社会化服务水平及经济管理要求合理确定。

3. 人员培训

污泥干化焚烧系统应对操作人员、技术人员及管理人员进行相关法律法规，以及专业技术、安全防护、紧急处理等理论知识和操作技能培训。培训内容应包括：①熟悉有关污泥管理的法律和规章制度；②了解污泥特性方面的知识；③明确污泥安全卫生处理和环境保护的重要意义；④熟悉污泥焚烧厂运作的工艺流程；⑤掌握劳动安全防护设施、设备使用的知识和个人卫生措施；⑥熟悉处理泄漏和其他事故的应急操作程序。

污泥干化焚烧系统处置操作人员和技术人员的培训还应包括：①污泥接收、搬运、储存和上料的具体操作和灰渣处理的安全操作；②处置设备的正常运行，包括启动和关闭设备；③控制、报警和指示系统的运行和检查，以及必要时的纠正操作；④最佳运行温度、压力、燃烧空气量，以及保持设备良好运行的条件；⑤污泥焚烧处置产生的排放物应达到的技术要求；⑥检查和排除设备运行故障；⑦事故或紧急情况时的人工操作和事故处理；⑧设备的日常和定期维护；⑨设备运行与维护记录，以及泄漏事故和其他事件的记录与报告；⑩技术人员应掌握污泥焚烧处置的相关理论知识和处置设备的基本工作原理。

4. 污泥接收

污泥干化焚烧系统运营机构有责任协助运输单位对污泥包装运输过程中发生的

破裂、泄漏或其他事故进行处理。

污泥现场交接时，应认真核对污泥的数量、种类及标识等。污泥干化焚烧系统运营机构应对接收的污泥及时登记。

5. 交接班和运行登记

污泥干化焚烧系统运营机构必须建立严格的交接班制度，交接内容包括：①生产设施、设备、工具及生产辅助材料的交接；②污泥的交接；③运行记录的交接；④上下班交接人员应在现场进行实物交接；⑤运行记录交接前，交接班人员应共同巡视现场；⑥交接班程序未能顺利完成时，应及时向生产管理负责人报告；⑦交接班人员应对实物及运行记录核实确定后签字确认。

污泥干化焚烧系统运营机构应当详细记载每日收集、储存、利用或处置污泥的类别、数量、最终去向、有无事故或其他异常情况等，并按照污泥转移联单的有关规定，保管需存档的转移联单。污泥经营活动记录档案和污泥经营活动情况报告与转移联单应同期保存。

当地环保行政主管部门和其他有关管理部门应依据以上准确信息建立数据库，为管理和处置污泥提供可靠的依据。

污泥干化焚烧系统生产设施运行状况、设施维护和污泥焚烧处置生产活动等记录应包括：①污泥转移联单记录；②污泥接收登记记录；③污泥进厂运输车车牌号、来源、质量、进场时间、离场时间等记录；④生产设施运行工艺控制参数记录；⑤污泥焚烧灰渣处置情况记录；⑥生产设施维修情况记录；⑦环境监测数据记录；⑧生产事故及处置情况记录。

9.1.2.3　污泥干化焚烧系统的二次污染控制要求

1. 污泥泥质

污泥泥质须满足 GB/T 24602《城镇污水处理厂污泥处置　单独焚烧用泥质》的规定。

2. 烟气

应严格控制焚烧工艺过程，并对烟气采取综合处理措施，其烟气排放可参照 GB 18485《生活垃圾焚烧污染控制标准》的规定。

3. 炉渣与飞灰

炉渣与飞灰应分别收集、储存、运输并妥善处置，符合要求的炉渣可进行综合利用。飞灰应按 GB 5085《危险废物鉴别标准》的规定进行鉴定后妥善处置。属于危险废物的，应按危险废物处置；不属于危险废物的，可按一般固体废物处理。

4. 废水

污泥干化后蒸发出的水蒸气和不可凝气体（臭气）需进行分离。水蒸气通过冷凝装置冷凝后处理。焚烧厂的废水经过处理后应优先回用。当废水需直接排入水体时，其水质应符合 GB 8978《污水综合排放标准》的规定。

5. 噪声

焚烧厂的噪声应符合 GB 3096《声环境质量标准》和 GB 12348《工业企业厂界环境噪声排放标准》的规定，对建筑物内直接噪声源的控制应符合 GB/T 50087《工业企业噪声控制设计规范》的规定。焚烧厂噪声控制应优先采取噪声源控制措施。厂区内各类地点的噪声控制宜采取以隔音为主，辅以消声、隔振、吸音的综合治理措施。

6. 臭气

为防止污泥干化过程中臭气外泄，干化装置必须全封闭，污泥干化机内部和污泥干化间需保持微负压。干化后污泥应密封储存，以防止由于污泥温度过高而导致臭气挥发。

焚烧厂恶臭污染物控制与防治应符合 GB 14554《恶臭污染物排放标准》的规定。焚烧线运行期间，应采取有效控制和治理恶臭物质的措施。焚烧线停止运行期间，应采取相应措施防止恶臭扩散到周围环境中。

9.1.3 成本评价与分析

9.1.3.1 污泥干化焚烧系统的主要经济指标

在进行污泥干化焚烧系统的工艺选择时，应结合工程自身特点，对以下主要经济指标作综合比较：①投资成本；②运行费用；③占地面积；④设备的可靠性；⑤运行安全评估。

9.1.3.2 污泥干化焚烧系统的投资和运行成本分析

污泥焚烧的处理成本主要由投资成本和运行费用组成。投资成本主要由焚烧炉、余热锅炉、附属设备及基建厂房费等费用组成，运行费用则由辅助燃料费、水电费、设备维护费、人员工资等费用组成。

1. 投资成本

投资成本由系统复杂程度、设备国产化率等因素决定。一般情况下，若干化和焚烧系统均采用国产设备，干化焚烧项目的投资成本为 30 万～50 万元/t 湿污泥；若干化设备采用进口设备，焚烧等其他设备均采用国产设备，干化焚烧项目的投资成本则为 50 万～70 万元/t 脱水污泥。若采用更多的进口设备，投资成本将增加。

2. 运行费用

国内污泥干化焚烧实际运行的项目极少，采用的设备和配套的烟气处理设施标准差异较大，因此，目前的运行费用统计尚不具有典型性。

若采用进口的流化床干化机和国产的流化床焚烧系统，运行成本为 170～250 元/t 脱水污泥（含水率以 80%计，不包括固定资产折旧），其中燃煤和用电的消耗占 55%～65%，导热油、自来水、石灰石、消石灰、石英砂、活性炭、氮气等损耗费用共计约 5%。

若采用国产的空心桨叶式干化机和国产的流化床焚烧系统，运行成本为 120～200 元/t

湿污泥（含水率以 80%计，不包括固定资产折旧），其中燃煤和用电的消耗占 65%～70%。

3. 典型工程实例

根据上海石洞口污水处理厂干化焚烧系统（2004 年建成）的实际运行资料，每天约产生 215t 脱水污泥，投资成本约 8300 万元，取折旧期为 20 年，每天资产折旧约 50 元/t 脱水污泥（含水率以 80%计），运行费用约 230 元/t 脱水污泥（含水率以 80%计），则每天的投资和运行总成本（包括运行费用和投资成本）约为 280 元/t 脱水污泥（含水率以 80%计）。

9.2　污泥干化焚烧系统应用实例

针对不同条件和不同地区的需求，提出了如下可选方案。

9.2.1　将污泥干化后送入燃煤发电锅炉混烧

9.2.1.1　技术方案

通过“干化+焚烧”的方式处理污泥。利用热电厂 150℃、0.4～0.6MPa 饱和蒸汽将含水率 80%～85%的湿污泥干化为含水率 60%以下的污泥燃料，掺入燃煤发电锅炉焚烧。

9.2.1.2　适用范围

此方案的优点是：①污泥降低水分后掺入炉内，增加了污泥处理量，降低了对原有锅炉设备的影响；②仅需增加干化设备，设备投资较低；③适用于具有燃煤发电锅炉的地区。

9.2.1.3　示范工程

1. 杭州富阳八一污水处理厂污泥脱水焚烧处理工程

工程概况见表 9-1。

表 9-1　　杭州富阳八一污水处理厂污泥脱水焚烧处理工程概况

建设地点	杭州富阳八一污水处理厂
处理对象	富阳板桥纸业造纸污泥
处理量	1500t/d
技术路线	深度脱水后作为 75t/h 燃煤流化床锅炉燃料

该工程处理富阳板桥纸业所属富阳八一污水处理厂污泥，处理规模为 1500t/d 含水率 80%的污泥。污泥通过调理后，采用 18 台板框式压滤机进行脱水，见图 9-2（a），经过破碎后进入 75t/h 燃煤循环流化床给煤系统，入炉焚烧。入炉污泥的含水率为 55%～60%，热值为 1300kcal/kg（1kcal=4.186 8kJ）左右。目前，项目已经运行并具有良好的经济效益。

（a）　　（b）

图 9-2　杭州富阳八一污水处理厂污泥脱水焚烧工程现场实景

（a）压滤机；（b）压滤破碎后的污泥

2. 海宁马桥大都市污泥焚烧处理工程

工程概况见表 9-2。

表 9-2　　海宁马桥大都市污泥焚烧处理工程概况

建设地点	海宁马桥大都市热电有限公司
处理对象	卡森集团制革污水污泥（经去铬处理后的非危险废物）
处理量	100t/d
技术路线	干化后作为 75t/h 燃煤流化床锅炉燃料

该项目利用海宁马桥大都市热电有限公司蒸汽将卡森集团含水率 85%的制革污泥（100t/d）干化至含水率 40%，再通过干污泥给料系统送入海宁马桥大都市热电有限公司现有的 75t/h 循环流化床燃煤锅炉焚烧处理。污泥经过 220m^2 空心桨叶式污泥干化机干化后，完全达到设计参数。这台空心桨叶式污泥干化机也是目前国内最大的一台空心桨叶式污泥干化机。污泥干化车间为全封闭厂房，并通过将锅炉二次风机的进风口布置在污泥干化厂房内形成负压，将可能挥发的臭气送入锅炉焚烧脱臭。该项目现场如图 9-3 所示。

(a)　　(b)

图 9-3　海宁马桥大都市污泥焚烧处理工程现场实景

（a）干化机；（b）干化后的污泥

3. 嘉兴发电厂污泥焚烧处理工程

工程概况见表 9-3。

表 9-3　　嘉兴发电厂污泥焚烧处理工程概况

建设地点	嘉兴发电厂
处理对象	嘉兴联合污水处理厂污水污泥
处理量	250t/d
技术路线	干化后作为 300MW 煤粉发电锅炉燃料

该项目利用嘉兴发电厂发电后的低压余热蒸汽将嘉兴联合污水处理厂含水率 80%的污水污泥（250t/d）干化至含水率 30%，再通过干污泥给料系统送入嘉兴发电厂现有的 300MW 煤粉发电锅炉制粉系统，进行燃料无害化处理。污泥干化车间为全封闭厂房，并通过将锅炉二次风机的进风口布置在污泥干化厂房内形成负压，将可能挥发的臭气送入锅炉焚烧脱臭。该项目现场如图 9-4 所示。

（a）

（b）

图 9-4　嘉兴发电厂污泥干化处理工程现场实景

（a）干化机；（b）干化后的污泥

9.2.2　新建污泥干化焚烧集中处置站

9.2.2.1　技术方案

在仅需处理污泥的地方，可以新建污泥干化和焚烧处置站。污泥焚烧前首先采用蒸汽进行干化，干化后的污泥送入流化床焚烧炉，焚烧后产生的蒸汽用于污泥干化，不需或仅需少许辅助燃料即可实现污泥处置的能量自平衡。如果附近有供热需要，还可适当多产生蒸汽。

9.2.2.2　适用范围

此方案的优点是污泥处置站单独运行，满足处理污泥的需要，综合运行成本较低，适用于仅需处理污泥的地区。

9.2.2.3 示范工程

温州制革污泥焚烧处理工程，工程概况见表 9-4 和图 9-5。

表 9-4　　温州制革污泥焚烧处理工程概况

建设地点	温　　州
处理对象	制革厂污水污泥（经去铬处理后的非危险废物）
处理量	2×60t/d
技术路线	干化后焚烧，焚烧产生的蒸汽全部用于污泥干化

该工程采用干化后焚烧的方式处理制革污泥。60t/d（含水率 80%）湿污泥通过汽车运至湿污泥储仓后，通过预压螺旋及污泥泵输送到污泥干化机（干化至含水率50%左右）。干化后的污泥与干煤分别通过输送给料系统送入鼓泡流化床焚烧炉进行焚烧处理。系统包括污泥存储系统、污泥干燥系统、流化床焚烧系统、尾部烟气净化系统及配套的辅助设备。

(a)　(b)　(c)

图 9-5　温州制革污泥干化焚烧处理工程现场实景

（a）干化机；（b）干化后的污泥；（c）焚烧锅炉

9.2.3 将污泥干化后送入垃圾焚烧炉作为垃圾焚烧的辅助燃料

9.2.3.1 技术方案

在具有流化床垃圾焚烧炉的地方，可通过“干化+焚烧”的方式处理污泥。采用垃圾焚烧厂蒸汽，将含水率 80%左右的湿污泥干化为含水率 50%左右的干化污泥燃料，送入垃圾焚烧炉，作为辅助燃料与垃圾一起进行焚烧发电。

9.2.3.2 适用范围

此方案的优点是污泥干化后作为原料，替代部分煤作为垃圾的辅助燃料，降低垃圾发电成本；适用于存在垃圾焚烧发电厂或者准备将垃圾与污泥同时焚烧处理的

地区。

9.2.3.3　示范工程

1. 绍兴污泥焚烧发电工程

工程概况见表9-5。

表9-5　绍兴污泥焚烧发电工程概况

建设地点	绍兴袍江工业园
处理对象	污泥和垃圾
处理量	污泥1000t/d、垃圾1200t/d
技术路线	污泥干化至含水率40%，与垃圾和辅助煤焚烧发电

该工程采用循环流化床污泥焚烧技术和污泥干化技术同时焚烧垃圾和干化后的污泥。目前该项目已经投运，如图9-6所示。

2. 浙江景兴纸业平湖热电厂污泥和废纸渣焚烧技改工程

工程概况见表9-6。

表9-6　浙江景兴纸业平湖热电厂污泥和废纸渣焚烧技改工程概况

建设地点	浙江平湖热电厂
处理对象	污泥和废纸渣
处理量	污泥750t/d、废纸渣250t/d
技术路线	污泥干化至含水率40%，与废纸渣和辅助煤焚烧发电

该工程采用循环流化床污泥焚烧技术和污泥干化技术同时焚烧废纸渣和干化后的污泥。目前该项目已经投运，如图9-7所示。

图9-6　绍兴污泥焚烧发电工程实景

图9-7　平湖景兴纸业污泥和废渣焚烧发电工程实景

9.2.4　将湿污泥直接加入燃煤循环流化床锅炉掺烧

9.2.4.1　技术方案

通过直接焚烧的方式处理污泥。采用燃煤循环流化床锅炉直接焚烧含水率80%

左右的湿污泥。有两种方案可选：

（1）利用现有燃煤流化床锅炉直接掺烧：掺烧湿污泥量小，对原锅炉运行有较大影响。

（2）在新设计锅炉时考虑掺烧湿污泥：通过优化设计，在技术上充分考虑较大的湿污泥掺烧能力。

9.2.4.2 适用范围

此方案的优点是不需新增污泥干化设备，系统简单，运行成本低。但是，掺烧量受现有锅炉蒸发量的限制，对现有锅炉运行影响较大。同时，掺烧污泥后需要在燃煤电站尾气处理系统的基础上，增加满足生活垃圾焚烧尾气处理标准的设备。必要时，需要对锅炉进行局部改造，以降低湿污泥掺烧后对原有锅炉的影响。此方案适用于污泥处理量小又存在燃煤流化床锅炉的地区，且尾气处理系统改造为达到生活垃圾焚烧尾气处理标准，或近期准备新建锅炉的地区也可以在锅炉设计时考虑掺烧湿污泥。

9.2.4.3 示范工程

浙江圣雄集团污泥焚烧处理工程，工程概况见表 9-7 和图 9-8。

表 9-7　浙江圣雄集团污泥焚烧处理工程概况

建设地点	浙江平阳县腾胶镇
处理对象	制革污泥
处理量	30t/d
技术路线	直接焚烧含水率 70%的湿污泥，并产生蒸汽对外供热

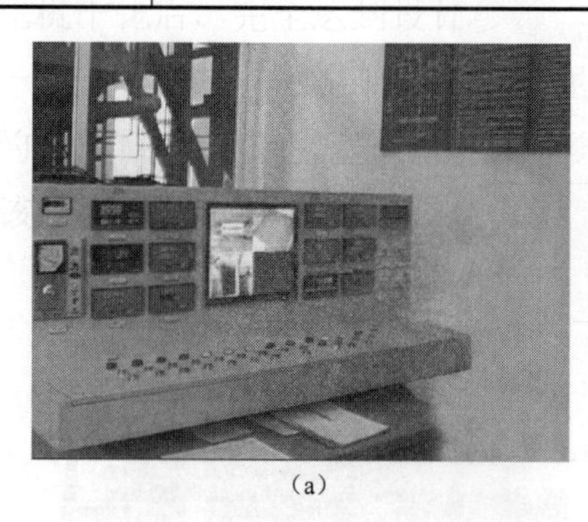

（a）

（b）

图 9-8　浙江圣雄制革污泥焚烧工程现场实景

（a）控制室；（b）焚烧锅炉

该工程新建焚烧炉直接焚烧含水率 70%左右的湿污泥，产生 4t/h 蒸汽对外供热。锅炉在设计时考虑了焚烧湿污泥对锅炉的影响，因此可以长期安全运行。

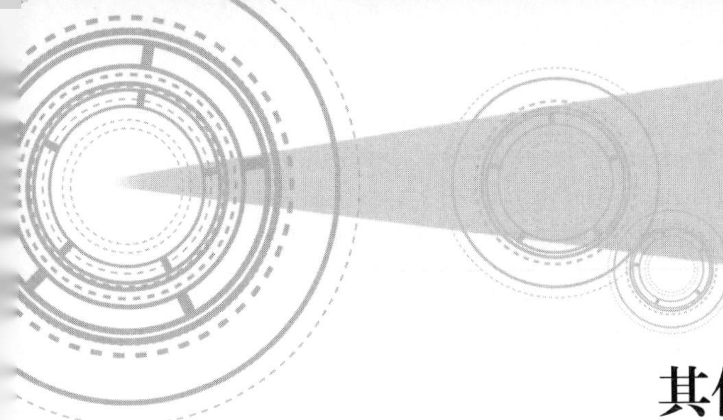

第10章 其他污泥热化学处置方法

除了干化焚烧之外，属于热化学的污泥处置方法还包括热水解、热解、气化、碳化、湿式氧化等方法，有些方法还处于小规模的实验室研究阶段。本章通过引用这些方法，对其他的污泥热化学处置方法进行初步的评价。

10.1 污泥热水解技术

10.1.1 基本原理

污泥热水解是一种污泥预处理方式，其原理是通过在密闭的容器中加热加压，使得污泥中的微生物絮体解散、细胞破裂、有机质水解，降低黏性污泥的固体颗粒对水的束缚作用，从根本上改变污泥的水分分布特征，胞内水、毛细吸附水和表面吸附水大量析出，使得污泥中更多水分达到机械脱水要求，从而改善污泥的脱水性能。同时，在污泥热水解过程中，细胞中的大分子有机质（蛋白质、多糖和脂肪等）释放并水解成小分子物质，由固相转移至液相，提高了污泥的厌氧消化性能[149，150]。

由于污泥热水解后，污泥的脱水性能和厌氧消化性能都得到了提高，因此后续污泥处置主要包括两种：①直接脱水，直接脱水后的污泥可以直接作为燃烧的燃料，也可以进行堆肥和填埋；②不直接脱水，而是进行厌氧消化生成甲烷，同时生化降解高浓度的有机质。

此外，由于反应过程是在密闭容器内进行的，尽管热水解的反应温度高于蒸发干燥的温度，但由于反应过程中污泥中的水不发生相变，因此系统干化能耗将低于一般污泥干化工艺。

污泥热水解技术适用于初沉污泥、消化污泥、活性污泥、腐殖污泥以及它们的混合污泥[151]。

10.1.2 工艺流程和技术要点

（1）污泥热水解技术工艺流程如图 10-1 所示。

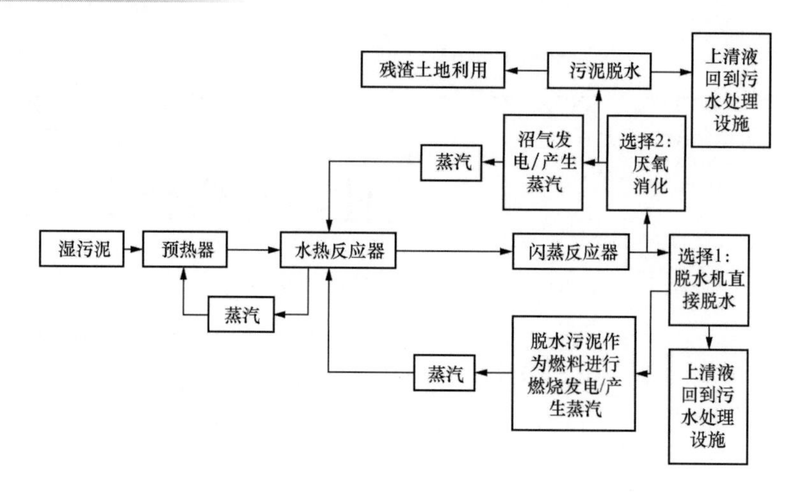

图 10-1 污泥热水解技术工艺流程

（2）污泥热水解技术必须在加热加压的条件下进行，热水解反应温度一般为 150～200℃，部分技术通过添加酸（如 HCl、H_2SO_4）和碱［如 NaOH、KOH、$Ca(OH)_2$、$Mg(OH)_2$］，热水解温度可达到 150℃以下[149]。

（3）污泥热水解的压力一般为反应温度的蒸汽饱和压，一般为 0.6～2.0MPa。

（4）污泥热水解的反应时间为 30～120min，现在较常见的处理时间一般为 30min。

10.1.3 适用条件

商业应用的污泥热水解主要技术为热水解后直接进行厌氧消化，其中 Cambi 公司的 Cambi 工艺应用较多，目前该工艺已有 15 套工业化设施应用在 5 万～50 万 t/d 处理规模的污水处理厂[149, 152]。

污泥热水解后直接脱水技术应用较少。

10.1.4 成本评价与分析

一般而言，污泥热水解后直接脱水技术的投资与纯污泥干化技术相当，由于污泥热水解过程中污泥内的水不发生相变，因此运行成本应低于纯污泥干化技术；污泥热水解后厌氧消化技术（包括产沼气发电）的投资和运行成本与污泥干化焚烧技术接近。

10.2 污泥热解技术

10.2.1 基本原理

污泥热解是指在无氧惰性气氛下，污泥中的有机质在 200～900℃温度范围内发生热分解的过程，最终产物为油、焦炭、不凝气和反应水。热解过程中发生的反应

是热裂解和缩聚反应。

污泥在惰性气氛或真空下热解的产物如下：

（1）气相：不凝气中含有 H_2、CH_4、CO、CO_2 及其他一些浓度较低的气体。

（2）液相：含有焦油或油类，如醋酸、丙酮、乙醇之类的物质。

（3）固相：主要是焦炭，由碳及惰性物质组成。

上述三相的比例取决于热解温度、反应器停留时间、反应压力、紊流度及污泥本身的特性。

根据热解温度的不同，污泥热解分为低温热解（200～500℃）和高温热解（500～900℃）。由于高温热解耗能大，目前研究重点放在低温热解上。

与焚烧方法相比，污泥热解产生的污染物较少。在热解过程中，污泥中的重金属缩聚在含碳的固体残焦中，浸出特性不如焚烧的飞灰严重。

10.2.2　工艺流程和技术要点

（1）污泥热解技术工艺流程如图 10-2 所示。

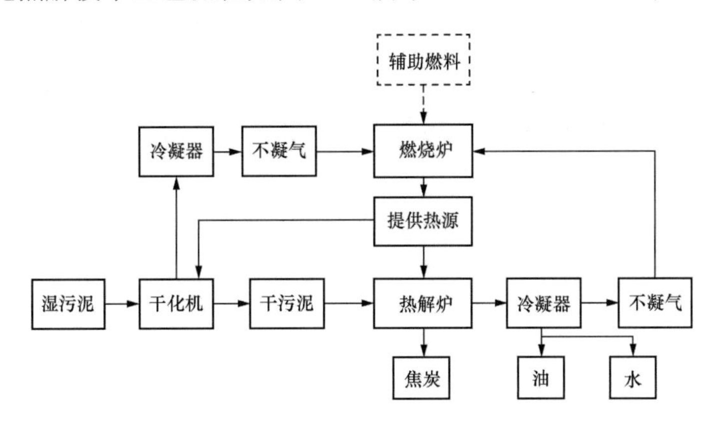

图 10-2　污泥热解技术工艺流程

（2）污泥热解之前，一般要求干化到含水率 30%以下。

（3）污泥热解的反应器包括回转窑、流化床和固定床。反应器的选择与污泥处理量、热解载气的种类有关。

（4）污泥热解系统运行过程中要控制污泥热解的温度。对于城市污泥，其经济、有效热解温度区域为 200～350℃。

（5）污泥热解需在无氧惰性气氛下进行，污泥热解系统运行过程中还要控制污泥热解系统的密封性。

10.2.3　适用条件

由于经济性较差及热解过程的相对复杂性，污泥热解目前还没进入完全实施阶

段。世界上第一套污泥低温热解制油工业化装置已经在澳大利亚成功试运行，其干污泥处理量为25t/d。

10.2.4 成本评价与分析

由于国内缺乏污泥热解的应用实例，因此其投资和运行成本的估算缺乏依据。一般而言，污泥低温热解与焚烧技术投资相当。由于加热温度低，运行成本比焚烧法低。

10.3 污泥气化技术

10.3.1 基本原理

污泥气化即指以空气、氧气或者水蒸气作为气化剂，在还原性气氛下将污泥中的有机成分转化为可燃性气体的过程。与焚烧相比，气化可以更有效地防止硫氧化物、氮氧化物、重金属、飞灰及二噁英的排放。气化时污泥中的无机组分转化为灰，为湿污泥体积的1%～5%。气化的产物为纯净的气化气，可用于工业、生活和发电，污泥气化产气热值约4MJ/m^3。

污泥气化可有效避免污泥焚烧时所产生的烟气二次污染问题，还克服了污泥热解时固态残留物中剩余能量的再利用问题。研究表明，气化时除了Hg和Cd之外，大部分重金属残留在灰中；而气化气中的Hg和Cd大部分被截留在过滤器中，残留在灰中的重金属则非常稳定，即使在50%浓度的硝酸中亦很少被渗滤出来。因此，污泥气化技术被认为是具有较好应用前途的污泥处置技术。

10.3.2 工艺流程和技术要点

（1）污泥气化技术工艺流程如图10-3所示。

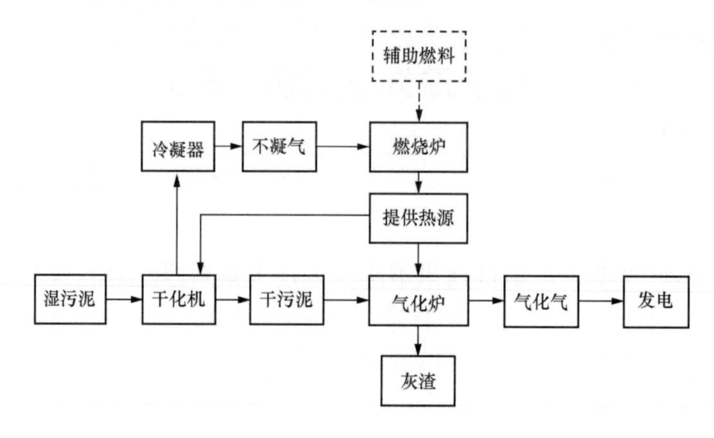

图10-3 污泥气化技术工艺流程

（2）污泥气化之前，一般要求干化到含水率 30%以下。

（3）污泥气化的反应器包括流化床、固定床和气流式气化炉。

（4）污泥气化系统运行过程中要控制污泥气化的温度（850～900℃）和气化所需的氧量（过量空气系数 0.3～0.4）。

10.3.3　适用条件

由于运行成本较高，系统相对复杂，污泥气化目前仍处在研究阶段。

10.3.4　成本评价与分析

一般而言，污泥气化技术与焚烧技术相比，投资和运行成本更高。

10.4　污泥碳化技术

10.4.1　基本原理[153,154]

污泥碳化，就是通过给污泥加温和加压，使污泥中的细胞裂解，将其中的水分释放出来，同时又最大限度地保留了污泥中碳质，使最终产物中碳含量大幅提高的过程。在世界范围内，污泥碳化主要分为以下三种：

（1）高温碳化。碳化时不加压，温度为 649～982℃。先将污泥干化至含水率约 30%，然后进入碳化炉高温碳化造粒。

（2）中温碳化。碳化时不加压，温度为 426～537℃。先将污泥干化至含水率约 90%，然后进入碳化炉分解。工艺中产生油、反应水（蒸汽冷凝水）、沼气（未冷凝的空气）和固体碳化物。

（3）低温碳化。碳化前无须干化，碳化时加压至 6～8MPa，碳化温度为 315℃，碳化后的污泥呈液态，脱水后的含水率在 50%以下，经干化造粒后可作为低级燃料使用。

污泥碳化的优势在于，它是通过裂解方式将污泥中的水分脱出，不发生相变，能源消耗少，剩余产物中的碳含量高、热值大，而其他工艺大多数是通过加热、蒸发的方式去除污泥中的水分，耗能大，灰分中的碳质低，利用价值小。

10.4.2　工艺流程和技术要点

污泥中高温碳化工艺经济效益不明显，目前研究重点主要放在低温碳化工艺上。现以污泥低温碳化工艺为例介绍其工艺流程和技术要点。

（1）污泥低温碳化工艺流程如图 10-4 所示[154, 155]。

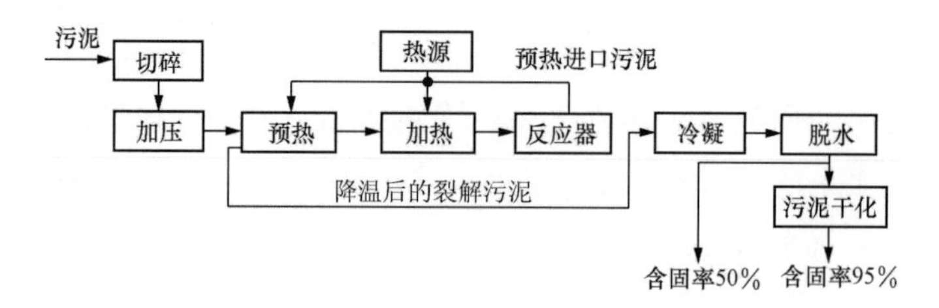

图 10-4　污泥低温碳化工艺流程

（2）碳化前无须干化。

（3）通过对污泥改性提高其脱水性能。

（4）污泥低温碳化技术的关键是反应的温度和压力，在一定的温度下，要保证污泥中的水分不蒸发，就要使系统的压力大于该温度的饱和蒸汽压，从而使污泥中的水分依靠裂解，而不是蒸发的方式释放出来。这也是污泥碳化技术与污泥干化技术的本质区别所在。

10.4.3　适用条件

污泥高温碳化由于其技术复杂、运行成本高、产品中的热值含量低，目前尚未有大规模的应用，最大规模为 30t/d 湿污泥；污泥中温碳化由于污泥最终产物过于多样化，利用十分困难，且该技术是在污泥干化后实行碳化，经济效益不明显，除澳大利亚一家处理厂外，目前尚无其他潜在的用户[153]；污泥低温碳化正处于起步阶段[156]。

10.4.4　成本评价与分析

目前，世界范围内污泥碳化工程的实例尚不多。一般而言，污泥低温碳化投资低于干化焚烧工艺，与污泥纯干化工艺相当，但其在运行成本上有很大优势，工艺和操作难度都较其他工艺低。一旦国产化批量推广，整体造价还会大幅度降低[156]。

10.5　污泥湿式氧化技术

10.5.1　基本原理

湿式氧化法是一种处理有毒、有害、高浓度有机废水的水处理方法。它是指在高温（150～350℃）和高压（0.5～20MPa）条件下，以空气或纯氧（也可以是臭氧、过氧化氢等）为氧化剂，按湿式燃烧原理使液相中的有机污染物氧化为 CO_2 和水等无机质或小分子有机质的化学过程。由于含水污泥的某些性质与高浓度有机废水相似，因此湿式氧化法也作为污泥处理的手段，主要目的是实现污泥稳定化，提高污

泥的脱水性能，其中以污泥 COD 去除率为重要指标，要求污泥 COD 去除率尽可能高，可以达到 60%～80%[157~164]。

湿式氧化可以包括如下任一或全部反应[159]：

有机质+O_2⟶CO_2+H_2O+RCOOH*

硫化物+O_2⟶SO_4^{2-}

有机 Cl+O_2⟶Cl^-+CO_2+RCOOH*

有机 N+O_2⟶NH_3+CO_2+RCOOH*

磷+O_2⟶PO_4^{3-}

* 短链有机酸（如乙酸）是残余有机质的主要部分。

湿式氧化法由于具有处理的有机质范围广、效果好，反应时间短，反应器容积小，几乎没有二次污染，可以回收有用的物质和能量等优点而得到广泛的应用和重视。但是，由于反应所需的温度和压强较高，一次性投资较大，对设备和技术的要求也很高，从而限制了它的进一步推广[163]。为了缓和这一矛盾，在原来湿式氧化法的基础上，在反应进程中加入催化剂，以降低反应的温度和压力，提高处理效率和降低成本[160，163]。

目前应用于湿式氧化法的催化剂主要包括过渡金属及其氧化物、复合氧化物和盐类，催化剂主要分为均相催化剂和多相催化剂两类[160]。

10.5.2　工艺流程和技术要点

（1）污泥湿式氧化技术工艺流程如图 10-5 所示[164]。

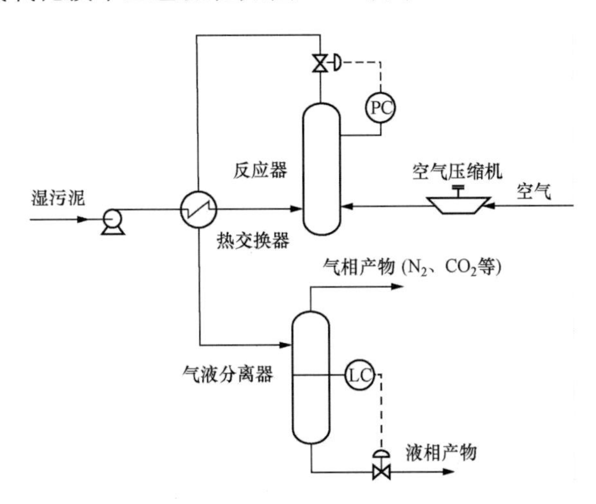

图 10-5　污泥湿式氧化技术工艺流程

（2）污泥湿式氧化技术最早的反应器均为釜式，以后发展为塔式和列管式；为了降低厂房的高度，开发出卧式反应器，最后又发展了深井式[158]。

（3）影响湿式氧化过程的因素较多，主要有反应温度、反应压力、反应时间、处理对象的性质和催化剂的投加情况等。反应温度是湿式氧化过程中的主要影响因素，温度越高，反应速率越快[158，161]。

（4）反应压力不是湿式氧化过程中的直接影响因素。反应总压的主要作用在于保持湿式氧化在液相中进行，其不得小于反应温度下水的饱和蒸汽压。氧分压应保持在一定的范围内，以保证液相中高溶解氧浓度[161]。

10.5.3 适用条件

湿式氧化技术在国外已有应用，威立雅水处理技术开发的湿式氧化工艺 Athos™ 工艺已经在布鲁塞尔污水处理厂等 6 个污泥处理设施中使用[159]。据不完全统计，仅 ZIMPRO 公司设计的 WAO 工业装置就有 500 多套，分布于世界 160 多个国家，其中用于污泥处理的生产装置约占一半[161]。

污泥湿式氧化技术迄今的研究仍不够深入，发表的有关文献较少[163]。

目前，污泥湿式氧化技术在国内尚处于试验研究阶段[162，164]。

10.5.4 成本评价与分析

与传统焚烧相比，污泥湿式氧化技术的投资高于传统焚烧甚多，运行成本较低于传统焚烧[164]。

美国教授 Alan P.Jackman 等[165]给出了湿式氧化技术投资和运行维护费用与规模的经验关系式

$$\text{总投资（美元）}=\begin{cases}1.4\times10^{6} & [\text{污水流量}Q<6\text{gal/min}(22.71\text{L/min})]\\ 6.93\times10^{5}+1.2\times10^{5}Q-1583.7Q^{2}+9.75Q^{3} & \\ & [Q>6\text{gal/min}(22.71\text{L/min})]\end{cases}$$

参 考 文 献

［1］USEPA. Part 503-standards for the use or disposal of sewage sludge. USA, 1993.

［2］Evaluation of sludge treatments for pathogen reduction. 2001, European Commission.

［3］Deportes I, Benoit-Guyod J L, Zmirou D. Hazard to man and the environment posed by the use of urban waste composte - a review. Science of the Total Environment, 1995, 172（2/3）：197-222.

［4］Gantzer C, Gaspard P, Galvez L, et al. Monitoring of bacterial and parasitological contaminiation during various treatment of sludge. Water Research, 2001, 23（16）：3763-3770.

［5］McGrath S P, Chang A C, Page A L, et al. Land application of sewage sludge：scientific perspectives of heavy metal loading limits in Europe and United States. Environ Rev, 1994, 2（1）：91-107.

［6］McGrath S P. Metal concentrations in sludges and soil from a long-term field trial. J Agric Sci, 1994. 103.

［7］陈建斌，黄启飞，高定，等. 中国城市污泥的重金属含量及其变化趋势. 环境科学学报，2003，23（5）：561-569.

［8］Stevens J L, Northcott G L, Stern G A, et al. PAHs, PCBs, PCNs, organochlorine pesticides, synthetic musks, and polychlorinated n-alkanes in U.K. sewage sludge：survey results and implications. Environ Sci Technol, 2003（37）：463-467.

［9］Rappe C, Andersson R, Bonner M, et al. PCDDs and PCDFs in municipal sewage sludge and effluent from potw in the state of mississipi. Chemosphere, 1998, 36（2）：315-328.

［10］Blanchard M, Teil M J, Ollivon D, et al. Polycyclic aromatic hydrocarbons and polychlorobiphenyls in wastewaters and sewage sludges from the Paris area （France）. Environmental Research, 2004（95）：184-197.

［11］Lowe P, Development in the thermal drying of sewage sludge. Water Environment Journal, 1995, 9（3）：306-316.

［12］Chen G H, Yue P L, Mujumdar A S. Sludge dewatering and drying. Drying technology, 2002. 20（4&5）：883-916.

［13］Vaxelaire J, Puiggali J R. Analysis of the drying of residual sludge：from the experiment to the simulation of a belt dryer. Drying Technology, 2002, 20（4&5）：989-1008.

［14］Leonard A, Blacher S, Marchot P, et al. Convective drying of wastewater sludges：influence of air temperature, superficial velocity, and humidity on the kinetics. Drying Technology, 2005, 23（8）：1667-1679.

［15］Reyes A, Eckholt M, Troncoso F, et al. Drying kinetics of sludge from a wastewater treatment plant. Drying Technology, 2004, 22（9）：2135-2150.

[16] Ferrasse J H, Arlabosse P, Lecomte D. Heat, momentum, and mass transfer measurements in indirect agitated sludge drying. Drying Technology, 2002, 20（4&5）：749-769.

[17] Devahastin S, Mujumdar A S, Indirect dryers. Handbook of Industrial Drying, 3rd Edition. CRC Press, Boca Raton, 2007：137-149.

[18] Arlabosse P, Chavez S, Lecomte D. Method for thermal design of paddle dryers：application to municipal sewage sludge. Drying Technology, 2004, 22（10）：2375-2393.

[19] Chun W P, Lee K W. Sludge drying characteristics on combined system of contact dryer and fluidized bed dryer in Drying 2004 - Proceeding of the 14th International Drying Symposium（IDS 2004），2004, Sao Paulo, Brazil.

[20] 顾忠民，杨殿海．太阳能污泥干化在欧洲的应用．四川环境，2008，27（6）：93-96.

[21] Ohm T I, Chae J S, Kim J E, et al. A study on the dewatering of industrial waste sludge by fry-drying technology. Journal of Hazardous Materials, 2009. Article in press.

[22] 朱南文，徐华伟．国外污泥热干燥技术．给水排水，2002，28（1）：16-19.

[23] 孙路长，张书廷．生物污泥的电渗透脱水．中国给水排水，2004，20（5）：32-34.

[24] 宫曼丽，刘利，平文凯，等．污泥减量化处理新工艺 Biothelys 技术及其应用．中国给水排水，2010，26（2）：1-3.

[25] Vesilind P A, Ramsey T B. Effect of drying temperature on the fuel value of wastewater sludge. Waste Management, 1996, 14（2）：189-196.

[26] 王兴润，金宜英，王志玉，等．污水污泥间壁热干燥实验研究．环境科学，2007，28（3）：407-410.

[27] Werther J, Saenger M. Emissions from sewage combustion in Germany-Status and future trends. Journal of Chemical Engineering of Japan, 2000, 33（1）：1-11.

[28] Ogada T, Werther J. Combustion characteristics of wet sludge in a fluidized bed-Release and combustion of the volatiles. Fuel, 1996, 75（5）：617-626.

[29] Hartman M, Svoboda K, Pohorely M, et al. Combustion of dried sewage sludge in a fluidized-bed reactor. Industrial & Engineering Chemistry Research, 2005, 44（10）：3432-3441.

[30] Shimizu T, Toyono M, Ohsawa H. Emissions of NO_x and N_2O during co-combustion of dried sewage sludge with coal in a bubbling fluidized bed combustor. Fuel, 2007, 86（7/8）：957-964.

[31] Shimizu T, Toyono M. Emissions of NO_x and N_2O during co-combustion of dried sewage sludge with coal in a circulating fluidized bed combustor. Fuel, 2007, 86（15）：2308-2315.

[32] Sanger M, Werther J, Ogada T. NO_x and N_2O emission characteristics from fluidised bed combustion of semi-dried municipal sewage sludge. Fuel, 2001, 80（2）：167-177.

[33] Lopes M H, Gulyurtlu I, Cabrita I. Control of pollutants during FBC combustion of sewage sludge. Industrial & Engineering Chemical Research, 2004, 43（18）：5540-5547.

[34] Leckner B, Amand L E, Lucke K, et al. Gaseous emissions from co-combustion of sewage sludge and

coal/wood in a fluidized bed. Fuel, 2004, 83（4/5）：477-486.

[35] Marani D, Braguglia C M, Mininni G, et al. Behaviour of Cd, Cr, Mn, Ni, Pb, and Zn in sewage sludge incineration by fluidised bed furnace. Waste Management, 2003, 23（2）：117-124.

[36] Yao H, Naruse I. Combustion characteristics of dried sewage sludge and control of trace-metal emission. Enegy & Fuels, 2005, 19（6）：2298-2303.

[37] Folgueras M B, Diaz R M, Xiberta J, et al. Effect of inorganic matter on trace element behavior during combustion of coal-sewage sludge blends. Energy & Fuels, 2007, 21（2）：744-755.

[38] Shao J, Yan R, Chen H, et al. Emission characteristics of heavy metals and organic pollutants from the combustion of sewage sludge in a fluidized bed combustor. Energy & Fuels, 2008, 22（4）：2278-2283.

[39] Corella J, Toledo JM. Incineration of doped sludges in fluidized bed. Fate and partitioning of six targeted heavy metals. I. Pilot plant used and results. Journal of Hazardous Materials , 2000, B80（1/3）：81-105.

[40] Malerius O, Werther J. Modeling the adsorption of mercury in the flue gas of sewage sludge incineration. Chemical Engineering Journal, 2003, 96（1/3）：197-205.

[41] Cenni R, Frandsen F, Gerhardt T, et al. Study on trace metal partitioning in pulverized combustion of bituminous coal and dry sewage sludge. Waste Management, 1998, 18（6/8）：433-444.

[42] Lopes M H, Abelha P, Lapa N, et al. The behaviour of ashes and heavy metals during the co-combustion of sewage sludges in a fluidised bed. Waste Management, 2003，23（9）：859-870.

[43] Miller B B, Kandiyoti R, Dugwell D R. Trace element behavior during co-combustion of sewage sludge with polish coal. Energy & Fuels, 2004, 18（4）：1093-1103.

[44] Samaras P, Blumenstock M, Schramm K W, et al. Emissions of chlorinated aromatics during sludge combustion. Water Science and Technology, 2000, 42（9）：251-258.

[45] Mininni G, Sbrilli A, Guerriero E, et al. Dioxins and furans formation in pilot incineration tests of sewage sludge spiked with organic chlorine. Chemosphere, 2004, 54（9）：1337-1350.

[46] Fullana A, Conesa J A, Font R, et al. Formation and destruction of chlorinated pollutants during sewage sludge incineration. Environmental Science and Technology, 2004, 38（10）：2953-2958.

[47] Galvez A, Conesa J A, Martin-Gullon I, et al. Interaction between pollutants produced in sewage sludge combustion and cement raw material. Chemosphere, 2007, 69（3）：387-394.

[48] Yasuhara A. Role of inorganic chlorides in formation of PCDDs, PCDFs, and coplanar PCBs from combustion of plastics, newspaper, and pulp in an incinerator. Environmental Science and Technology, 2002, 36（18）：3924-3927.

[49] Park J M, Lee S B, Kim J P, et al. Behavior of PAHs from sewage sludge incinerators in Korea. Waste Management, 2009, 29（2）：690-695.

[50] Gan Q. A case study of microwave processing of metal hydroxide sediment sludge from printed circuit

board manufacturing wash water. Waste Management, 2000, 20（8）：695-701.

［51］Werther J, Ogada T, Philippek C. Sewage sludge combustion in the fluidized bed comparison of stationary and circulating fluidized bed techniques. Proc. Int. Conf. Fluid. Bed Combust, 1995, 13（2）：951-962.

［52］Philippek C, Werther J. Co-combustion of wet sewage sludge in a coal-fired circulating fluidized-bed combustor. Journal of the Institute of Energy, 1997（70）：141-150.

［53］张文景，曾庭华，蒋旭光，等．造纸污泥与废水煤浆流化床焚烧排放特性．环境保护, 1996（10）：15-17.

［54］李斌，池涌，李爱民，等．造纸污泥与废水污泥流化床焚烧时 NO_x 和 SO_2 的排放特性研究．工程热物理学报，1998，19（6）：776-779.

［55］蒋旭光，池涌，严建华，等．污水污泥流化床焚烧研究及 65t/d 焚烧炉设计．热力发电，2000（4）：21-25.

［56］陈晓平，顾利锋，赵长遂，等．城市污泥与煤混烧过程中 NO_x 和 N_2O 的排放特性．东南大学学报（自然科学版），2005，35（1）：122-125.

［57］吕清刚，李志伟，那永洁，等．CFBC 混烧城市污泥与煤：N_2O 和 NO 的排放．工程热物理学报，2004，25（1）：163-166.

［58］Nakayama K. Separation characteristics of heavy metals from molten fly ash by chloride-induced volatilization, in 10th the APCCHE conference, Japan, 2004.

［59］徐旭，谷月玲，严建华，等．污泥流化床焚烧产物的重金属排放特性研究．环境工程，1999，17（6）：51-54.

［60］李润东，刘连芳，李爱民．添加剂对污泥流化床焚烧过程重金属迁移特性影响．热力发电，2004，33（10）：11-14.

［61］Weber R, Nagai K, Nishino J, et al. Effects of selected metal oxides on the dechlorination and destruction of PCDD and PCDF. Chemosphere, 2002, 46（9/10）：1247-1253.

［62］Smollen M. Categories of moisture content and dewatering characteristics of biological sludges, in Proceeding of the 4th World Filtration Congress. Belgium, Ostend, 1986：22-25.

［63］Coackley P, Allos R. The drying characteristics of some sewage sludges. Journal of Institute of Sewage Purification, 1962（6）：557-564.

［64］Vaxelaire J, Cezac P. Moisture distribution in activated sludges：a review. Water Research, 2004, 38（9）：2215-2230.

［65］Lee D L, Lai J Y, Mujumdar A S. Moisture distribution and dewatering efficiency for wet materials. Drying Technology, 2006, 24（10）：1201-1208.

［66］Keey R B．干燥原理及其应用．王士璠，等译．上海：上海科学技术文献出版社，1986.

［67］Katsiris N, Kouzeli-Katsiri A. Bound water content of biological sludge in relation to filtration and dewatering. Water Research, 1987, 21（11）：1319-1327.

[68] Willard H H, Merritt L L, Dean J A. Instrumental methods of analysis, in 7th Ed. Wadsworth Inc. 1988：Belmont Calif.

[69] Colin F, Gazbar S. Distribution of water in sludges in relation to their mechanical dewatering. Water Research, 1995, 29（8）：2000-2005.

[70] Lee D J. Measurement of bound water in waste activated sludge - use of the centrifugal settling method. Journal of Chemical Technology and Biotechnology, 1994, 61（2）：139-144.

[71] Wu R M, Lee D J, Wang C H, et al. Discrepancy in cake characteristics measurement：Compression-permeability cell. Journal of Chemical Engineering of Japan, 2000, 33（6）：869-878.

[72] Wu R M, Lee D J, Wang C H, et al. Novel cake characteristics of waste-activated sludge. Water Research, 2001, 35（5）：1358-1362.

[73] Kawasaki K, Matsuda A, Mizukawa Y. Compression characteristics of excess activated sludges treated by freezing-and-thawing process. Journal of Chemical Engineering of Japan, 1991, 24（6）：743-748.

[74] Chang I L, Lee D J. Ternary expression stage in biological sludge dewatering. Water Research, 1998, 32（3）：905-914.

[75] Chen G W, Hung W T, Chang I L, et al. Continuous classification of moisture content in waste activated sludges. Journal of Environmental Engineering, 1997, 123（3）：253-258.

[76] Vaxelaire J. Moisture sorption characteristics of waste activated sludge. Journal of Chemical Technology and Biotechnology, 2001, 76（4）：377-382.

[77] Ferrasse J H, Lecomte D. Simultaneous heat-flow differential calorimetry and thermogravimetry for fast determination of sorption isotherms and heat of sorption in environmental or food engineering. Chemical Engineering Science, 2004, 59（6）：1365-1376.

[78] Bird R B, Stewart W E, Lightfoot EN. Transport Phenomena. New York, Wiley：1960.

[79] Vaxelaire J, Mousques P, Bongiovanni M, et al. Desorption isotherms of domestic activated sludge. Environmental Technology, 2000, 21（3）：327-335.

[80] Arlabosse P, Chavez S, Prevot C. Drying of municipal sewage sludge：From a laboratory scale batch indirect dryer to the paddle dryer. Brazilian Journal of Chemical Engineering, 2005, 22（2）：227-232.

[81] 易浩勇．污泥干燥特性及干燥过程研究．南京：东南大学，2006.

[82] Yamahata Y, Izawa H. Experimental study on application of paddle dryers for sludge cake drying, in Drying 1984, Proceeding of the 4th International Drying Symposium, IDS'84. Kyoto, 1984：719-724.

[83] Imoto Y, Kasakura T. The state of the art of sludge drying in Japan. Drying Technology, 1993, 11（7）：1495-1522.

[84] Michaud A, Peczalski R, Andrieu J. Experimental study and modeling of crystalline powders vacuum contact drying with intermittent stirring. Drying Technology, 2007, 25（7）：1163-1173.

[85] Peng X, Mujumdar A S, Boming Y. Fractal theory on drying：A review. Drying Technology, 2008, 26（6）：640-650.

[86] Tsotsas E, Kwapinska M, Saage G. Modeling of contact dryers. Drying Technology, 2007, 25（7）：1377-1391.

[87] Michaud A, Peczalski R, Andrieu J. Modeling of vacuum contact drying of crystalline powders packed beds. Chemical Engineering and Processing, 2008（47）：722-730.

[88] Metzger T, Kwapinska M, Peglow M, et al. Modern modelling methods in drying. Transport in Porous Media, 2007, 66：103-120.

[89] Tsotsas E, Schlünder E U. Contact drying of mechanically agitated particulate material in the presence of inert gas. Chemical Engineering and Processing, 1986（20）：277-285.

[90] Geyaudan A, Andrieu J. Contact drying modeling of agitated porous alumina beads. Chemical Engineering and Processing, 1991（30）：31-37.

[91] Schlünder E U, Mollekopf N. Vacuum contact drying of free flowing mechanically agitated particulate materials. Chemical Engineering and Processing, 1984, 18（6）：93-111.

[92] Rogers H R. Sources, behavior and fate of organic contaminants during sewage sludge treatment and in sewage sludges. Science of the Total Environment, 1996（185）：3-26.

[93] Bauer R, Schlünder E U. Effective radial thermal conductivity of packings in gas flow. International Chemical Engineering, 1978（18）：181-204.

[94] Dewil R, Baeyens J, Neyens E. Fenton peroxidation improves the drying performance of waste activated sludge. Journal of Hazardous Materials, 2005, B117（2/3）：161-170.

[95] Carlslaw H, Jaeger J. Conduction of heat in solids, second ed. London：Oxford University Press, 1960.

[96] ASTM. Standard test method for determining specific heat capacity by differential scanning calorimetry, in ASTM E1269-01, 2001.

[97] Dittler A, Bamberger T, Gehrmann D, et al. Measurement and simulation of the vacuum contact drying of pastes in a LIST-type kneader drier. Chemical Engineering and Processing, 1997（36）：301-308.

[98] Mollekopf N. Wärmeübertragung an mechanisch durchmischtes Schüttgut mit Wärmesenken in Kontaktapparaten. University of Karlsruhe, 1983.

[99] 曹仲宏，徐泽，赵乐军，等. 添加剂对脱水污泥中重金属形态的影响. 中国给水排水，2007，23（23）：82-86.

[100] 王晓. 活性污泥的稳定化处理技术及其发展. 青海大学学报（自然科学版），2001，19（1）：35-37.

[101] 赵乐军，戴树桂，吴彩霞，等. 不同添加剂改善脱水污泥填埋特性的正交试验研究. 给水排水，2006，32（1）：11-14.

[102] 赵乐军，戴树桂，闫澍旺，等. 掺添加剂改善脱水污泥填埋特性研究. 中国给水排水，2005，

21（2）：47-49.

［103］杨斌，杨家宽，唐毅，等．粉煤灰和生石灰对生活污水污泥脱水影响研究．环境科学与技术，2007，30（4）：98-99.

［104］Peregrina C，Rudolph V, Lecomte D, et al. Immersion frying for the thermal drying of sewage sludge：An economic assessment. Journal of Environmental Management, 2008, 86（1）：246-261.

［105］Silva D P, Rudolph V, Taranto O P. The drying of sewage sludge by immersion frying. Brazilian Journal of Chemical Engineering, 2005, 22（2）：271-276.

［106］王兴润，金宜英，聂永丰．国内外污泥热干燥工艺的应用进展及技术要点．中国给水排水，2007，23（8）：5-8.

［107］杨世铭．传热学．2 版．北京：高等教育出版社，1987.

［108］Ren L H, Nie Y F, Liu J G, et al. Impact of hydrothermal process on the nutrient ingredients of restaurant garbage. Journal of Environmental Science, 2006, 18：1012-1019.

［109］Rudolfs W, Baumgartner W H. Loss of volatile matter by drying sewage sludge before incineration. Water Works Sewarage, 1932（4）：199-201.

［110］Jomaa S, Shanableh A, Khalil W, et al. Hydrothermal decomposition and oxidation of the organic component of municipal and industrial waste products. Advances in Environmental Research, 2003（7）：647-653.

［111］Quitain A T, Faisal M, Kang K, et al. Low-molecular-weight carboxylic acids produced from hydrothermal treatment of organic wastes. Journal of Hazardous Materials, 2002（93）：209-220.

［112］Shanableh A. Production of useful organic matter from sludge using hydrothermal treatment. Water Research, 2000（34）：945-951.

［113］地质矿产部．DZ/T 0064.49—1993 地下水质检验方法 滴定法测定碳酸根、重碳酸根和氢氧根．北京：中国标准出版社，1993.

［114］Richard J L. Hazardous Chemicals Desk Reference. 1991, New York：Van Nostrand Reinhold.

［115］Bories A, Guillot JM, Sire Y, et al. Prevention of volatile fatty acids production and limitation of odours from winery wastewaters by denitrification. Water Research, 2007（41）：2987-2995.

［116］Tsang Y F, Chua H, Sin S N, et al. Treatment of odorous volatiles fatty acids using a biotrickling filter. Bioresource Technology, 2008（99）：589-595.

［117］Rogers H R, Sources, behaviour and fate of organic contaminants during sewage treatment and in sewage sludges. Science of the Total Environment, 1996（185）：3-26.

［118］Marche T, Schnitzer M, Dinel H, et al. Chemical changes during composting of a paper mill sludge-hardwood sawdust mixture. Geoderma, 2003（116）：345-356.

［119］USEPA. Method 23 determination of polychlorinated dibenzofuran from stationary sources, in USEPA Method 23, Regulations U.U.C.O., Regulations U.U.C.O.^Editors, 1994.

[120] USEPA. Tetra through octa-chlorinated dioxins and furans by isotope dilution HRGC/HRMS, in Method 1613 B. Washington, DC：USEPA Press, 1994.

[121] Ogada T, Werther J. Combustion characteristics of wet sludge in a fluidized bed. Fuel, 1996, 75（5）：617-626.

[122] Ledesma E B, Kalish M A, Nelson P F, et al. Formation and fate of PAH during pyrolysis and fuel rich combustion of coal primary tar. Fuel, 2000, 79（14）：1801-1814.

[123] Liu K L, Han W J, Pan W P, et al. Polycyclic aromatic hydrocarbon （PAH） emissions from a coal fired pilot FBC system. Journal of Hazardous Materials, 2001, 84（2/3）：175-188.

[124] 倪明江，尤孝方，李晓东，等．不同煤燃烧方式多环芳烃生成特性的研究．动力工程，2004，24（3）：400-405.

[125] 李晓东，傅纲，尤孝方，等．不同煤种燃烧生成多环芳烃的研究．热能动力工程，2003，18（104）：125-127.

[126] Lee W J, Liow M C, Tsai P J, et al. Emission of polycyclic aromatic hydrocarbons from medical waste incinerators. Atmospheric Environment, 2002, 36（5）：781-790.

[127] Zhong Z P, Jin B S, Huang Y J, et al. Experimental research on emission and removal of dioxins in flue gas from a co-combustion of MSW and coal incinerator. Waste Management, 2006, 26（6）：580-586.

[128] Zhang H J, Ni Y W, Chen J P, et al. Influence of variation in the operation conditions on PCDD/F distribution in a full-scale MSW incinerator. Chemosphere, 2008, 70（4）：721-730.

[129] Werther J, Ogada T. Sewage sludge combustion. Progress in Energy and Combustion Science, 1999（25）：55-116.

[130] Stieglitz L, Vogg H, Zwick G, et al. On formation conditions of organhalogen compounds from particulate carbon of fly ash. Chemosphere, 1991, 23（8/10）：1255-1264.

[131] Lutho C, Strang A, Uloth V. Sulfur addition to control dioxins formation in salt-laden power boiler. Pulp & Paper Canada, 1998, 99（11）：391-398.

[132] Lu S Y, Yan J H, Li X D, et al. Effects of inorganic chlorine source on dioxin formation using fly ash from a fluidized bed incinerator. Journal of Environmental Science, 2007, 19（6）：756-761.

[133] Wey M Y, Liu K Y, Yu W J, et al. Influences of chlorine content on emission of HCl and organic compounds in waste incineration using fluidized beds. Waste Management, 2008, 28（2）：406-415.

[134] Chang M B, Chung Y T. Dioxin contents in fly ashes of MSW incineration in Taiwan. Chemosphere, 1997, 36（9）：1959-1968.

[135] 贺华波．旋转圆盘式干燥机内干燥过程的计算机模拟．轻工机械, 2004（1）：48-50.

[136] Kemp I C. Drying software：Past, present, and future. Drying Technology, 2007, 25（7）：1249-1263.

[137] Kemp I C. A new algorithm for dryer selection. Drying Technology, 1995（13）：1563-1578.

[138] Baker C G J, Lababidi H M S. Developments in computer-aided dryer selection. Drying Technology,

2001（19）：1851-1874.

[139] Kemp I C. Progress in dryer selection techniques. Drying Technology, 1999（17）：1667-1680.

[140] 刘燕，胡启磊. 基于数据库的干燥器选型模糊专家系统的设计. 山东工业大学学报，2001，31（1）：43-48.

[141] Zhen X G, Mujumdar A S. Software for design and analysis of drying systems. Drying Technology & Equipment, 2008, 6（3）：153-167.

[142] Devahastin S. Software for drying/evaporation simulations：Simprosys. Drying Technology, 2006, 24（11）：1533-1534.

[143] Pakowski Z, Mujumdar A S. Basic process calculations and simulations in drying. Handbook of Industrial Drying. 3rd Edition, ed. Mujumdar A.S. 2007, CRC Press.

[144] Master K. Spray Dring Handbook. 4th Edition. John Wiley & Sons, 1985.

[145] Menshutina N V, Kudra T. Computer aided drying technologies. Drying Technology, 2001, 19（8）：1825-1849.

[146] Kudra T. Software review：Winmetric V.3.0 （a complete reference program for drying scientists and engineers）. Drying Technology, 1996, 14（3&4）：951-953.

[147] Maroulis Z B, Saravacos G D, Mujumdar A S. Spreadsheet-aided dryer design. Handbook of Industrial Drying. 3rd Edition. Mujumdar A.S. 2006：CRC Press.

[148] Sakai S, Hiraoka M, Takeda N, et al. System design and full-scale plant study on a drying-incineration system for sewage sludge. Water Science and Technology, 1989（21）：1453-1466.

[149] 荀锐，王伟，乔玮，等. 城市污泥处理现状与强化脱水的水热减量化技术. 环境卫生工程，2008，16（2）：28-32.

[150] 王治军，王伟，李芬芳. 污泥热水解技术的发展及应用. 中国给水排水，2003，19（10）：25-27.

[151] 张自杰，林荣忱，金儒霖. 排水工程. 4版. 北京：中国建筑工业出版社，2000.

[152] 郑伟，李小明，熊伟，等. 污泥热水解处理技术研究进展. 广州化工，2012，40（7）：3-5.

[153] 李雪松，张锋，刘愚. 污泥处理处置技术新进展及发展趋势. 天津建设科技，2009，19（4）：41-43.

[154] 于洪江. 污泥碳化技术介绍//2007年自来水厂、污水处理厂运行管理技术研讨会论文集，2007：258-261.

[155] 于洪江，杨金凯. 污泥低温碳化技术的中试研究//第四届水处理行业新技术新工艺应用交流会论文集，2009：55-57.

[156] 毕三山. 污泥碳化工艺的特点与发展展望. 人力资源管理（学术版），2010（5）：263-264.

[157] 昝元峰，王树众，沈林华，等. 污泥处理技术的新进展. 中国给水排水，2004，20（6）：25-28.

[158] 杨琦，陆雍森，赵建夫. 污泥湿式空气氧化处理研究的进展. 水处理技术，1997，23（1）：50-54.

[159] 陶明涛，张华. 污泥水热处理技术及其工程应用. 北方环境，2012，25（3）：211-214.

[160] 杨琦，仇雁翎，赵建夫. 污泥湿式催化氧化处理研究进展. 上海环境科学，1996，15（9）：16-19.

[161] 熊飞，陈玲，王华，等. 湿式氧化技术及其应用比较. 环境污染治理技术与设备，2003，4（5）：66-69.

[162] 杨爽，江洁，张雁秋. 湿式氧化技术的应用研究进展. 环境科学与管理，2005，30（4）：88-90，98.

[163] 苏晓娟，陆雍森，Laurent Bromet. 湿式氧化技术的应用现状与发展. 能源环境保护，2005，19（6）：1-4.

[164] 肖晔远，史云鹏. 湿式氧化处理污水的应用现状及展望. 工业用水与废水，2001，32（6）：5-7，35.

[165] Alan P Jackman, Robert L Powell. Hazardous waste treatment technologies：biological treatment, wet air oxidation, chemical fixation, chemical oxidation. Noyes Publication, 1991.

索 引

K

L

M

N

P

Q

R

S

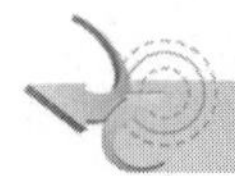